面向新工科专业建设计算机系列教材

大数据分析技术与应用实践

王宇新　齐恒　杨鑫　编著

清华大学出版社
北京

内容简介

本书首先从大数据技术概述出发，给出大数据领域的技术概貌及相关应用场景，从而使读者对大数据概念有清晰的认识；其次，本书采取 top-down 模式，先从计算广告这一具有代表性的应用实践着手，阐明大数据技术是如何应用并发挥效用的；再次，依次介绍大数据采集与处理、大数据存储与查询、大数据计算与分析等关键技术；最后，将关键技术引申到两类重要的大数据应用技术：一类是 Spark 和机器学习应用，另一类是数据可视化应用。以此构建了一个大数据分析技术的基本闭环。除了内容的闭环体系之外，本书的另一大特色是将项目实践拆解融入各项关键技术中，从而实现理论与实践的有机融合，满足“新工科”建设的首要需求。

本书可作为高等院校计算机类专业的大数据分析、应用方面的理论或实践课程的教材，也可供自学者及从事计算机应用、大数据开发等的工程技术人员参考。

图书在版编目(CIP)数据

大数据分析技术与应用实践/王宇新，齐恒，杨鑫编著. —北京：清华大学出版社，2020.3(2021.6 重印)
面向新工科专业建设计算机系列教材
ISBN 978-7-302-54721-1

Ⅰ. ①大… Ⅱ. ①王… ②齐… ③杨… Ⅲ. ①数据处理－高等学校－教材 Ⅳ. ①TP274

中国版本图书馆 CIP 数据核字(2019)第 299105 号

责任编辑：白立军 杨 帆
封面设计：杨玉兰
责任校对：李建庄
责任印制：丛怀宇

出版发行：清华大学出版社
网　　址：http://www.tup.com.cn，http://www.wqbook.com
地　　址：北京清华大学学研大厦 A 座　**邮　　编**：100084
社 总 机：010-62770175　**邮　　购**：010-83470235
投稿与读者服务：010-62776969，c-service@tup.tsinghua.edu.cn
质量反馈：010-62772015，zhiliang@tup.tsinghua.edu.cn
课件下载：http://www.tup.com.cn，010-83470236
印 装 者：北京鑫海金澳胶印有限公司
经　　销：全国新华书店
开　　本：185mm×260mm　**印　　张**：15　**字　　数**：344 千字
版　　次：2020 年 6 月第 1 版　**印　　次**：2021 年 6 月第 2 次印刷
定　　价：39.80 元

产品编号：084743-01

出版说明

一、系列教材背景

人类已经进入智能时代，云计算、大数据、物联网、人工智能、机器人、量子计算等是这个时代最重要的技术热点。为了适应和满足时代发展对人才培养的需要，2017 年 2 月以来，教育部积极推进新工科建设，先后形成了“复旦共识”“天大行动”“北京指南”，并发布了《教育部高等教育司关于开展新工科研究与实践的通知》《教育部办公厅关于推荐新工科研究与实践项目的通知》，全力探索形成领跑全球工程教育的中国模式、中国经验，助力高等教育强国建设。新工科有两个内涵：一是新的工科专业；二是传统工科专业的新需求。新工科建设将促进一批新专业的发展，这批新专业有的是依托于现有计算机类专业派生、扩展而成的，有的是多个专业有机整合而成的。由计算机类专业派生、扩展形成的新工科专业有计算机科学与技术、软件工程、网络工程、物联网工程、信息管理与信息系统、数据科学与大数据技术等。由计算机类学科交叉融合形成的新工科专业有网络空间安全、人工智能、机器人工程、数字媒体技术、智能科学与技术等。

在新工科建设的“九个一批”中，明确提出“建设一批体现产业和技术最新发展的新课程”“建设一批产业急需的新兴工科专业”。新课程和新专业的持续建设，都需要以适应新工科教育的教材作为支撑。由于各个专业之间的课程相互交叉，但是又不能相互包含，所以在选题方向上，既考虑由计算机类专业派生、扩展形成的新工科专业的选题，又考虑由计算机类专业交叉融合形成的新工科专业的选题，特别是网络空间安全专业、智能科学与技术专业的选题。基于此，清华大学出版社计划出版“面向新工科专业建设计算机系列教材”。

二、教材定位

教材使用对象为“211 工程”高校或同等水平及以上高校计算机类专业及相关专业学生。

三、教材编写原则

(1) 借鉴 *Computer Science Curricula* 2013(以下简称 CS2013)。CS2013 的核心知识领域包括算法与复杂度、体系结构与组织、计算科学、离散结构、图形学与可视化、人机交互、信息保障与安全、信息管理、智能系统、网络与通信、操作系统、基于平台的开发、并行与分布式计算、程序设计语言、软件开发基础、软件工程、系统基础、社会问题与专业实践等内容。

(2) 处理好理论与技能培养的关系,注重理论与实践相结合,加强对学生思维方式的训练和计算思维的培养。计算机专业学生能力的培养特别强调理论学习、计算思维培养和实践训练。本系列教材以"重视理论,加强计算思维培养,突出案例和实践应用"为主要目标。

(3) 为便于教学,在纸质教材的基础上,融合多种形式的教学辅助材料。每本教材可以有主教材、教师用书、习题解答、实验指导等。特别是在数字资源建设方面,可以结合当前出版融合的趋势,做好立体化教材建设,可考虑加上微课、微视频、二维码、MOOC 等扩展资源。

四、教材特点

1. 满足新工科专业建设的需要

系列教材涵盖计算机科学与技术、软件工程、物联网工程、数据科学与大数据技术、网络空间安全、人工智能等专业的课程。

2. 案例体现传统工科专业的新需求

编写时,以案例驱动,任务引导,特别是有一些新应用场景的案例。

3. 循序渐进,内容全面

讲解基础知识和实用案例时,由简单到复杂,循序渐进,系统讲解。

4. 资源丰富,立体化建设

除了教学课件外,还可以提供教学大纲、教学计划、微视频等扩展资源,以方便教学。

五、优先出版

1. 精品课程配套教材

主要包括国家级或省级的精品课程和精品资源共享课的配套教材。

2. 传统优秀改版教材

对于已经出版过的优秀教材,经过市场认可,由于新技术的发展,给图书配上新的教学形式、教学资源,计划改版的教材。

3. 前沿技术与热点教材

反映计算机前沿和当前热点的相关教材，例如云计算、大数据、人工智能、物联网、网络空间安全等方面的教材。

六、联系方式

联系人：白立军

联系电话：010-83470179

联系和投稿邮箱：bailj@tup.tsinghua.edu.cn

"面向新工科专业建设计算机系列教材"编委会

2019 年 6 月

系列教材编委会

数据科学与大数据技术专业核心教材体系建设——建议使用时间

学期					
四年级上		分布式系统与云计算		自然语言处理 信息检索导论	
三年级下	计算理论导论	编译原理 计算机网络	非结构化大数据分析	模式识别与计算机视觉 智能优化与进化计算	信息内容安全
三年级上	数据结构与算法Ⅱ	并行与分布式计算	大数据计算智能 数据库系统概论	网络群体与市场 人工智能导论	密码技术及安全 程序设计安全
二年级下	离散数学	计算机系统基础Ⅱ	数据科学导论		
二年级上	数据结构与算法Ⅰ	计算机系统基础Ⅰ			
一年级下	程序设计Ⅱ				
一年级上	程序设计Ⅰ				

前言

为适应新一轮信息技术驱动的科技革命，培养新时代的工程人才，我国正积极推动“新工科”建设工作，各高校均在努力探索“新工科”建设模式与经验。在经历了“复旦共识”“天大行动”和“北京指南”三阶段后，2018 年中华人民共和国教育部办公厅印发了《关于公布首批“新工科”研究与实践项目的通知》，公布了 612 个“新工科”建设项目，其中大数据类项目群属于核心内容之一。

大数据相关知识领域的实践性、交叉性非常强，在人才培养过程中，除了大类基础课程和计算机相关专业课程的授课之外，更侧重于在系统与应用研发，以及跨学科的交叉融合应用等方面。因此，如何将实践培育与理论教学进行有机融合，属于“新工科”大数据类项目建设的首要问题。针对这一问题，我们在课程体系改革、课程资源建设等方面做了很多尝试性的工作，并通过不断的经验积累及自我总结，形成一本从理论、技术到实践实现全方位覆盖的教材——《大数据分析技术与应用实践》。本书属于大连理工大学“新工科”系列精品教材项目的结晶，在大连理工大学计算机专业的“大数据分析技术”课程及相关实训课程中得到了应用。

本书共 7 章。

第 1 章　大数据技术概述，介绍大数据技术的基本概念和应用场景。

第 2 章　计算广告介绍与课程应用实践，介绍本课程的应用实践内容。

第 3 章　大数据采集与处理，介绍网络爬虫和消息中间件的相关技术。

第 4 章　大数据存储与查询，介绍分布式文件系统和分布式数据库。

第 5 章　大数据计算与分析，介绍 MapReduce 原理和大数据交互式分析组件。

第 6 章　Spark 和机器学习，介绍 Spark 和机器学习理论，以及如何用 Spark 实现机器学习模型。

第 7 章　数据可视化，介绍 Python 数据可视化组件 Matplotlib。

通过本书的学习，读者能构建一个相对完整的大数据分析技术知识体系，并积累应用实践的经验；同时，也能从本书中体会到大连理工大学在“新工科”大数据类课程建设方面的努力。本书适合作为本科及大专院校中大数据类课程的教材及参考资料。

本书得到大连理工大学“新工科”系列精品教材项目支持，在尹宝才教授的指导下，由王宇新、齐恒、杨鑫编写。本书中的实验由企业专家石子凡、吴斌、孙木鑫、苗元君原创并验证，在此特别表示感谢。

由于编者水平有限，书中难免有疏漏之处，恳请读者和同行批评指正。

编　者

2020 年 4 月

目录

第1章

大数据技术概述

1.1 大数据产品诞生

在2003、2004和2006这3年中，Google公司（以下简称Google）先后发表了*The Google File System*、*MapReduce：Simplified Data Processing on Large Clusters*和*BigTable：A Distributed Storage System for Structured Data* 3篇大数据领域重量级的论文。

*The Google File System*翻译为《Google文件系统》。在这篇论文中，作者介绍了Google文件系统（以下简称GFS）是一个面向数据密集型应用的分布式文件系统，在处理大规模数据上具有动态伸缩特性。同时，GFS虽然运行在廉价的商业硬件设备上，但是它依然提供了良好的灾难冗余能力，为大量主机提供了高性能的底层文件服务。

根据GFS的设计思路，作者认为系统组件出现故障是一种常态而非异常现象。因此，GFS通过持续监控、复制关键数据，以及快速和自动恢复提供灾难冗余。高频率的组件故障也要求GFS具备在线修复机制，能够周期性地、透明地修复损坏的数据，也能够第一时间重新建立丢失的副本。

*MapReduce：Simplified Data Processing on Large Clusters*翻译为《MapReduce：一种简单的基于大规模集群的数据处理方法》。MapReduce是一个编程模型，也是一个处理和生成超大数据集的模型实现。在使用MapReduce编程模型时，首先需要创建一个Map函数将数据当作键/值（key/value）对数据集合进行处理，输出新的键/值对数据集合作为中间结果；然后再创建一个Reduce函数合并中间结果。

使用MapReduce架构的程序能够在大量普通配置的计算机上实现并行化处理。这个系统在运行时只关心：①如何按照键/值分割输入数据；②在集群上的调度；③集群各节点的错误处理；④管理集群节点间必要的通信。采用MapReduce架构，可以使那些没有并行计算和分布式处理系统开发经验的程序员有效利用分布式系统的丰富资源。

*BigTable：A Distributed Storage System for Structured Data*翻译为《BigTable：为结构化数据设计的分布式存储系统》。论文中介绍的BigTable是一个分布式的结构化数据存储系统，它被设计用来处理海量数据——通常是

分布在数千台普通服务器上的拍字节(PB)级的数据。

Google 的很多项目使用 BigTable 存储数据,包括 Web 索引、Google Earth、Google Finance。这些应用对 BigTable 提出的要求差异非常大,包括对数据存储规模的要求,以及响应速度的要求。尽管应用需求差异很大,但是 BigTable 还是成功地提供了一个灵活的、高性能的解决方案。

在这 3 篇论文中,Google 开创性地提出了构建于普通商业级硬件(commodity hardware)上的分布式解决方案,包括分布式文件系统、分布式编程框架和分布式数据库。从此,个人和初创公司依赖于普通的硬件即可具备大数据的存储与处理能力,摆脱了购买昂贵大型机的资金限制。例如,表 1.1 就是一个商业级硬件的配置和价格。

表 1.1 商业级硬件的配置和价格 (单位:元)

型　号	价　格
Intel Xeon 处理器	4000
64GB(4×16GB)DDR4 内存	6000
16TB(4×4TB)硬盘	3200

基于这 3 篇论文,Doug Cutting 在一个大型全网搜索引擎(Nutch)项目中实现了 DFS 和 MapReduce,解决了项目中搜索引擎面临的大数据存储与计算问题。随着 Doug Cutting 加入 Yahoo,该项目也被独立出来正式命名为 Hadoop。之后,Hadoop 被贡献给 Apache 社区进行孵化,成了 Apache 的顶级开源项目。

在开源的推动下,大数据技术开始迅速发展,到 2018 年,几乎所有的知名科技公司都参与到大数据的生态系统中。

1.2 什么是大数据

一般来讲,大数据技术是为了解决大数据产生的问题,而大数据本身却没有一个完全精准的定义。国际著名咨询公司 Gartner 认为,“大数据是需要新处理模式才能具有更强的决策力、洞察发现力和流程优化能力适应海量、高增长率和多样化的信息资产”;同时另一家国际著名咨询公司 McKinsey 则认为,“大数据是一种规模大到在获取、存储、管理、分析方面大大超出了传统数据库软件工具能力范围的数据集合,具有海量的数据规模、多样的数据类型、快速的数据流转和价值密度低四大特征”。由此,可以先简单地认为大数据技术就是处理大数据的新处理模式,并且这种处理模式超出了传统数据库软件工具的能力范围。

相比国际,我国的大数据技术起步稍晚,但是从一开始就得到了国家和社会的重视,进展很快。中华人民共和国工业和信息化部于 2014 年发布了《大数据白皮书》,追溯了大数据的起源,从新资源、新工具和新理念等角度探讨了大数据的概念;提出认识大数据,要把握“资源、技术、应用”3 个层次。大数据是具有体量大、结构多样、时效强等特征的数据;处理大数据需采用新型计算架构和智能算法等新技术;大数据的应用强调将新的理念应用于辅助决策和新知识发现，更强调在线闭环的业务流程优化。因此，说大数据不仅“大”，而且“新”，是新资源、新工具和新应用的综合体。文中对大数据关键技术、应用、产业和政策环境等核心要素进行了分析、梳理，提出了大数据技术体系和创新特点，简要描述了大数据应用及产业生态发展状况，分析了各国大数据政策实践及我国大数据发展的政策环境；最后，针对我国大数据发展存在的问题，提出了推动大数据应用、促进前沿技术创新与扩散、开放政府和公共数据资源、保护数据安全与个人隐私等方面的策略建议。

2016年，再次发布的《大数据白皮书》，首先回顾和阐述了大数据的内涵及产业界定，并以大数据产业几个关键要素为核心，重点从大数据技术发展、数据资源开放共享、大数据在重点行业的应用、大数据相关政策法规4方面分析了最新进展，力求反映我国大数据产业发展状况的概貌。最后，结合我国大数据发展最新状况及问题，提出了进一步促进大数据发展的相关策略建议。其核心思想为以下3点。

(1) 大数据是新资源。1990年以来，在摩尔定律的推动下，计算存储和传输数据的能力以指数速度增长。2000年以来，以Hadoop为代表的分布式存储和计算技术迅猛发展，极大地提升了互联网企业数据管理能力。互联网企业对数据废气(data exhaust)的挖掘利用大获成功，引发全社会开始重新审视数据的价值，开始把数据当作一种独特的战略资源对待。

(2) 大数据代表了新一代数据管理与分析技术。传统的数据管理与分析技术是以结构化数据为管理对象、在小数据集上进行分析、以集中式架构为主，导致成本高昂。而源于互联网的，面向多源异构数据的超大规模数据集、以分布式架构为主的新一代数据管理技术，进一步与开源软件结合，在大幅提高处理效率的同时，极大地降低了数据的应用成本。

(3) 大数据呈现出一种全新的思维角度。新理念之一是“数据驱动”，即经营管理决策可以自下而上地由数据驱动；其二则是“数据闭环”，如互联网行业往往能够构造包括数据采集、建模分析、效果评估到反馈修正各个环节在内的完整“数据闭环”，从而能够不断地自我升级。

虽然大数据没有一个明确的定义，但是其基本特征可以用4个V总结：Volume、Variety、Value和Velocity。

(1) 数据体量巨大——Volume。大数据相较于传统数据最大的区别是海量的数据规模，这种规模大到“在获取、存储、管理、分析方面大大超出了传统数据库软件工具能力范围的数据集合”。截至目前，人类生产的所有印刷材料的数据量是200PB，而历史上全人类说过的所有的话的数据量大约为5EB。当前，典型个人计算机硬盘的容量为太字节(TB)量级，而一些大企业的数据量已经达到艾字节(EB)量级。同时，数据的增长速度也是巨大的，即数据不但存量大而且增量大。

(2) 数据类型繁多——Variety。这种类型的多样性也让数据被分为结构化数据和非结构化数据。相对于以往便于存储的以文本为主的结构化数据，非结构化数据越来越多，包括网络日志、音频、视频、图片、地理位置信息等，这些多类型的数据对数据的处理能力提出了更高的要求。

(3) 价值——Value。大数据的商业价值非常高。在大数据时代，更强调的是数据的潜在价值。数据就像一个神奇的矿山,当它的首要价值被发掘后仍能不断地给予。它的真实价值就像漂浮在海洋中的冰山,第一时间看到的只是冰山一角,而绝大部分都隐藏在其表面之下。但大数据价值密度较低,虽然拥有海量的信息,但是真正可用的数据可能只有很小一部分,其价值密度与数据总量成反比。以视频为例,一部几百兆字节的视频,在连续不间断的监控中,有用数据可能仅有几十帧甚至更少。如何通过强大的算法更迅速地完成数据的价值提取成为目前大数据背景下亟待解决的难题。

(4) 处理速度快——Velocity。这是大数据区分于传统数据挖掘的最显著特征,因为数据会存在时效性,需要快速处理,并得到结果。根据 IDC 的"数字宇宙"报告,预计到 2020 年,全球数据使用量将达到 35.2ZB。在如此海量的数据面前,处理数据的效率就是企业的生命。

在大数据的 4 个 V 中,最显著的特征应该是 Value。不管数据多大,是什么结构,来源如何,能给使用者带来价值的数据就是最重要的数据。

1.3 大数据解决的问题场景

1. 大数据采集与处理

经过多年来信息化建设,医疗、交通、金融等领域已经积累了许多内部数据,构成大数据资源的存量;而移动互联网和物联网的发展,大大丰富了大数据的采集渠道,来自外部社交网络、可穿戴设备、车联网、物联网及政府公开信息平台的数据将成为大数据增量数据资源的主体。

数据采集是所有数据系统必不可少的,随着大数据越来越被重视,数据采集的挑战也变得尤为突出。这其中包括数据源多种多样、数据量大、变化快、如何保证数据采集的可靠性、如何避免重复数据、如何保证数据质量等。

传统的数据采集来源单一,且存储、管理和分析数据量也相对较小,大多采用关系数据库和并行数据库即可处理。在依靠并行计算提升数据处理速度,传统的并行数据库技术追求高度一致性和容错性,根据 CAP 理论,难以保证其可用性和扩展性。

2. 大数据存储与查询

当前全球数据量正以每年超过 50%的速度增长,存储技术的成本和性能面临非常大的压力。分布式架构策略对于海量数据来说是非常适合的,因此许多海量数据系统选择将数据放在多个机器中,同时用键/值(key/value)对代替关系表。

关系数据库的一个基本原则是让数据按某种模式存放在具有关系数据结构的表中。虽然关系模型具有大量形式化的属性,但是许多当前的应用所处理的数据类型并不能很好地适合这个模型。文本、图片和 XML(Extensible Markup Language)文件是最典型的例子。此外,大型数据集往往是非结构化或半结构化的。Hadoop 使用键/值对作为基本数据单元,可足够灵活地处理较少结构化的数据类型。在 Hadoop 中,数据的来源可以有任何形式,但最终会转化为键/值对以供处理。

用函数式编程(MapReduce)代替声明式查询(SQL)也是一种有效手段。SQL从根本上说是一个高级声明式语言。查询数据的手段是声明想要的查询结果并让数据库引擎判定如何获取数据。在MapReduce中,实际的数据处理步骤是由用户指定的,类似于SQL引擎的一个执行计划。SQL使用查询语句,而MapReduce则使用脚本和代码。利用MapReduce可以用比SQL查询更为一般化的数据处理方式。例如,可以建立复杂的数据统计模型,或者改变图像数据的格式。而SQL就不能很好地适应这些任务。

同时,分布式文件系统(DFS)和分布式数据库都支持存入、取出和删除。但是分布式文件系统比较暴力,可以当作键/值对的存取。分布式数据库涉及精练的数据,传统的分布式关系数据库会定义数据元组的Schema,存入、取出、删除的粒度较小。大数据存储系统不仅需要以极低的成本存储海量数据,还要适应多样化的非结构化数据管理需求,具备数据格式上的可扩展性。2000年左右Google等提出的GFS,以及随后的Hadoop的分布式文件系统(HDFS)奠定了大数据存储技术的基础。与传统系统相比,GFS/HDFS将计算和存储节点在物理上结合在一起,从而避免在数据密集计算中易形成的I/O吞吐量的制约,同时这类分布式存储系统的文件系统也采用了分布式架构,能达到较高的并发访问能力。分布式数据库常见的有HBase、OceanBase等。其中HBase是基于HDFS的,而OceanBase是自己内部实现的分布式文件系统,在此也可以说分布式数据库以分布式文件系统作为基础存储。

3. 大数据计算与分析

从专业角度看,大数据分析一般是用适当的统计分析等方法对大数据进行处理与计算分析,从而更好地理解并应用数据,发挥数据的作用。从应用实质而言,大数据分析的目的就是从看似杂乱无章的数据中,将隐藏在数据背后的信息提炼出来,通过数据分析总结出研究对象的内在规律。

需要根据处理的数据类型和分析目标,采用适当的算法模型,快速处理数据。海量数据处理要消耗大量的计算资源,对于传统单机或并行计算技术,速度、可扩展性和成本上都难以适应大数据计算分析的新需求。分而治之的分布式计算成为大数据的主流计算架构,但在一些特定场景下的实时性还需要大幅提升。

数据分析环节需要从纷繁复杂的数据中发现规律提取新的知识,是大数据价值挖掘的关键。传统数据挖掘对象多是结构化、单一对象的小数据集,挖掘更侧重根据先验知识预先人工建立模型,然后依据既定模型进行分析。对于非结构化、多源异构的大数据集的分析,往往缺乏先验知识,很难建立显式的数学模型,这就需要发展更加智能的数据挖掘技术。

在大数据服务于决策支撑场景下,以直观的方式将分析结果呈现给用户,是大数据分析的重要环节。如何让复杂的分析结果易于理解是主要挑战。

1.4 大数据与Google

1. Google引领了大数据技术

Google作为世界上最大的搜索引擎公司,本身就有对大规模数据存储和计算的需求，而在互联网规模呈指数级发展的21世纪，这个需求也越来越强烈。另一方面，Google将大数据技术成功地应用在计算广告领域，开创了自己的商业模式，大幅提升了互联网广告的规模和效果，从而给公司带来了大量营收。同时，这部分营收又反过来促进Google不断投入更多的资源到大数据技术的研究当中，培养了众多大数据人才。在这样的正向激励下，Yahoo、Facebook、Microsoft、Amazon等科技巨头也纷纷加入大数据领域，促使这项技术得到更快速的发展。

2. Google的商业模式

从图1.1 Google母公司Alphabet 2016年营收构成可以看到，Google最大的收入来源于Google的广告系统Google AdWords。作为一个搜索引擎广告系统，Google AdWords有如下特点。

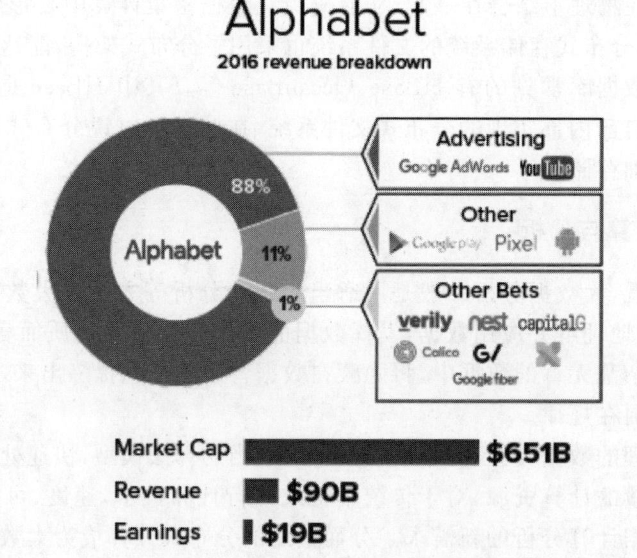

图1.1 Alphabet 2016年营收构成

(1) 使用Google关键字广告或者Google遍布全球的内容联盟网络推广网站的付费网络推广方式。

(2) 可以选择包括文字、图片及视频广告在内的多种广告形式。

(3) 广告计价方式采用CPC计费模式，即广告被用户点击后广告主才为此付费。

3. Google AdWords与大数据息息相关

简单来说，Google AdWords的广告展示量依赖于Google的搜索量，这直接与Google本身可检索的网页规模相关。因此，可以得到一个简单的推断：Google存储的网页数据规模越大，可检索的网页越多，Google的广告展示量越大，营收越高。这就是大数据存储与计算能力对Google广告营收的促进作用。

进一步来说，大数据技术解决了传统广告领域的长尾问题。长尾定理的提出者 Chris Anderson 认为，只要存储和流通的渠道足够大，需求不旺或销量不佳的产品共同占据的市场份额可以与那些数量不多的热卖品所占据的市场份额相匹敌甚至更大。如图 1.2 所示，灰色部分的热门品牌虽然每一项的销售额都非常大，但是黑色部分的小众品牌在数量上具有绝对优势，两者比较在总的销售额上不分上下。传统广告一般只能集中于对热门品牌进行宣传，而大数据技术帮助 Google AdWords 可以针对长尾商品进行广告投放，这部分带来的直接经济效益几乎可以匹敌传统广告整个行业的利润。

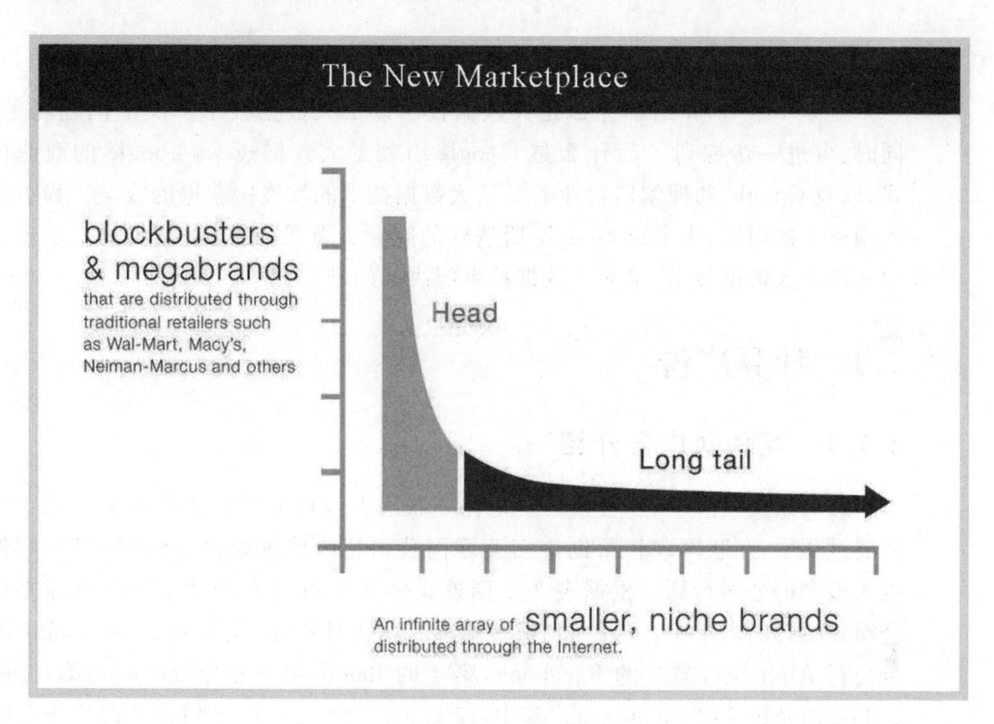

图 1.2　长尾定理

习　题　1

1. 大数据的基本特征可以用哪 4 个 V 总结？简述它们各具有什么含义。
2. 大数据能够解决的问题场景有哪些？分别描述其解决问题的过程。
3. 为什么是 Google 引领了大数据技术？

第2章

计算广告介绍与课程应用实践

在第1章中,介绍了什么是大数据技术以及大数据技术解决的问题场景。同时,也进一步探讨了为什么是Google引领了大数据技术,Google的商业模式,以及Google的搜索广告业务又从大数据技术的发展中获得的收益。为了深入理解上述问题,本书以Google所遇到的问题为背景,在应用实践中一步步学习和理解大数据技术,了解大数据技术解决的问题。

2.1 计算广告

2.1.1 互联网广告介绍

顾名思义,互联网广告指的就是在互联网上投放的广告。在短短十几年的发展过程中,互联网广告帮助许多互联网公司超越传统媒体,跻身世界上广告收入最多的公司行列。根据表2.1国外媒体Zenith发布的2017年《全球媒体公司30强》的名单中,可以找到很多熟悉的互联网公司:排名第1的Google的母公司Alphabet,第2的Facebook,第4的Baidu,第9的Microsoft,第13的Yahoo以及第14的Tencent。其中,仅Google和Facebook就占全球广告总收入的20%。

表2.1 2017年《全球媒体公司30强》

排名	媒体公司	排名	媒体公司
1	Alphabet	9	Microsoft
2	Facebook	10	Bertelsmann
3	Comcast	11	Viacom
4	Baidu	12	Time Warner
5	The Walt Disney Company	13	Yahoo
6	21st Century Fox	14	Tencent
7	CBS Corporation	15	Hearst
8	iHeartMedia Inc.	16	Advance Publications

续表

排名	媒体公司	排名	媒体公司
17	JCDecaux	24	TEGNA
18	News Corporation	25	ITV
19	Grupo Globo	26	ProSiebenSat.1 Group
20	CCTV	27	Sinclair Broadcasting Group
21	Verizon	28	Axel Springer
22	Mediaset	29	Scripps Networks Interactive
23	Discovery Communications	30	Twitter

可以毫不夸张地说，是广告支撑起了互联网模式的生态系统，使得免费模式成为成功的商业模式。从 Business Insider 发布的 2017 年科技公司营收报告看，在全球最大的五家技术公司中，有两家是广告公司，其中 Alphabet 广告收入占公司总营收的比例为 88%，Facebook 的这一比例甚至达到了 97%。

可以想象，没有广告收入的支撑，Alphabet 和 Facebook 不可能有持续的资源支持大数据领域的发展。从另一方面看，在一个正向激励的系统中，大数据技术或许也应该对这些科技公司获取更多的收入有所帮助。带着这个疑问寻找它背后的逻辑，探究大数据技术是如何帮助科技公司提高广告收入的？

2.1.2 互联网广告效果评估

在我们生活中的每一个角落几乎都会有广告出现。看电视的时候会在电视剧中途看到插播的电视广告，浏览网页或观看在线视频的时候会有互联网广告弹出，走在街边也不时会看到悬挂在商场外墙的大幅品牌广告。每当看到铺天盖地的广告，我们是否会好奇：这些广告是否真的能给广告主带来可观的收益呢？

因此，传统广告行业有一个自己的哥德巴赫猜想：

> Half the money I spend on advertising is wasted; the trouble is I don't know which half.
>
> John Wanamaker

翻译：有一半的广告花费是无效的，但问题是我不知道是哪一半。而互联网广告在这个问题上有着更多的解决办法，即通过统计广告展现、点击、购买等次数衡量广告的效果。互联网广告是如何解决效果评估问题的呢？

想知道互联网广告如何衡量效果，需要先了解互联网广告的业务流程。如图 2.1 所示，Apple 公司为了提升自己新一代手机的销量与 Google 进行了一次广告合作，一般这种合作称为一次广告活动(campaign)。在这次活动中，获取广告收益的 Apple 称为广告主，提供广告服务的 Google 称为广告商。

在活动过程中，当有用户在 Google 上搜索 iPhone Xs 时，Google 就可以选择在搜索页面的右侧边栏广告位上展示 Apple 手机的广告，这个活动就完成了一次广告展现。当这个客户点击这个广告跳转到 Apple 在线商店的商品页面时，这个活动就进一步完成了一次广告点击。如果这个客户最终购买了这个产品，这次广告活动就完成了一次广告转化。

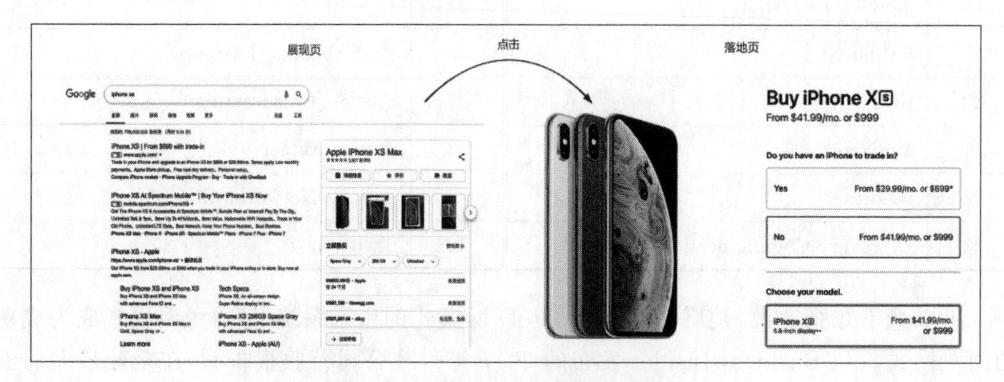

图 2.1　互联网广告的业务流程

因此，对于一次广告活动，可以用展现、点击、转化 3 种方式评价其效果。这 3 种评价方式被称为 CPM 结算、CPC 结算和 CPA/CPS/ROI 结算。

(1) CPM 结算，即按照千次展示结算。这种方式是供给方与需求方约定好千次展示的计费标准，至于这些展示是否能够带来相应的收益，由需求方估计和控制其中的风险。

(2) CPC 结算，即按点击结算。这种方式最早产生于搜索广告，并很快为大多数效果类广告产品所普遍采用。

(3) CPA(Cost Per Action)/ CPS(Cost Per Sale)/ROI 结算，即按照销售订单数、转化行为数或投入产出比结算。

一般来讲，使用上面任何一种评价方式都是可行的。不过从业务过程看，很容易发现按照 CPM 评价方式是最有利于广告商的，因为他们只要按照约定次数把广告展现给用户就完成了这次广告活动，但这种方式没有照顾到广告主的利益，因为他们无法知道广告商是否把广告展现给了更关注他们广告的人。而 CPA 的评价方式最有利于广告主，因为这个评价的好坏直接决定了这次活动给他们带来了多大的销售收入。但是，通过点击广告进行购买的行为概率较低，同时购买行为有时是一个较长期的过程，不便于广告商追踪。因此，一般广告商不愿意按照这种方式进行效果评估。综上，按照 CPC 评价方式既保证了广告主的利益，也方便广告商和广告主之间对效果达成统一共识。

2.1.3　如何计算

计算广告是在特定语境(context)下找到用户(user)和广告(advertisement)之间的最佳匹配。以 Google 的搜索广告为例，语境就是用户的搜索词和点击的网页内容，寻找最佳匹配的过程就是计算每个广告展示的收益，选择收益最大的广告进行展示。用数学公式描述如下：

$$\max \sum_{i=1}^{n} \{r(a_i, u_i, c_i) - q(a_i, u_i, c_i)\}$$

其中，r 为收入，r 中的参数项 a 为 广告，u 为用户，c 为上下文；q 为成本，q 中的参数项含义与 r 一致。

因为计算广告的费用往往是按照点击次数结算，所以上述公式在无约束情况下的最优解是给每个用户展示他最可能点击的广告，换句话说就是展示点击率(CTR)最高的广告。因此，对每个广告的点击率预测就成了计算广告最核心的问题。

2.1.4 计算广告系统

经过多年的发展，计算广告系统逐步发展成一个融合多项技术的复杂应用系统，如图 2.2 就是一个完整的计算广告系统架构。真实的广告系统远比图 2.2 复杂得多，但本书的重点不在于详细介绍计算广告系统的架构和实现，而是想选择性地对一小部分应用了大数据技术的典型模块进行介绍，便于读者对大数据技术的应用场景有一个全局的认识，了解技术出现的原因和解决的问题。

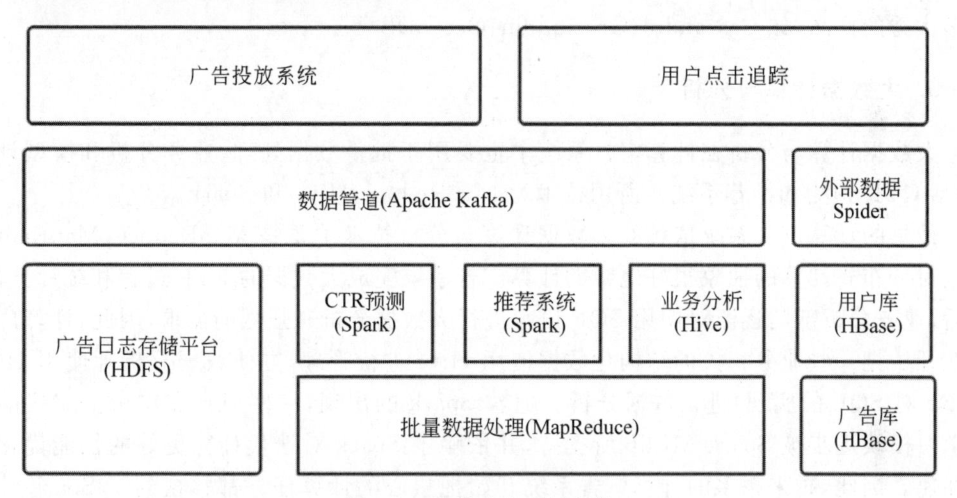

图 2.2 计算广告系统架构

按照本书对大数据技术的组织，计算广告系统主要应用了如下大数据技术。

1. 大数据采集与处理

大数据采集与处理在计算广告系统中主要用于外部数据采集和数据管道，所用技术为网络爬虫(web crawler)和消息中间件(如 Apache Kafka)。

虽然计算广告系统一般不需要在互联网上全网采集信息，但是对于一些第三方计算广告系统，可能需要通过网页前链(http refer)判断用户从哪个页面跳转到广告页面。因此，计算广告系统需要通过网络爬虫抓取前链页面进行分析，分析内容一般包括页面的内容和内容所属的分类。

另外，计算广告系统所产生的数据需要实时进行 ETL(Extract-Transform-Load)处理。为了防止上游数据产生方和下游数据处理方对数据处理能力不一致导致的数据丢失，计算广告系统会使用消息中间件作为数据缓冲通道。同时，消息中间件也承担着数据分发的职责。常用的消息中间件有 Apache Kafka、RabbitMQ 和 RocketMQ 等。

2. 大数据存储与查询

大数据存储与查询在计算广告系统中主要用于广告日志存储、用户数据库和历史广告数据库等，所用技术为 HDFS 和 HBase。

一个真实的计算广告系统需要对 TB 级甚至 PB 级数据进行存储和查询，因此需要 HDFS 和 HBase 支持。这两种技术的选择取决于所存储的数据是否需要经常被随机查询，如果答案是"是"，这个数据更应该放在 HBase 中而不是 HDFS 上。当然，实际技术实现上，HBase 对数据的存储也依赖于 HDFS 的支撑，但对文件的存储格式和读写接口上都做了更多的设计。

但这并不是说 HBase 就是数据存储的更好选择，相比之下由于 HDFS 对数据的管理更加直接，因此所占用的系统资源更少。如果数据只需要被批量读取进行计算，或者仅需要被保存下来，那么 HDFS 就是更好的选择。同时，分布式数据库除了 HBase 之外还有很多优秀的产品，如 Cassandra、Greenplum、OceanDB 等。

3. 大数据计算与分析

大数据计算与分析在计算广告系统中主要用于批量数据处理、业务分析和模型计算(包括 CTR 预测和推荐系统)，所用技术为 MapReduce、Hive 和 Spark。

最早的计算广告系统依赖的大数据计算与分析技术主要是 MapReduce，MapReduce 通过对分布式计算的抽象很好地帮助计算广告系统完成大数据的 ETL 过程和统计分析。之后，业务分析部门逐渐对使用 SQL 语言进行大数据分析有强烈的需求，因此，计算广告系统开始把一些业务相关的结构化数据使用 Hive 进行管理，方便数据分析师使用 HQL(Hive 对 SQL 的实现)进行数据分析。随着 Spark 的出现，一些原本在单机上完成的机器学习模块逐步被 Spark MLlib 所支持，并依赖于 Spark 对迭代计算更好的性能优化得到加速。因此，越来越多的计算广告系统开始把核心的计算任务都移植到了 Spark 计算平台之上，MapReduce 任务所占的比重在逐步降低。

2.2 应用实践

在 2.1 节中阐述了计算广告对互联网商业模式的重要作用，也简要介绍了计算广告的收费模式和计算方式。同时，一个完整的计算广告系统应用了众多大数据技术，可以说开创了大规模利用数据改善产品的先河。因此，应用实践也以计算广告为应用背景，选择了计算广告中最核心的 CTR 预测问题，探索如何利用大数据技术解决这个问题。在应用实践中，根据不同大数据技术把实践内容组织成小项目，每个小项目又分成多个步骤。由此，完成每一个步骤之后，就能初步了解这项技术的特点和应用方式；完成每一个小项目后，基本就已经用大数据技术解决了 CTR 预测的实际问题。

2.2.1 应用实践数据

项目应用实践使用的数据来源于 Kaggle 的 CTR 预测比赛。字段描述如下：

```
id
click
hour
C1 --anonymized categorical variable
banner_pos
site_id
site_domain
site_category
app_id
app_domain
app_category
device_id
device_ip
device_model
device_type
device_conn_type
C14-C21 --anonymized categorical variables
```

其中,id 唯一且每个 id 对应一次广告展现;click 为了本次广告展现的时候用户是否点击了广告;hour 记录了本次广告的展现时间,格式是 YYMMDD;C1 和后面的 C14-C21 是数据提供方认为比较重要但不愿意公开含义的字段。其他字段的含义大概可以从字段名称中推测出来,这里就不一一介绍了。

2.2.2 CTR 预测

在互联网广告中,点击率几乎是最被关注的指标,它的计算方式就是用户点击广告的次数除以广告展现的次数,这个简单的统计指标为什么需要预测呢?

这是因为每次广告活动的预算是有限的,每次广告展现也是有一定成本的,因此在合适的时机,选择合适的广告展现给合适的用户就显得尤为重要。而这个合适不合适的评估方式就是一次活动下来整体广告的点击率:点击率越高则认为本次活动的广告效果越好,点击率越低则认为本次广告活动的效果欠佳。因此,无论是人工选择还是模型预测,都希望对某次广告展现后是否能被点击有一个预判。

如果在互联网上搜索 CTR 预测,不要被出现的复杂的机器学习公式所吓倒。坦白说,机器学习只是解决 CTR 预测比较好的办法之一,并不是唯一的办法。尤其在互联网广告早期,CTR 预测是根据历史广告活动的数据统计得到的。具体来说就是,根据历史上不同广告活动的数据统计在不同媒体或者页面上不同类型广告投放的点击率。如果本次广告的类型曾经投放过,就选择一个历史点击率最高的媒体或者页面进行投放,希望这次的效果也能和之前一样好。

这种直接统计历史数据的方法看似简单,但是存在很多棘手的地方。首先,广告投放的媒体只是一个可以考虑统计的维度,类似可以考虑的维度还有广告投放的地域、时间,面向的用户群体、投放的页面位置(页面顶部、底部还是侧面边栏),广告的商品类别、创意方式(九宫格、划窗、滚动)等。如果把上述方式都考虑到,统计的复杂度就会提高很多,衡量不同维度的权重也会非常困难。同时,互联网的变化日新月异,历史的统计数字很容易在未来一段时间就已失效,那么多久更新一次也需要进行考虑。因此,大家开始寻找一种更通用的方式去解决上述问题,于是机器学习技术开始在计算广告领域得到广泛应用。

2.2.3 项目实践 1:了解应用实践数据

1. 获取数据

下载本实践所需要的数据,之后在 Linux 系统上可以使用 gunzip + filename 进行解压。

2. 简单统计

使用 Python 在数据 train 上统计以下指标。

(1) 在 train 中总共有多少次广告展现?平均的广告点击率是多少?

(2) 在 train 中每个 site_category 的展现次数是多少?

(3) 在 train 中每个 site_category 下的 device_type 各展现了多少次?

如果你发现你的笔记本计算机统计这么多数据已经非常吃力了,那么就让我们开始大数据技术的探索之旅吧,要知道对于一个大型科技公司的点击率预测系统来说,可能每小时就要处理你下载的文件 1000 倍大小的数据量。

2.2.4 项目实践 2:实践环境搭建

本次实践使用了 Cloudera 公司提供的大数据组件(简称为 CDH)。相比 Apache 社区版本的 Hadoop,CDH 在兼容性、安全性和稳定性方面都有一定程度的提高。因此,这里也建议读者根据下面两种方法进行安装。

1. 使用虚拟机安装

通过 VMware 创建一个 CentOS 7 系统,安装 CDH 后把系统导出成镜像,可以通过在 VMware 的工作站(workstation)上载入该镜像完成安装。

虚拟机备份文件,直接解压(耗时 20min)。图 2.3 为镜像压缩文件。

图 2.3 镜像压缩文件

打开 VMware,如图 2.4 所示,单击"文件"→"打开",找到刚解压的文件夹,打开文件夹,选择"CentOS 64 位的克隆. vmx"。打开后,VMware 中就出现了 CentOS 64 位的克隆,之后选择开机即可。

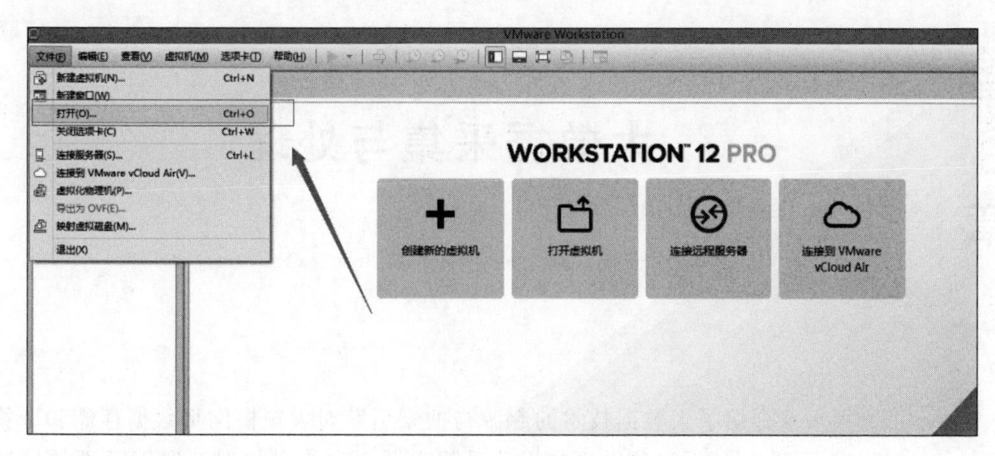

图 2.4　VMware

2. 使用 CentOS 7 安装

具体详见 https://www.cloudera.com/documentation/enterprise/latest/topics/install_cm_cdh.html。

习　题　2

1. 什么是互联网广告？它与传统广告有什么区别？
2. 如何评估互联网广告的效果？各种评估方法的优势、劣势各是什么？
3. 一个计算广告系统都包含哪些模块？各模块都应用了哪些大数据技术？

第3章

大数据采集与处理

第1章介绍了大数据技术的起源与搜索引擎对大规模网页数据存储和计算的需求密切相关,而这些网页数据几乎都来源于网络爬虫对互联网页面的持续访问、解析和下载。同时,网络爬虫在发展过程中,也逐渐使用分布式技术通过横向扩展机器资源提升工作效率,这个分布式技术是很多大数据技术的基础。

本书不会详细介绍一个每天可以稳定抓取GB级甚至TB级数据的网络爬虫应用架构。考虑到在实际的学习和工作中,网络爬虫技术应该会更多地应用于对目标数据的获取,例如,抓取微博做一个社交网络数据分析,或者抓取知乎构造一个简单的智能问答系统等。因此,在简单的介绍网络爬虫系统架构之后,把重点放在如何去抓取网页数据并进行解析,同时也会对网络爬虫所应用到的HTTP相关技术进行简要说明。

3.1 网络爬虫

3.1.1 网络爬虫介绍

网络爬虫是一种按照一定的规则,自动地抓取互联网信息的程序或者脚本。这种技术被广泛用于互联网搜索引擎或其他类似网站,可以自动采集所有爬虫能够访问到的页面内容,以获取或更新这些网站的内容和检索方式。从功能上讲,网络爬虫一般分为数据采集、处理和储存3部分。具体来说,网络爬虫会递归地对目标站点资源进行遍历:获取第一个Web页面,然后提取该页面所指向的其他页面链接。之后爬虫会访问链接指向的那些页面,继续提取那些页面的链接,以此类推。网络爬虫工作流程如图3.1所示。

(1) 首先需要获取一批种子URL集合,这个种子URL集合来自目标站点主页或者自定义添加的URL列表。

(2) 将这些种子URL放入待抓取的URL队列,该队列会在抓取过程中不断更新。对于一个多线程或者分布式的网络爬虫,这个URL队列经常通过内存数据库来维护。

(3) 网络爬虫工作时会从待抓取的URL队列中POP一个URL,解析DNS得到主机的IP地址,并将URL对应的网页下载下来,存储进已下载的网页库

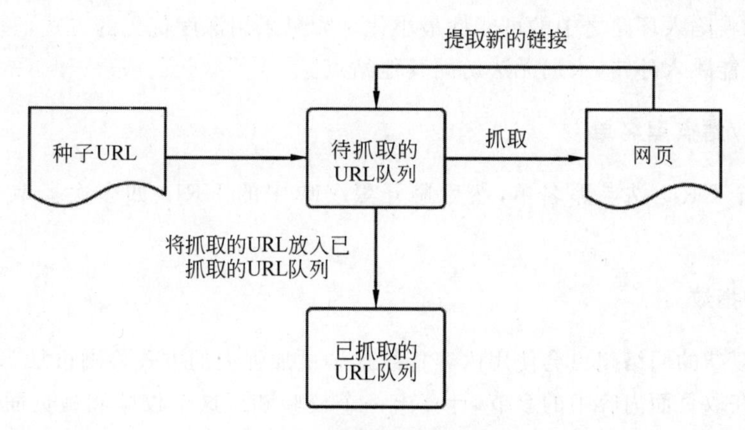

图 3.1　网络爬虫工作流程

中。之后，将抓取的 URL 放入已抓取的 URL 队列。

(4) 对于已下载的网页内容，网络爬虫会进行页面解析，提取页面中的链接，并将未抓取的 URL 放入待抓取的 URL 队列，从而进入下一个循环。

为什么网络爬虫在架构上要严格区分已抓取的 URL 队列和未抓取的 URL 队列呢?

这是因为网络爬虫在互联网上抓取页面时可能会陷入循环之中。

(1) 网络爬虫首先解析了页面 A，获取了 B 的链接。

(2) 网络爬虫获取 B 的页面并解析，得到链接 C。

(3) 网络爬虫获取 C 的页面并解析，得到链接 A。如果网络爬虫继续获取页面 A，就会陷入 A,B,C,A,B,C,…这样的循环过程当中。

因此网络爬虫在爬取页面时，必须记录已经访问过的 URL。如果要爬取全部互联网内容，记录曾经所有访问过的内容不是一件非常容易的事情，这就需要大数据存储和检索技术进行支撑。但如果只是爬取一个小型站点，那么在内存数据库(一般使用 Redis)中维护两个队列就基本能满足需求，一个队列保存待抓取的 URL 列表，一个队列保存已抓取过的 URL 列表，新提取的链接如果判断在两个队列中都不存在，就添加到待抓取的 URL 列表的末尾。

3.1.2　构建一个网络爬虫的实践经验

1. 规范化 URL

将 URL 转换成为标准形式以避免语法上的别名，例如，一些提取的链接没有站点名，或者没有 http 开头。

2. 广度优先

每次爬虫都有大量潜在的 URL 要去爬行。以广度优先的方式调度 URL 访问 Web

站点，就可以将陷入环路之中的可能性最小化。如果采用深度优先的方式，一头扎到某个站点中，就可能跳入环路，永远无法访问其他站点。

3. URL/站点黑名单

维护一个URL/站点黑名单，然后避开黑名单中的URL，如多次抓取失效的页面地址。

4. 内容指纹

一些更复杂的网络爬虫会使用内容指纹这种更加强大的方式检测重复。使用内容指纹的爬虫会获取页面内容中的字节，计算出一个校验和。这个校验和是页面内容的压缩表示形式。如果爬虫获取了一个页面，而此页面的校验和在已抓取的列表当中，它就不会解析页面进行新的链接发现。校验和函数往往使用像MD5这样的散列函数，这样两个不同页面拥有相同校验和的概率非常低。

3.1.3 HTTP介绍

网络爬虫其实与其他HTTP客户端程序(浏览器)并没有本质区别，因此它们也要遵守HTTP规范中的规则。一些简单的反爬虫策略也是通过检查爬虫访问与浏览器访问的区别识别请求访问页面的来源是一个网络爬虫还是一个浏览器。所以，如果想让网络爬虫不会被目标站点很快地封禁，需要了解一些HTTP的内容和HTTP客户端的知识。

1. URL

URL说明了资源位于服务器的地址。该地址通常像一个分级的文件路径，如https://www.dlut.edu.cn/xxgk/xxjj.htm，说明了大连理工大学的学校简介位于服务器xxgk目录(或虚拟目录)下的xxjj.htm文件。

2. 参数

有时为了向应用程序提供它们所需的输入参数，以便正确地与服务器进行交互，URL中有一个参数组件。这个组件就是URL中的键/值对列表，用字符“?”将其与URL中的其余部分分隔。它们为应用程序提供了访问资源所需要的所有附加信息。

3. URL编码

为了避开字符集表示法带来的限制，人们设计了一种编码机制，用来在URL中表示各种不安全的字符，这种编码机制称为转义。转义的方法是一个百分号(%)后面跟着两个表示字符(ASCII码的十六进制数)。因此，当在URL中看到这种奇怪的编码时，并不用担心。

4. HTTP报文

HTTP报文是在HTTP应用程序之间发送的数据块。这些数据块以一些文本形式的元信息(meta-information)开头,这些信息描述了报文的内容及含义,后面跟着可选的数据部分。每条报文都包含一条来自客户端的请求,或者一条来自服务器的响应。它们由 3 部分组成：对报文进行描述的起始行(start line),包含属性的首部(header)块,以及可选的、包含数据的主体(body)。

对网络爬虫来说,一次数据获取就是发送请求报文并下载响应报文的主体内容,该主体内容往往是 HTML 文件。因此,对 HTTP 报文的了解有助于分析网络爬虫的工作效率并进行访问策略的优化。HTTP 报文基本结构如图 3.2 所示。

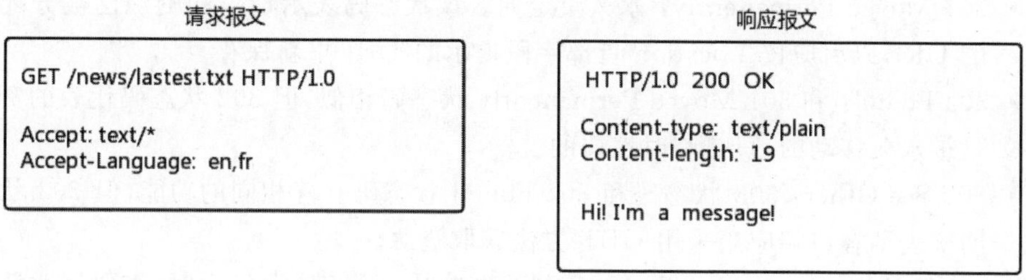

请求报文

```
GET /news/lastest.txt HTTP/1.0

Accept: text/*
Accept-Language: en,fr
```

响应报文

```
HTTP/1.0 200 OK

Content-type: text/plain
Content-length: 19

Hi! I'm a message!
```

图 3.2 HTTP 报文基本结构

HTTP 首部字段(headers)向请求报文和响应报文中添加了一些附加信息。本质上,它们只是一些键/值对列表,但 HTTP 首部字段是反爬虫策略最简单的校验目标：如果没有首部字段,那么访问来源非常有可能是一个网络爬虫而不是一个浏览器。因此,在网络爬虫程序中,最好每次请求都带上对应的首部字段,其结构如表 3.1 所示。

表 3.1 HTTP 首部字段结构

首部实例	描述
Date：Tue，15ct 2009 15：16：03 GMT	服务器产生响应的日期
Content-length：12080	实体的主体部分包含了 12 080B 的数据
Content-type：image/gif	实体的主体部分是一个 GIF 格式的图片
Accept：image/gif，image/jpeg，text/html	客户端可以接收 GIF 格式的图片和 JPEG 格式的图片以及 HTML

5. HTTP 方法

(1) GET。HTTP GET 是最常用的方法,通常用于请求服务器发送某个资源。客户端用 GET 方法向服务器发起一次 HTTP 请求,服务器响应了一段消息(message)给客户端。这个方法也是网络爬虫最常用的数据获取手段。

(2) POST。POST 方法起初是用来向服务器输入数据的。但实际上,服务器通常会用它支持 HTML 的表单。表单中填好的数据通常会被送给服务器,然后由服务器将其发送到它要去的地方。同时,很多服务器会利用 POST 方法封装请求参数,因此这个方法是 GET 之外网络爬虫最常用的方法。

6. HTTP 常见状态码

- 200 ok：客户端请求成功。
- 204 No Content：请求处理成功，但没有资源可返回。204 不允许返回任何实体的主体。
- 206 Partial Content：客户发送了一个带有 Range 头的 GET 请求，服务器完成。例如，使用 Video 播放视频，返回 206。
- 301 Moved Permanently：永久重定向。该状态码表示请求的资源已被分配了新的 URI，以后应按 Location 首部字段提示的 URI 重新保存。
- 302 Found：和 301 Moved Permanently 状态码相似，但 302 状态码代表的资源不是被永久移动的，只是临时性质的。
- 303 See Other：303 状态码和 302 Found 状态码有着相同的功能，但 303 状态码明确表示客户端应当采用 GET 方法获取资源。
- 400 Bad Request：请求报文中存在语法错误。当该错误发生时，需要修改请求的内容后再次发送请求。
- 401 Unauthorized：返回含有 401 的响应必须包含一个适用于被请求资源的 WWW-Authenticate。首部用于质询(challenge)用户信息。当浏览器初次接收到 401 响应，会弹出认证用的对话窗口。
- 403 Forbidden：该状态码表明对请求资源的访问被服务器拒绝。服务器端不需要给出拒绝的详细理由。未获得文件系统的访问授权，访问权限出现某些问题(从未授权的发送源 IP 地址试图访问)等都可能是发生 403 的原因。
- 404 Not Found：该状态码表明服务器上无法找到请求的资源。
- 500 Internal Server Error：服务器本身发生错误，也有可能是 Web 应用存在的程序漏洞或某些临时的故障。
- 503 Service Unavailable：该状态码表明服务器暂时处于超负荷或正在进行停机维护，现在无法处理请求。

3.1.4 网页解析与 CSS 选择器

网页解析其实就是从服务器返回的网页内容中提取想要的数据的过程，这个过程可以使用字符串匹配或正则表达式。但现在绝大多数网页源代码都是用 HTML 语言写的，使用字符串匹配或正则表达式的方法效率极低。所以就出现了从 HTML 代码中提取特定文本的工具包，即网页解析库。当然，这些网页解析库并不是把字符串解析和正则表达式进行封装，而是通过更好地解析语法进行页面解析。一种现在常用的方法是 CSS 选择器，包括如下子选择器。

1. 标签选择器

这种基本选择器会选择所有匹配给定元素名的元素。

语法：

```
elename
```

例如：input 将会选择所有的 <input> 元素。

2. Class(类)选择器

这种基本选择器会基于类属性的值选择元素。

语法：

```
.classname
```

例如：. index 会匹配所有包含 index 类的元素（类似于这样的定义 class="index"）。

3. id 选择器

这种基本选择器会选择所有 id 属性与之匹配的元素。需要注意的是，一个文档中每个 id 都应该是唯一的。

语法：

```
#idname
```

例如：#toc 将会匹配所有 id 属性为 toc 的元素（类似于这样的定义 id="toc"）。

4. 通用选择器

这个基本选择器选择所有节点。它也常和一个名词空间配合使用，用来选择该空间下的所有元素。

语法：

```
* ns|* *|*
```

例如：*（通配符）将会选择所有元素。

5. 属性选择器

这个基本的选择器根据元素的属性进行选择。

语法：

```
[attr] [attr=value] [attr~=value] [attr|=value] [attr^=value] [attr$=value]
[attr*=value]
```

例如：[autoplay] 将会选择所有具有 autoplay 属性的元素(不论这个属性的值是什么)。

3.1.5 项目实践3：抓取网页并提取标题和正文

对于广告系统，判断用户的兴趣和意图往往是基于用户的浏览行为进行分析，因此需要网络爬虫对用户访问的 URL 进行页面抓取并解析页面内容，之后交给自然语言处理模块和数据分析模块，进行进一步的数据分类或者聚类。

1. 抓取网页内容

抓取网页内容的方法很多，这里推荐使用 Python 的 requests 工具包。相比 urllib2 或 urllib3，requests 在接口封装上更加抽象和友好，用户不需要关注太多网络连接底层方面的事情，只需要调用 requests 提供的高级 API 即可完成任务。

1）安装依赖工具包

```
>pip3 install requests
```

2）requests 工具包介绍

一开始要导入 requests 模块：

```
1. import requests
```

然后，尝试获取某个网页。本例尝试获取 Github 的公共时间线。现在，有一个名为 r 的 Response 对象，我们可以从这个对象中获取所有想要的信息。

```
1. r=requests.get('https://api.github.com/events')
```

Requests 简便的 API 意味着所有 HTTP 请求类型都是显而易见的。例如，可以发送一个 HTTP POST 请求：

```
1. r=requests.post('http://httpbin.org/post', data={'key':'value'})
```

如果想为请求添加 HTTP 头部，只要简单地传递一个字典给 headers 参数即可。服务器的反爬虫系统会拒绝没有 HTTP 头部的请求，因此带上 headers 参数抓取网页数据总是一个很好的选择。

```
1. headers={'user-agent': 'my-app/0.0.1'}
2. r=requests.get(url, headers=headers)
```

通常，要发送一些编码为表单形式的数据——非常像一个 HTML 表单，只需简单地传递一个字典给 data 参数。数据字典在发出请求时会自动编码为表单形式：

```
1. payload={'key1': 'value1', 'key2': 'value2'}
2. r=requests.post("http://httpbin.org/post", data=payload)
```

可以检测响应状态码：

```
1. r=requests.get('http://httpbin.org/get')
2. r.status_code
```

如果某个响应中包含 cookies，可以快速访问它们：

```
1. url='http://example.com/some/cookie/setting/url'
2. r=requests.get(url)
3. r.cookies['example_cookie_name']
```

要想发送 cookies 到服务器，可以使用 cookies 参数：

```
1. url='http://httpbin.org/cookies'
2. cookies=dict(cookies_are='working')
3. r=requests.get(url, cookies=cookies)
```

3）获取新浪新闻首页

```
1. import requests
2. url="https://news.sina.com.cn "
3. html=requests.get(url)
4. print(html)
```

输出结果：

```
<Response [200]>
```

2. 解析网页内容

在抓取网页内容中，可以看到网页是由 HTML 标签构成的，如果通过字符串匹配或正则表达式的方式处理文档需要开发大量代码。所幸 Python 提供了不错的工具解析 HTML 标签，BeautifulSoup 是其中易用性比较高的一种。

1）安装依赖工具包

```
>pip3 install beautifulsoup4
```

2）BeautifulSoup 工具包介绍

使用下面一段 HTML：

```
1. html_doc="""
2. <html><head><title>The Dormouse's story</title></head>
3. <body>
4. <p class="title"><b>The Dormouse's story</b></p>
5.
6. <p class="story">Once upon a time there were three little sisters; and their
   names were
7. <a href="http://example.com/elsie" class="sister" id="link1">Elsie</a>,
8. <a href="http://example.com/lacie" class="sister" id="link2">Lacie</a>and
9. <a href="http://example.com/tillie" class="sister" id="link3">Tillie</a>;
10. and they lived at the bottom of a well.</p>
11.
12. <p class="story">…</p>
13. """
```

引入 BeautifulSoup，并使用 soup 的 prettify 方法查看是否正确载入：

```
1. from bs4 import BeautifulSoup
2. soup=BeautifulSoup(html_doc)
```

```
3. print(soup.prettify())
```

一些简单的使用样例：

```
1. soup.title
2. #<title>The Dormouse's story</title>
3.
4. soup.title.name
5. #u'title'
6.
7. soup.title.string
8. #u'The Dormouse's story'
9.
10. soup.title.parent.name
11. #u'head'
12.
13. soup.p
14. #<p class="title"><b>The Dormouse's story</b></p>
15.
16. soup.p['class']
17. #u'title'
18.
19. soup.a
20. #<a class="sister" href="http://example.com/elsie" id="link1">Elsie</a>
21.
22. soup.find_all('a')
23. #[<a class="sister" href="http://example.com/elsie" id="link1">Elsie</a>,
24. #  <a class="sister" href="http://example.com/lacie" id="link2">Lacie</a>,
25. #  <a class="sister" href="http://example.com/tillie" id="link3">Tillie</a>]
26.
27. soup.find(id="link3")
28. #<a class="sister" href="http://example.com/tillie" id="link3">Tillie</a>
```

3）抓取新浪新闻页面并解析 title 和提取链接

```
1. import requests
2. from bs4 import BeautifulSoup
3.
4. url="https://news.sina.com.cn"
5. html=requests.get(url)
6. soup=BeautifulSoup(html.content, 'lxml')
7. print(soup.title)
8.
9. for link in soup.select("div.ct_t_01 h1 a"):
10.     print(link.get("href"))
```

3.2 Apache Kafka

在第 2 章的图 2.2 计算广告系统架构中,可发现有数据管道模块。一般在以往的程序设计中,这个模块很少会被使用:前端页面交互的数据或者后台程序产生的数据会直接写入文件或者数据库当中,而不是写入一个数据管道。那么为什么需要这个模块呢?

因为在大数据的场景下,数据时常是大规模高并发产生的,可以想象春节前的 12306 应用或者双十一期间的淘宝网站。一瞬间产生的海量数据是非常难被快速处理并记入数据库中的。如果不想丢失数据,就需要在数据的产生方和使用方之间构建一个缓冲器,让这个缓冲器承受大数据的压力,从而让使用方可以自如地进行数据处理而不是将数据丢掉。这个数据产生方一般称为生产者,使用方一般称为消费者。

同时,一个复杂的系统拥有众多的数据生产者和消费者,需要一个消息的发布和订阅机制代替点对点的消息传输。生产者只关心往队列里写消息,消费者只关心从队列里读消息即可。这种方式在系统架构设计中起到了模块间解耦、流量削峰和异步处理的作用。

可以说,Apache Kafka 就是为上述需求设计的,但可以提供的能力远不止消息的发布和订阅。如官网所说,Apache Kafka 是一个分布式的流式处理平台,具有高性能、持久化、多副本备份、横向扩展能力。作为一个流式处理平台,Apache Kafka 具备以下 3 个特点。

(1) 发布和订阅消息。

(2) 具备消息的存储和容错能力。

(3) 即时处理消息。

3.2.1 系统架构

Apache Kafka 通过将生产者(producer)、代理(broker)和消费者(consumer)分布在不同的节点(机器)上,构成分布式系统架构如图 3.3 所示。主题(topic)是 Kafka 提供的高层抽象,一个主题就是一个类别或者一个可订阅的数据名称。生产者可以向一个主题

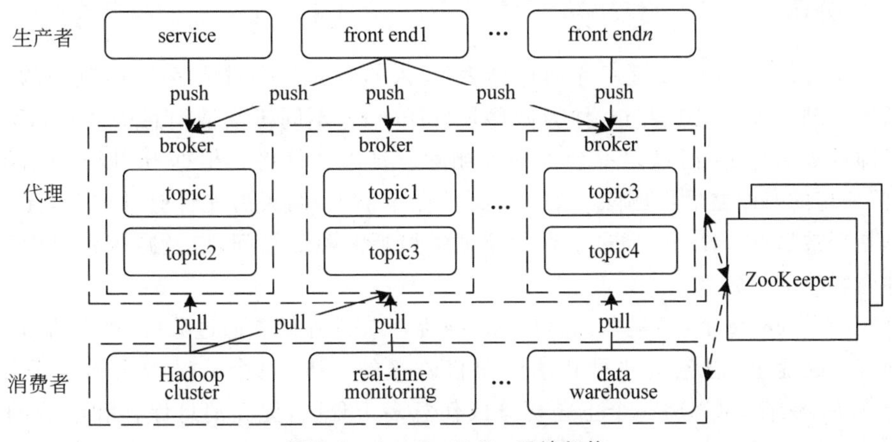

图 3.3 Apache Kafka 系统架构

推送消息，消费者以组为单位，可以关注并读取自己感兴趣的消息。Kafka 通过 ZooKeeper 实现了对生产者和代理的全局状态信息的管理及其负载均衡。

3.2.2 消息、主题和 Schema

在 Kafka 的定义中，消息是一个数据单元，主题是一个数据流的类别或者名称。如果把 Kafka 看作一个关系数据库，那么消息可以看成是数据库里的一个数据行或一条记录。相应地，一个主题就可以理解为数据库中的一张表，主题的名称就是表名。与大多关系数据库不同的是，在 Kafka 中消息并没有字段类型，仅被当作字节数组进行处理和保存。除了被表示成字节数组的数据，消息还可以有一个可选的元信息，称为主键。对于 Kafka 来说，主键也是字节数组，用来控制 Kafka 数据写入不同分区的过程。最简单的情况就是为主键生成一个连续的散列值，根据散列值对分区总数取模进行分区选择，这样可以保证具有同样主键的消息被写入相同的分区中。

为了提升数据写入的效率，Kafka 采用批量写入方式。一个批次就是一组消息集合，这些消息会被写入一个主题和分区。批次写入的方式减少了大量网络 I/O 开销，但是需要在时间延迟和吞吐量之间做出权衡。一个批次中数据量越大，单位时间内处理的消息就越多，单个消息的传输时间就越长。一般一个批次中的数据会被压缩，进一步节省了数据传输和存储的成本，但是需要在解压中耗费一定的计算量。

Kafka 中的消息格式为没有语义的字节数组，因此建议使用 Schema 描述消息的内容，让消息更容易理解。根据应用需求，Schema 有许多可以选择的方式，例如 JSON (JavaScript Object Notation)和 XML 格式，简单易用，可读性很好。不过 JSON 和 XML 缺乏强类型的识别，不同版本之间的兼容性不高。在 Kafka 社区，Apache Avro 是非常受欢迎的一种序列化框架。Apache Avro 最初是为 Hadoop 设计的，提供了一种紧凑的序列化格式，Schema 和消息数据是解耦的，当 Schema 发生变化后，不需要重新格式化数据。同时，Apache Avro 还支持强类型，发行版本也进行了兼容。对于 Kafka 开发，保持 Schema 一致的重要性不言而喻，因为它保证了在写入数据和读取数据时不会因格式不同而造成冲突。

3.2.3 分区

每一个分区(partition)是一个有序列表，写入的数据会按照顺序排列，其中的每一个元素都按照顺序被标记上了 id，称为偏移量(offset)。不同于其他消息中间件，Kafka 中的消息即使被消费了，消息也不会被立即删除。日志文件将会根据 broker 中的配置要求，保留一定的时间之后再删除。如 log 文件保留两天，两天后文件会被清除，无论其中的消息是否被消费。Kafka 通过这种简单的手段释放磁盘空间，以及减少消息消费之后对文件内容改动的磁盘开支。

分区的目的有多个，最根本原因是 Kafka 基于文件存储。通过分区，可以将日志内容分散到多个磁盘上，避免文件尺寸达到单机磁盘的上限，每个分区都会被当前服务器(Kafka 实例)保存；可以将一个主题切分成任意多个分区，提高消息保存和消费的效率，如图 3.4 所示。

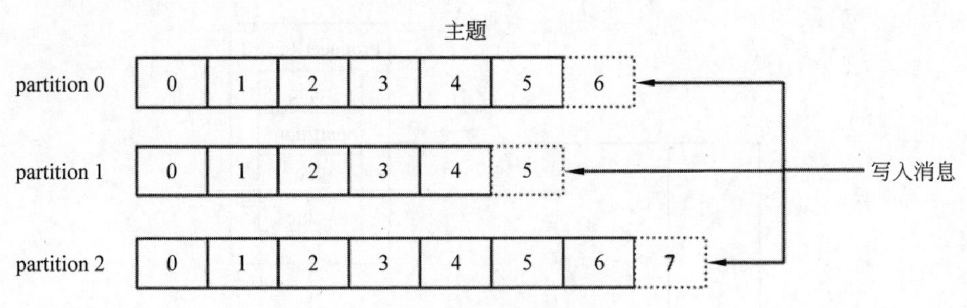

图3.4　Kafka的主题

3.2.4　生产者与消费者

生产者创建消息,并把消息发布到一个或多个特定的主题上。一般情况下,生产者默认把消息均衡地分布到主题的所有分区上,而并不关心特定消息会被写到哪个分区。不过生产者也可以把消息直接写到指定的分区。这通常是通过消息键和分区器实现的,分区器为键生成一个散列值,并将其映射到指定的分区上。这样可以保证包含同一个键的消息会被写到同一个分区上。生产者也可以使用自定义的分区器,根据不同的业务规则将消息映射到分区。

消费者读取数据,可以订阅一个或多个主题,并按照消息生成的顺序读取它们。消费者通过检查消息的偏移量区分已经读取过的消息。偏移量是另一种元数据,它是一个不断递增的整数值,在创建消息时,Kafka会把它添加到消息里。在给定的分区里,每个消息的偏移量都是唯一的。消费者把每个分区最后读取的消息偏移量保存在ZooKeeper或Kafka上,如果消费者关闭或者重启,它的读取状态不会丢失。

图3.5为Kafka生产者和消费者。

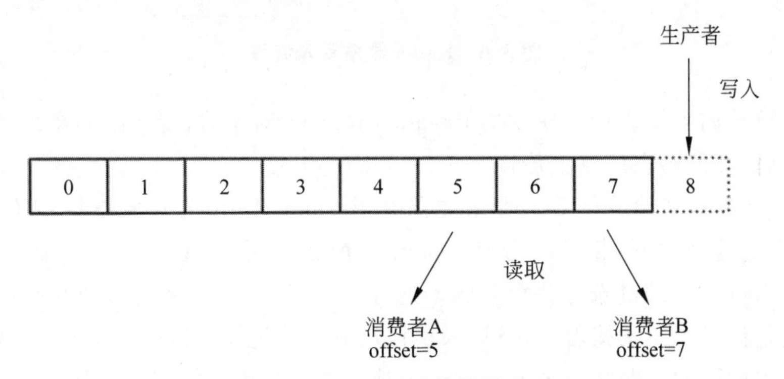

图3.5　Kafka生产者和消费者

在计算广告系统中,保存广告的点击信息就是一个典型应用场景。在这个场景里,用户和网站的交互数据会通过生产者实时写入Kafka中。生产者不需要关心Kafka的数据多久之后会被读取出来用于进行数据分析,它只需要保证每次用户的点击行为都被正确记录。图3.6展示了向Kafka发送消息的主要步骤。

首先,创建一个ProducerRecord对象,该对象需要包含目标主题和要发送的内容,键

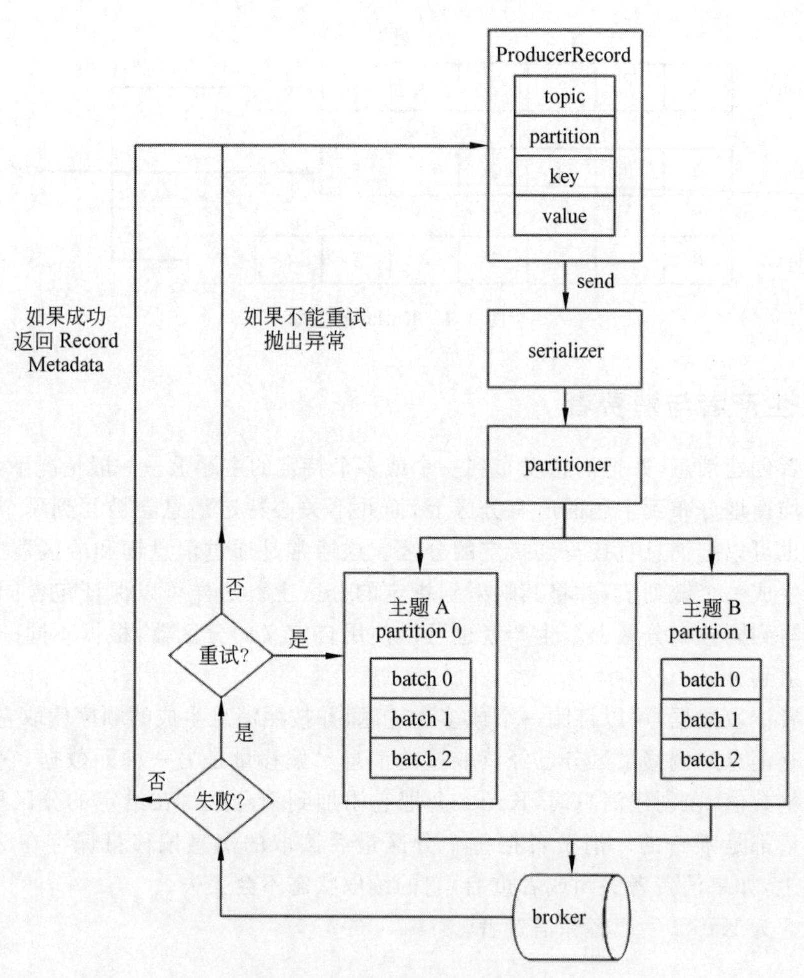

图 3.6 Kafka 数据写入流程

或分区作为可选内容。生产者在发送 ProducerRecord 对象时，要先把对象序列化成字节数组，这样它们才能够在网络上传输。

接下来，数据被传给分区器。如果之前在 ProducerRecord 对象里指定了分区，那么分区器就直接返回之前指定的分区；如果之前没有指定分区，那么分区器会根据 ProducerRecord 对象的键选择一个分区。选好分区以后，生产者就知道该往哪个主题和分区发送这条记录了。紧接着，这条记录被添加到一个记录批次里，这个批次里的所有消息会被发送到相同的主题和分区上。有一个独立的线程负责把这些记录批次发送到相应的代理上。

服务器在收到这些消息时会进行响应：如果消息成功写入 Kafka 中，服务器就返回一个 RecordMetadata 对象，它包含了主题和分区信息，以及记录在分区里的偏移量；如果写入失败，服务器则会返回一个错误信息。生产者在收到错误信息后会尝试重新发送消息，几次之后如果还是失败(次数为生产者配置中的 retries 值)，就返回错误信息。

多个消费者可以组成一个消费群组，也就是说，会有一个或多个消费者共同读取一个主题。消费群组保证每个分区只能被一个消费者使用。通过这种方式，消费者可以消费包含大量消息的主题。而且，如果一个消费者失效，消费群组里的其他消费者可以接管失效消费者的工作，如图3.7所示。

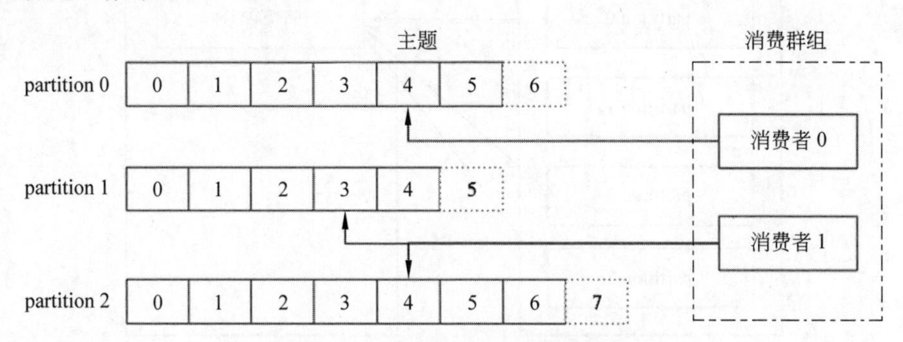

图3.7　Kafka消费者与消费群组

对于消费者而言，它需要保存消费消息的偏移量，该偏移量的保存和使用由消费者完全控制；当消费者正常消费消息时，偏移量将会向前驱动，即消息将按照顺序依次被消费。事实上，消费者可以使用任意顺序消费消息，它只需要将偏移量设置为任意值。

Kafka集群几乎不需要维护任何消费者和生产者的状态信息，这些信息由ZooKeeper保存。因此，生产者和消费者的实现非常轻量级，它们可以随意离开，而不会对集群造成额外的影响。

应用程序从Kafka中读取消息的时候需要使用Kafka消费者进行主题订阅。假设有一个应用程序需要从一个Kafka主题读取消息并验证这些消息，然后把它们保存起来。应用程序需要创建一个消费者对象，订阅主题并开始接收消息，然后验证消息并保存结果。过了一段时间，假如生产者往主题写入消息的速度超过了应用程序验证数据的速度，这时候就需要对消费者进行横向扩展。就像多个生产者可以向相同的主题写入消息一样，也可以使用多个消费者从同一个主题读取消息，对消息进行分流。

Kafka消费者从属于消费群组。一个消费群组里的消费者订阅的是同一个主题，每个消费者接收主题一部分分区的消息。假设主题T1有4个分区，创建了消费者C1，它是消费群组G1里唯一的消费者，用它订阅主题T1。消费者C1将收到主题T1全部4个分区的消息，如图3.8所示。

如果在消费群组G1里新增一个消费者C2，那么每个消费者将分别从两个分区接收消息。假设消费者C1接收分区0(partition 0)和分区2(partition 2)的消息，消费者C2接收分区1(partition 1)和分区3(partition 3)的消息，如图3.9所示。

如果消费群组G1有4个消费者，那么每个消费者可以分配到一个分区，如图3.10所示。

如果往消费群组里添加更多的消费者，超过主题的分区数量，那么有一部分消费者就会被闲置，不会接收到任何消息，如图3.11所示。

在消费群组里增加消费者是横向扩展消费能力的主要方式。Kafka的消费者经常会做一些高延迟的操作，如把数据写到数据库或HDFS上，或者使用数据进行比较耗时的

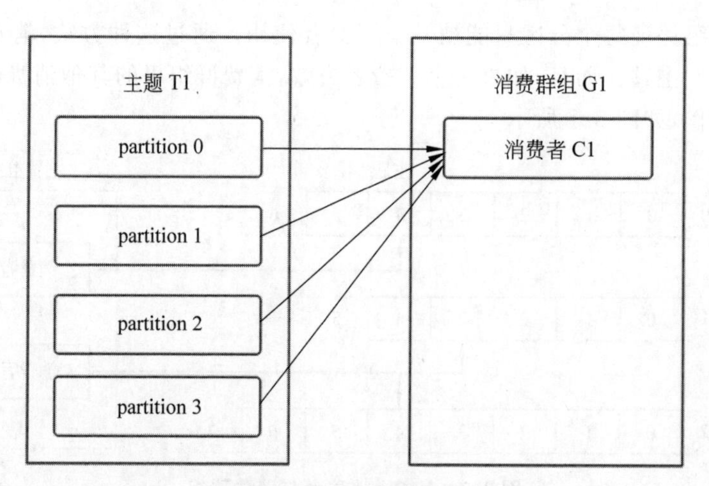

图 3.8　一个消费者

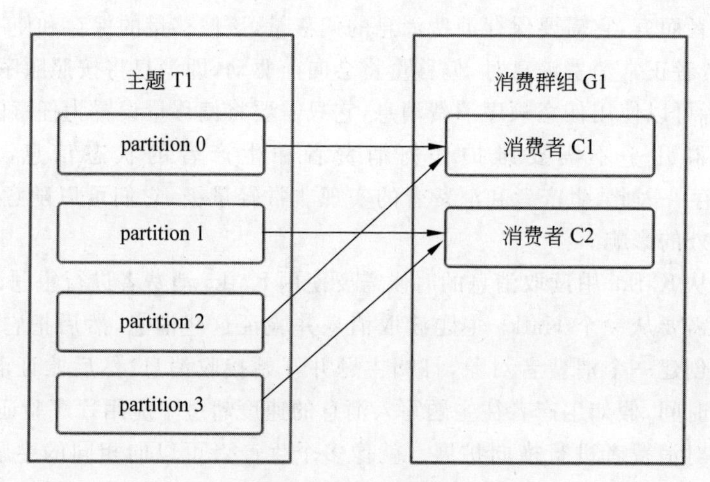

图 3.9　两个消费者

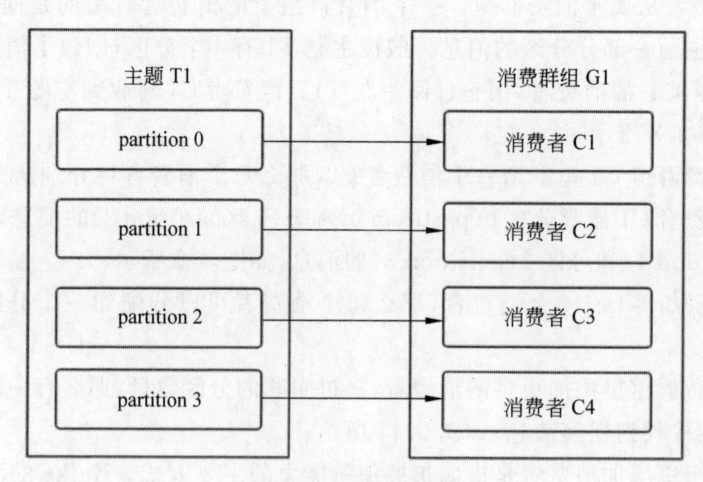

图 3.10　4 个消费者

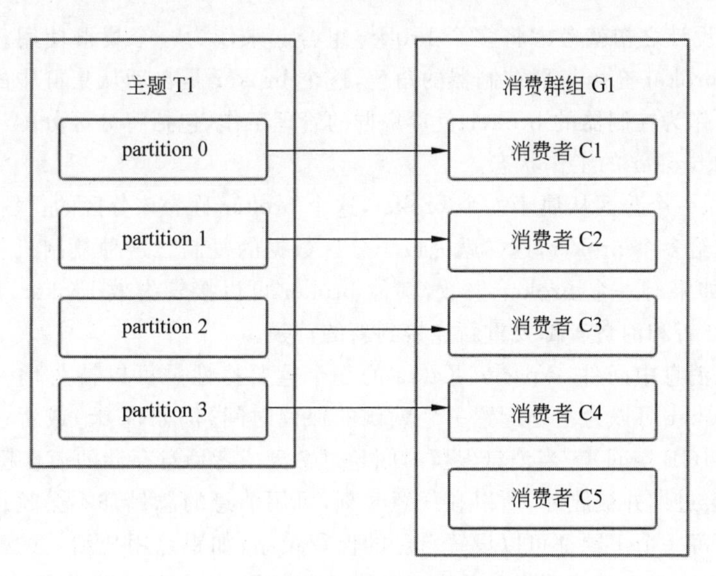

图 3.11 更多的消费者

计算。在这些情况下,单个消费者无法跟上数据生成的速度,所以可以增加更多的消费者,让它们分担负载,每个消费者只处理部分分区的消息,这就是横向扩展的主要手段。为主题创建大量的分区非常必要,在负载增长时可以加入更多的消费者。不过要注意的是,不要让消费者的数量超过主题分区的数量,多余的消费者只会被闲置。

除了通过增加消费者来横向伸缩单个应用程序外,还经常出现多个应用程序从同一个主题读取数据的情况。实际上,Kafka 设计的主要目标之一就是要让 Kafka 主题里的数据能够满足企业各种应用场景的需求。在这些场景里,每个应用程序可以获取到所有的消息,而不只是其中的一部分。只要保证每个应用程序有自己的消费群组,就可以让它们获取到主题所有的消息。不同于传统的消息系统,横向扩展 Kafka 消费者和消费群组并不会对性能造成负面影响。

在上面几个例子里,如果新增一个只包含一个消费者的消费群组 G2,那么这个消费者将从主题 T1 上接收所有的消息,与群组 G1 之间互不影响。消费群组 G2 可以增加更多的消费者,每个消费者可以消费若干个分区,就像消费群组 G1 那样。总的来说,消费群组 G2 还是会接收到所有消息,不管有没有其他群组存在。

简而言之,为每一个需要获取一个或多个主题全部消息的应用程序创建一个消费群组,然后往群组里添加消费者扩展读取能力和处理能力,消费群组里的每个消费者只处理一部分消息。

3.2.5 代理

一个 Kafka 服务称为一个代理(broker),它同时为生产者和消费者提供服务。

- broker 接收生产者的写入数据请求,接收消息并为消息设置偏移量后把消息保存到磁盘中。
- broker 接收消费者读取分区的请求,返回已经存储的消息给消费者。

Kafka 在设计之初就考虑将多个 broker 组合起来作为一个集群使用。在每个集群中,都有一个 broker 充当集群控制器的角色,这个 broker 是自动从集群中的活跃成员中选举出来的。作为控制器的 broker 负责集群的管理工作,包括将分区分配给其他 broker 以及监控其他 broker 的工作状态。

在集群中,一个分区从属于一个 broker,这个 broker 称为该分区的首领(leader)。但分区可以分配给多个 broker,这样就完成了分区数据的复制。这种复制机制为分区提供了数据冗余,如果有一个 broker 失效,其他 broker 可以接管失效 broker 下的分区。不过,相关的生产者和消费者都要重新连接到新的首领。

相比其他消息中间件,Apache Kafka 的一个重要特性是可以持久化一段时间的信息。Kafka broker 可以为主题配置一个默认的保留时间(例如,7 天)或者一个默认的存储空间(例如,1GB 空间)。当消息保留时间超过 7 天或者消息存储的消息超过 1GB 空间时,旧消息就会过期并被删除,所以在任意时刻,可用消息的总量都不会超过配置参数所指定的大小。每一个主题都可以设置自己的保留策略,如跟踪用户活动的数据可能需要保留几天,而程序指标只需要保留几小时。一些特殊场景,主题可以设定为根据 key 只保留最后一个消息。

3.2.6 Kafka 关键特性

1. 持久化

Kafka 根据设置的保留规则进行数据保存,同时每个主题可以单独设置保留规则,因此 Kafka 可以满足不同消费者的使用需求。消费者不需要担心因为处理速度过慢或遇到流量高峰而导致无法及时读取消息。即使消费者关闭链接,消息仍然会继续保留在 Kafka 中,消费者可以从上次中断的地方继续处理消息。

2. 扩展性

为了能够轻松地处理大数据,Kafka 从一开始就被设计成一个具有灵活伸缩性的系统。用户在开发阶段可以先使用单个 broker,再扩展到包含 3 个 broker 的小型开发集群,然后随着数据量的不断增长,部署到生产环境的集群可能包含上百个 broker。对在线集群进行扩展丝毫不影响整体系统的可用性。也就是说,一个包含多个 broker 的集群,即使个别 broker 失效,仍然可以持续地为客户提供服务。要提高集群的容错能力,需要配置较高的复制系数。

3. 高性能

通过横向扩展生产者、消费者和代理,Kafka 可以轻松地处理巨大的信息流。在处理大量数据的同时,它还能保证亚秒级的消息延迟。

4. 分区再均衡

分区的所有权从一个消费者转移到另一个消费者,这样的行为称为再均衡。再均衡非常重要，它为消费群组带来了高可用性和扩展性。在再均衡期间，消费者无法读取消息，造成整个消费群组一小段时间的不可用。另外，当分区被重新分配给另一个消费者时，消费者当前的读取状态会丢失，它有可能还需要去刷新缓存，在它重新恢复状态之前会拖慢应用程序。

消费者通过向被指派为消费群组协调器的 broker 发送心跳来维持它们和消费群组的从属关系以及它们对分区的所有权关系。只要消费者以正常的时间间隔发送心跳，就被认为是活跃的，说明它还在读取分区里的消息。消费者会在轮询消息或提交偏移量时发送心跳。如果消费者停止发送心跳的时间足够长，会话就会过期，消费群组协调器认为它已经死亡，就会触发一次再均衡。

5. 提交和偏移量

每次调用 poll 方法，它总是返回生产者写入 Kafka，但是还没有被消费者读取过的记录，因此可以追踪到哪些记录是被消费群组里的哪个消费者读取的。Kafka 不会像其他 JMS 队列那样需要得到消费者的确认，相反，消费者可以使用 Kafka 追踪消息在分区里的位置，或者说是偏移量。

消费者往一个叫作_consumer_offset 的特殊主题发送消息，消息里包含每个分区的偏移量。如果消费者一直处于运行状态，那么偏移量就没有什么用处。不过，如果消费者发生崩溃或者有新的消费者加入消费群组，就会触发再均衡，完成再均衡之后，每个消费者可能分配到新的分区，而不是之前处理的那个分区。为了能够继续之前的工作，消费者需要读取每个分区最后一次提交的偏移量，然后从偏移量指定的地方继续处理。

如果提交的偏移量小于客户端处理的最后一个消息的偏移量，那么处于两个偏移量之间的消息将会被重复处理；如果提交的偏移量大于客户端处理的最后一个消息的偏移量，那么处于两个偏移量之间的消息将会丢失。

6. 复制

复制功能是 Kafka 架构的核心。在 Kafka 的文档里，Kafka 把自己描述成“一个分布式的、可分区的、可复制的提交日志服务”。复制的关键之处在于如果个别节点失效仍能保证 Kafka 的可用性和持久性。

Kafka 使用主题来组织数据，每个主题被分为若干个分区，每个分区有多个副本。这些副本被保存在 broker 上，每个 broker 可以保存成百上千个属于不同主题和分区的副本。

副本有以下两种类型。

(1) leader 副本：每个分区都有一个 leader 副本。为了保证一致性，所有生产者请求和消费者请求多会经过这个副本。

(2) follower 副本：leader 以外的副本都是 follower 副本。follower 副本不处理来自客户端的请求，它们唯一的任务就是从 leader 那里复制消息，保持与 leader 一致的状态。如果 leader 发生崩溃，其中一个 follower 会被提升为新 leader。

leader 的另一个任务是搞清楚哪个 follower 的状态与自己是一致的。follower 为了保持与 leader 的状态一致,在有新消息到达时尝试从 leader 那里复制消息,不过有各种原因会导致同步失败。例如,网络拥塞导致复制变慢,broker 发生崩溃导致复制滞后,直到重启 broker 后复制才会继续。

为了与 leader 保持同步,follower 向 leader 发送获取数据请求,这种请求和消费者为了读取消息而发送的请求是一样的。leader 将响应消息发送给 follower。请求消息里包含了 follower 想要获取消息的偏移量,而且这些偏移量总是有序的。

7. 可靠性

ACID 是关系数据库普遍支持的可靠性标准,其中 ACID 表示原子性(Atomicity)、一致性(Consistency)、隔离性(Isolation)和持久性(Durability)。关系数据库只有满足 ACID 标准,才能确保应用程序安全。我们知道数据库系统承诺可以做到什么,也知道在不同条件下它们会发生怎样的行为。

Kafka 可以保证分区消息的顺序。如果使用同一个生产者往同一个分区写入消息,而且消息 B 在消息 A 之后写入,那么 Kafka 可以保证消息 B 的偏移量比消息 A 的偏移量大,而且消费者会先读取消息 A 再读取消息 B。

只有当消息被写入分区的所有同步副本时,它才被认为是已提交的。生产者可以选择接收不同类型的确认,如在消息被完全提交时的确认,或者在消息被写入 leader 副本时的确认,或者在消息被发送到网络时的确认。只要还有一个副本是活跃的,那么已经提交的消息就不会丢失。消费者只能读取已经提交的消息。

这些基本的保证机制可以用来构建可靠的系统,但仅仅依赖它们是无法保证系统完全可靠的。构建一个可靠的系统需要做出一些权衡,Kafka 管理员和开发者可以在配置参数上做出权衡,从而得到他们想要达到的可靠性。这种权衡一般是指消息存储的可靠性和一致性的重要程度与可用性、高吞吐量、低延迟和硬件成本的重要程度之间的权衡。

3.2.7 项目实践 4:通过 Kafka 进行数据处理

广告系统产生大量线上展示数据,如果数据直接写入 HDFS,Hadoop Session 无法承受,而且会严重影响 Hadoop 性能。因此系统会通过消息中间件作为缓存。本项目通过 Python 实现 KafkaProducer 和 KafkaConsumer。

本实践中,模拟一个简单的广告业务数据的收集与处理系统。

1. Kafka 管理

1) 启动服务

Kafka 使用 ZooKeeper 进行配置管理,因此启动 Kafka Server 之前需要先启动 ZooKeeper Server。命令如下:

```
>bin/zookeeper-server-start.sh config/zookeeper.properties
[2019-03-12 15:11:30,836] INFO Reading configuration from: config/zookeeper
.properties (org.apache.zookeeper.server.quorum.QuorumPeerConfig)
```

如果启动后出现 java. net. BindException：Address already in use 这样的错误，说明 ZooKeeper 要使用的 2181 端口已经被占用。这时可以通过如下命令查看 2181 端口被哪个进程占用：

```
>lsof -i:2181
COMMAND  PID    USER   FD  TYPE  DEVICE SIZE/OFF NODE NAME
java   17177 zookeeper  41u  IPv4  43551758    0t0  TCP *:eforward (LISTEN)
```

从上面的信息可以看到已经有一个 ZooKeeper 在运行了，这是因为启动的 Hadoop 也使用了 ZooKeeper，这样就不需要再次启动 ZooKeeper 了。但是如果该端口号不是被 ZooKeeper 占用，就需要考虑是 kill 占用的进程释放端口号，还是通过修改配置让 ZooKeeper 服务使用其他端口号。ZooKeeper 的端口号配置在 config/zookeeper. properties 中，设置方法在行"clientPort=2181"。

确认了 ZooKeeper 正常启动后，开始启动 Kafka Server：

```
>bin/kafka-server-start.sh config/server.properties
[2019-03-12 15:13:19,621] INFO Registered kafka:type=kafka.Log4jController
MBean (kafka.utils.Log4jControllerRegistration$)
```

注意：*如果在启动 ZooKeeper 时修改了端口号，那么也需要在 Kafka Server 的配置文件 config/server. properties 中进行对应修改，设置方法在行"zookeeper. connect = localhost：2181"。*

2）创建 topic

使用 Kafka 的第一件事情就是创建一个 topic，使用如下命令创建一个名字为 test 的 topic：

```
>bin/kafka-topics.sh --create --zookeeper localhost:2181 --replication-
factor 1 --partitions 1 --topic test
Created topic "test".
```

之后可以通过下面的命令查看 topic 是否已经成功创建。

```
>bin/kafka-topics.sh --list --zookeeper localhost:2181
test
```

3）发送数据和消费数据

有了 topic 后，就可以使用一个简单的脚本向 Kafka 的 topic 中写入数据，下面的命令启动了一个生产者，等待用户输入。

```
>bin/kafka-console-producer.sh --broker-list localhost:9092 --topic test
```

输入数据：

```
This is a message
This is another message
```

写入数据后，可以启动一个消费者从 topic 中从头读取数据，命令如下：

```
>bin/kafka-console-consumer.sh --bootstrap-server localhost:9092 --topic
test --from-beginning
This is a message
This is another message
```

2. 实现生产者

生产者从文本文件 train 中读取数据，然后写入 Kafka 的 topic 中，相当于业务系统源源不断地产出数据写入 Kafka。

```
1. from kafka import KafkaProducer
2.
3. data_path='/data/bigdata-in-action/train'
4.
5. producer=KafkaProducer(bootstrap_servers='localhost:9092')
6.
7. line_num=0
8. for line in open(data_path):
9.     line_num +=1
10.    if line_num==1:
11.       continue
12.
13.    if line_num==1000:
14.       producer.flush()
15.
16.    producer.send('test', line.strip().encode('utf8'))
```

3. 实现消费者

消费者负责从 Kafka 的 topic 中读取数据，然后进行处理。在广告系统中，该处理过程会直接通过 Hadoop 任务把数据保存到大数据文件系统。但本过程先把数据进行切分写入本地文件，待了解完大数据文件系统之后，再把数据导入。

```
1. import os
2. from kafka import KafkaConsumer
3. import random
4.
5.
6. output_dir=os.path.join('/data/bigdata-in-action', 'split')
7. output_dict={}
8. for i in range(0, 10):
9.     output_dict[i]=open(os.path.join(output_dir, 'part-%05d' %i), 'w')
10.
11. consumer=KafkaConsumer('test', bootstrap_servers=['localhost:9092'])
12. for message in consumer:
```

```
13.    rand_int=random.randint(0, 9)
14.    output_dict[rand_int].write(message.value.decode('utf8')+'\n')
```

3.2.8 构建一个真实数据通道需要考虑的问题

1. 及时性

在计算广告系统中，一些模块希望每天一次性地接收大量数据，而有些模块则希望在数据生成几毫秒之内就能拿到它们。一个好的数据集成系统能够很好地支持数据管道的各种及时性需求，而且在业务需求发生变更时，具有不同及时性需求的数据表之间可以方便地迁移。Kafka 作为一个基于流的数据平台，提供了可靠且可伸缩的数据存储，可以支持几近实时的数据管道和基于小时的批处理。生产者可以频繁地向 Kafka 写入数据，也可以按需写入；消费者可以在数据到达的第一时间读取它们，也可以每隔一段时间读取一次积压的数据。

Kafka 在这里扮演了一个大型缓存区的角色，降低了生产者和消费者之间的时间敏感度。实时的生产者和基于批处理的消费者可以同时存在，也可以任意组合。实现背压(back-pressure)策略也因此变得更加容易，消费速率完全取决于消费者自己。

2. 可靠性

要避免单点故障，并能够自动从各种故障中快速恢复。数据通过数据管道到达业务系统，哪怕出现几秒的故障，也会造成灾难性的影响，对于那些要求毫秒级的及时性系统来说尤为如此。数据传递保证是可靠性的另一个重要因素。有些系统允许数据丢失，不过在大多数情况下，它们要求至少一次传递。也就是说，源系统的每一个事件都必须到达目的地，不过有时候需要进行重试，而重试可能造成重复传递。

Kafka 支持至少一次传递，如果再结合具有事务模型或唯一键特性的外部存储系统，Kafka 也能实现仅一次传递。因为大部分的端点都是数据存储系统，它们提供了仅一次传递的原语支持，所以基于 Kafka 的数据管道也能实现仅一次传递。值得一提的是，Connect API 为集成外部系统提供了处理偏移量的 API，连接器因此可以构建仅一次传递的端到端数据管道。

3. 高吞吐量和动态吞吐量

为了满足现代数据系统的要求，数据管道需要支持非常高的吞吐量。更重要的是，在某些情况下，数据管道还需要能够应对突发的吞吐量增长。

由于将 Kafka 作为生产者和消费者之间的缓冲区，消费者的吞吐量和生产者的吞吐量就不会耦合在一起了。同时，也不需要实现复杂的背压机制，如果生产者的吞吐量超过了消费者的吞吐量，可以把数据积压在 Kafka 里，等待消费者追赶上来。通过增加额外的消费者或生产者可以实现 Kafka 的伸缩，因此可以在数据管道的任何一边进行动态的扩展，以便满足持续变化的需求。

因为 Kafka 是一个高吞吐量的分布式系统，一个适当规模的集群每秒可以处理数百兆字节的数据,所以根本无须担心数据管道无法满足扩展性需求。另外,Connect API 不仅支持伸缩,而且擅长并行处理任务。

4. 数据格式

数据管道需要协调各种数据格式和数据类型,这是数据管道的一个非常重要的因素。数据类型取决于不同的数据库和数据存储系统。可能会通过 Avro 将 XML 或关系数据加载到 Kafka 里,然后将它们转成 JSON 写入 ElasticSearch,或者转成 Parquet 写入 HDFS,或者转成 CSV 写入 S3。Kafka 和 Connect API 与数据格式无关。Connect API 有自己的内存对象模型,包括数据类型和 Schema。不过,可以使用一些可插拔的转换器将这些对象保存成任意的格式,也就是说,不管数据是什么格式的,都不会限制使用连接器。很多数据源和目的地都有 Schema,从数据中读取 Schema 保存起来,用它们验证数据格式的兼容性,甚至用它们更新数据池的 Schema。如果有人在 MySQL 里增加了一个字段,那么在加载数据时,数据管道可以保证 Hive 里也添加了相应的字段。另外,数据的连接器将 Kafka 的数据写入外部系统,因此需要负责处理数据格式。有些连接器把数据格式的处理做成可插拔的,如 HDFS 的连接器就支持 Avro 和 Parquet。

5. 转换

数据转换比其他需求更具争议性。数据管道的构建可以分为两大阵营,即 ETL 和 ELT。ETL 表示提取-转换-加载(Extract-Transform-Load),当数据流经数据管道时,数据管道会负责处理它们。这种方式节省了时间和存储空间,因为不需要经过保存数据、修改数据、再保存数据这样的过程。但是这种好处也要视情况而定。有时候,这种方式会给人们带来实实在在的好处,但也有可能给数据管道造成不适当的计算和存储负担。这种方式有一个明显不足,就是数据的转换会给数据管道下游的应用造成一些限制,特别是当下游的应用希望对数据进行进一步处理的时候。假设有人在 MongoDB 和 MySQL 之间建立了数据管道,并且过滤掉了一些事件记录,或者移除了一些字段,那么下游应用从 MySQL 中访问到的数据是不完整的。如果它们想要访问被移除的字段,只能重新构建管道,并重新处理历史数据(如果可能)。在这种模式下,数据管道只做少量的转换(主要是数据类型转换),确保到达目的地的数据尽可能地与数据源保持一致。这种情况也被称为高保真(high fidelity)数据管道或数据湖(data lake)架构。目标系统收集原始数据,并负责处理它们。这种方式为目标系统的用户提供了最大的灵活性,因为它们可以访问到完整的数据。在这些系统里诊断问题也变得更加容易,因为数据被集中在同一个系统里进行处理,而不是分散在数据管道和其他应用里。这种方式的不足在于,数据的转换占用了目标系统太多的 CPU 和存储资源。有时目标系统造价高昂,如果有可能,人们希望能够将计算任务移出这些系统。

6. 安全性

安全性是人们一直关心的问题。Kafka 支持加密传输数据,从数据到 Kafka,再从 Kafka 到数据,它还支持认证(通过 SASL 实现)和授权,所以可以确信,如果一个主题包含了敏感信息，在不经授权的情况下，数据是不会流到不安全的系统里的。Kafka 还提供了审计日志用于跟踪访问记录。通过编写额外的代码，还可能跟踪到每个事件的来源和事件的修改者，从而在每个记录之间建立起整体的联系。

7. 故障处理能力

不能总是假设数据是完美的，而要事先做好应对故障的准备。能否总是把缺损的数据挡在数据管道之外？能否恢复无法解析的记录？能否修复(或许可以浮动进行)并重新处理缺损的数据？因为 Kafka 会长时间地保留数据，如果在若干天之后才发现原先看起来正常的数据其实是缺损数据，那么可以在适当的时候回过头来重新处理出错的数据。

8. 灵活性

有些公司为每一对应用程序建立单独的数据管道。例如，他们使用 Logstash 向 ElasticSearch 导入日志，使用 Flume 向 HDFS 导入日志，使用 Golden Gate 将 Oracle 的数据导到 HDFS，使用 Informatica 将 MySQL 的数据或 XML 导到 Oracle 等。他们将数据管道与特定的端点结合起来，创建了大量的集成点，需要额外的部署、维护和监控。当有新的系统加入时，他们需要构建额外的数据管道，从而增加了采用新技术的成本，同时遏制了创新。

3.3 ETL、Apache Flume 和其他框架

在 3.1 节和 3.2 节中分别介绍了搜索引擎获取网页数据的重要手段：网络爬虫，以及业务系统实时收集和处理大量数据的核心工具 Apache Kafka。本节中，更抽象地介绍数据采集与处理过程中的 ETL 过程，它是所有大数据系统必不可少的一环。同时，简要介绍 Apache Flume，因为它代表了大数据采集与处理的另外一种手段——日志采集与分析。

大数据在进行存储和处理之前，需要对数据进行清洗、整理，也就是上面所说的 ETL 过程。与以往数据分析相比，大数据的来源多种多样，包括企业内部数据库、互联网数据和物联网数据，不仅数量庞大、格式不一，质量也良莠不齐。这就要求数据准备环节一方面要规范格式，便于后续存储管理，另一方面要在尽可能保留原有语义的情况下去粗取精、消除噪声。日志就是 ETL 处理的典型场景，首先是系统每天会产生大量日志，包括操作系统本身的日志、应用服务器日志、网络日志以及可能最重要的业务日志。

3.3.1 ETL

ETL 的设计分为 3 部分：数据提取、数据清洗转换和数据加载。

1. 数据提取

数据提取需要在调研阶段做大量工作，首先要搞清楚以下几个问题：数据从哪些业

务系统中来？各个业务系统的数据库服务器运行什么DBMS？是否存在手工数据？手工数据量有多大？是否存在非结构化的数据？等类似问题，收集完这些信息之后才可以进行数据提取的设计。

1）与当前数据库系统相同数据源的处理方法

这一类数据源的设计比较容易，一般情况下，DBMS（包括SQL Server、Oracle）都会提供数据库连接功能，在数据库服务器和原业务系统之间建立直接的连接关系就可以写Select语句直接访问。

2）与当前数据库系统不同数据源的处理方法

这一类数据源一般情况下也可以通过ODBC的方式建立数据库链接，如SQL Server和Oracle之间。如果不能建立数据库连接，可以有两种方式完成：一种是通过工具将源数据导出成后缀为.txt或者.xls的文件，然后再将这些源系统文件导入；另一种是通过程序接口来完成。

对于文件类型数据源（如.txt，.xls），可以利用数据库工具将这些数据导入指定的数据库，然后从指定的数据库提取。或者可以借助工具实现，如使用SQL Server的SSIS服务的平面数据源和平面目标等组件导入进来。

3）增量更新问题

对于数据量大的系统，必须考虑增量提取。一般情况，业务系统会记录业务发生的时间，可以用作增量的标志，每次提取之前首先判断系统中记录最大的时间，然后根据这个时间去业务系统取大于这个时间的所有记录。

2. 数据清洗转换

数据清洗的任务是过滤那些不符合要求的数据，将过滤的结果交给业务主管部门，确认是否过滤掉还是由业务单位修正之后再进行提取。不符合要求的数据主要是有不完整的数据、错误的数据和重复的数据三大类。

不完整的数据，其特征是一些应该有的信息缺失，如供应商的名称、分公司的名称，客户的区域信息缺失、业务系统中主表与明细表不能匹配等。需要将这一类数据过滤出来，按缺失的内容分别写入文件向客户提交，要求在规定的时间内补全。补全后才写入数据仓库。错误数据产生的原因是业务系统不够健全，在接收输入数据后没有进行判断直接将数据写入后台数据库造成的，如数值数据输入成全角数字字符、字符串数据后面有一个回车符、日期格式不正确、日期越界等。这一类数据也要分类，对于类似于全角字符、数据前后有不可见字符的问题只能写SQL的方式找出来，然后要求客户在业务系统修正之后提取；日期格式不正确的或者是日期越界的这一类错误会导致ETL运行失败，这一类错误需要去业务系统数据库用SQL的方式挑出来，修正之后再提取。重复数据，特别是表中比较常见的，需要将重复数据记录的所有字段导出来，让客户确认并整理。

数据清洗是一个反复的过程，不可能在几天内完成，只有不断地发现问题、解决问题。对于是否过滤、是否修正一般要求客户确认。

数据转换的任务主要是进行不一致的数据转换、数据粒度的转换和一些商务规则的计算。针对不一致数据的转换是一个整合的过程，将不同业务系统的相同类型的数据统一,如同一个供应商在结算系统的编码是 X01,而在 CRM 中编码是 Y01,这样在提取后统一转换成一个编码。业务系统一般存储非常明细的数据,而数据仓库中的数据是用来分析的,不需要非常明细的数据,一般情况下,会将业务系统数据按照数据仓库粒度进行聚合,称为数据粒度的转换。而商务规则的计算是因为不同的企业有不同的业务规则、不同的数据指标,这些指标有的时候不是简单的加加减减就能完成,需要在 ETL 中将这些数据指标计算好后存储在数据仓库中,供分析使用。

3. 数据加载

相比数据清洗转换,数据加载所占据的工作量很小,一般在数据清洗转换后直接写入数据库或者数据仓库。

3.3.2 Apache Flume

Apache Flume 是一个分布式的、可靠的、易用的系统,可以有效地将来自很多不同源系统的大量日志数据收集、汇总或者转移到一个数据中心存储。不过,Apache Flume 的作用不仅限于日志汇总。因为数据源是可以自定义的,Flume 也可以用于传输大量的事件数据,包括但不限于网络流量数据、社交媒体产生的数据、电子邮件和几乎所有可能的数据源。同时,Flume 被设计成为一个灵活的、可高度定制化的分布式系统,方便用户进行横向扩展。

Flume 部署的最简单的形式就是 Flume Agent。一个 Flume Agent 可以与一个或多个 Agent 相互连接,构成一个作业流。这个作业流可以用于将数据从一个位置移动到另一个位置,因此典型的场景就是把不同机器的日志数据,经过处理后存储到 HDFS 或者 HBase 上。

一个 Flume Agent 包含 3 个组件: Source、Channel 和 Sink。Source 负责获取数据到 Flume Agent,Sink 负责把数据从一个 Agent 沿着定义好的拓扑结构移动到另一个 Agent 中,或者直接移动到目标数据地址,如 HDFS、HBase 等。Channel 是数据缓冲区,等待 Sink 把数据成功写入目标地址,具体如图 3.12 所示。

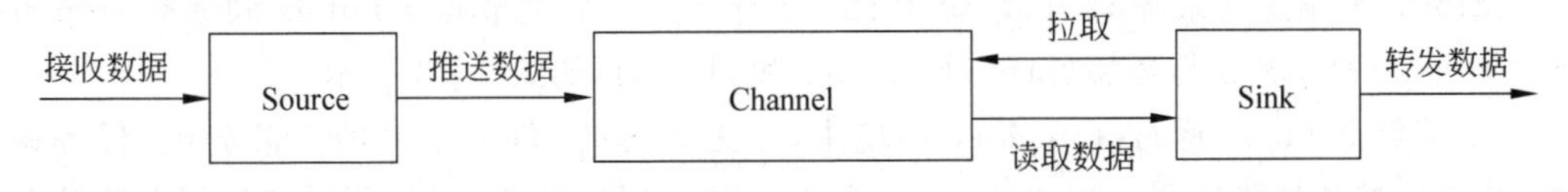

图 3.12　Flume Agent 工作流程

Source 是从其他数据源接收数据,它可以监听一个或多个端口,用于接收数据,每个 Source 需要连接至少一个 Channel。Channel 缓冲 Source 接收的数据,从这个 Agent 接收到数据开始,直到数据被写出到另一个 Agent 或者存储系统。

Channel 的内部实现像一个队列,Source 负责写入,Sink 从中读取。类似于 Apache Kafka,Source 就是生产者,Sink 就是消费者。不过在 Apache Flume 的设计中,一个 Sink 只能从一个 Channel 读取。

每个 Sink 不断轮询各自的 Channel 来读取和删除事件,Sink 将事件推送到下一个阶段或最终目标地址。一旦数据已经成功发送，Sink 会通知 Channel 删除这些事件。

Source 可以通过处理器—拦截器—选择器这样的路由过程写入多个 Channel，其中选择器决定了每个事件必须写入哪个 Channel，拦截器负责插入或删除事件中的数据。如果写入失败，Channel 处理器就会抛出 ChannelException 错误，表明 Source 必须重试该事件。

3.3.3 其他大数据采集处理框架

1. Storm

Storm 是一款分布式的、开源的、实时的、具备高容错的主从式大数据流式计算系统，对比适于海量数据批处理的 Hadoop，不仅简化了数据流上相关处理的并行编程复杂度，也提供了数据处理实时性、可靠性和集群节点动态伸缩的特性。

1）任务拓扑

任务拓扑 Topology 是 Storm 的逻辑单元，一个实时应用的计算任务被打包为任务拓扑后发布，任务拓扑一旦提交后会一直运行，除非显式中止。一个任务拓扑是由一系列 Spout 和 Bolt 构成的有向无环图，通过数据流 Stream 实现 Spout 和 Bolt 之间的关联。Stream 是对数据进行的抽象，它是时间上无穷的 Tuple 元组序列，数据流是通过流分组(stream grouping)所提供的不同策略实现在任务拓扑中的流动。Spout 负责从外部数据源不间断地读取数据，并以 Tuple 元组的形式发送给相应的 Bolt；Bolt 负责对接收到的数据流进行计算，实现过滤、聚合、查询等具体功能，可以级联，也可以向外发送数据流。

2）作业级容错机制

用户可以为一个或多个数据流作业进行编号，分配一个唯一的 id。Storm 保障每个编号的数据流在任务拓扑中被完全执行，即由该 id 绑定的源数据流以及由它后续生成的新数据流经过任务拓扑中每一个应该到达的 Bolt，并被完全执行。Storm 通过系统级组件 Acker 实现对数据流的全局计算路径的跟踪，并保证数据流的完全执行。

3）总体架构

Storm 采用主从系统架构，系统中有两类节点(一个主节点 Nimbus 和多个从节点 Supervisor)和 3 种运行环境(master、cluster 和 slaves)，如图 3.13 所示。

主节点 Nimbus 运行在 master 环境中，是无状态的，负责全局的资源分配、任务调度、状态监控和故障检测。首先 Nimbus 接收客户端提交的任务，验证后分配任务到从节点 Supervisor 上，同时把该任务的元信息写入 ZooKeeper 目录。Nimbus 通过 ZooKeeper 实时监控任务的执行情况，当出现故障时进行故障检测，并重启失败的 Supervisor 和 Worker。

从节点 Supervisor 运行在 slaves 环境中，同样无状态。负责监听并接受主节点 Nimbus 分配的任务，启动或停止自己所管理的工作进程 Worker。工作进程 Worker 负责具体任务的执行，一个完整的任务拓扑往往由分布在多个从节点 Supervisor 上的 Worker 进程协同执行，每个 Worker 都执行且仅执行任务拓扑中的一个子集。每个 Worker 内部有多个 Executor，每个 Executor 对应一个或多个 Task。Task 负责具体数

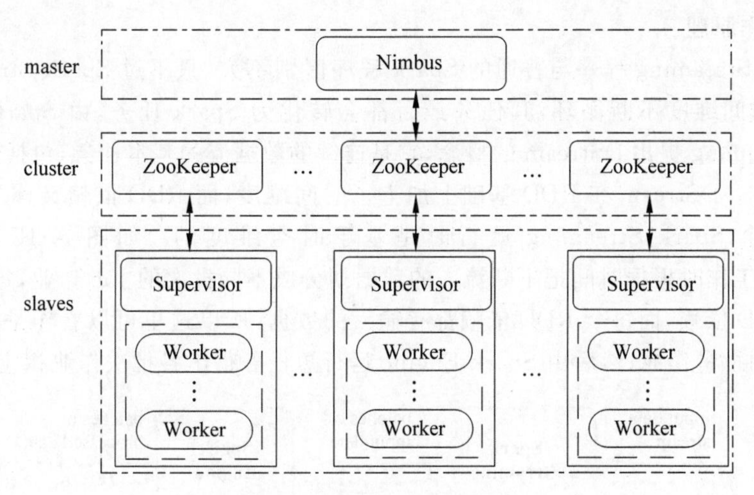

图 3.13　Storm 系统架构

据的计算,即用户所实现的 Spout/Blot 实例。

ZooKeeper 是一个针对大型分布式系统的元数据存储和可靠协调的服务系统,在 Storm 系统中实现以下功能:存储客户端提交的任务拓扑信息、任务分配信息、任务的执行状态信息等,便于主节点 Nimbus 监控任务的执行情况;存储从节点 Supervisor、工作进程 Worker 的状态和心跳信息,便于主节点 Nimbus 监控系统各节点运行状态;存储整个集群的所有状态信息和配置信息,便于主节点 Nimbus 监控 ZooKeeper 集群的状态。当主 ZooKeeper 节点失效后可以重新选取一个节点作为主 ZooKeeper 节点,并进行恢复。

Storm 系统通过引入 ZooKeeper,大大简化了 Nimbus、Supervisor 和 Worker 之间的关系,保障了系统的稳定性和可靠性。

2. Spark Streaming

Spark Streaming 是 Spark 核心 API 的一个扩展,可以实现高吞吐量的、具备容错机制的实时流数据的处理。支持从多种数据源获取数据,包括 Kafka、Flume、Twitter、ZeroMQ、Kinesis 以及 TCP Sockets 等。获取数据后,可以使用 Map、Reduce、Join 和 Window 等高级函数进行复杂算法的处理。最后可以将处理结果存储到文件系统或数据库,如图 3.14 所示。

图 3.14　Spark Streaming 所处位置

1）工作原理

Spark Streaming 程序与普通的 Spark 程序区别不大，只不过 Spark Streaming 程序需要基于时间维度不断循环，其任务最后都会转化为 Spark 任务，由 Spark 引擎执行。Spark Streaming 提出 DStream 的概念，它是连续的数据流的基本抽象，包括输入、转换和输出等操作。DStream 在 RDD 基础上加上了时间维度，而 RDD 依赖又称为空间维度，所以说整个 Spark Streaming 运行时是基于时空维度的。如图 3.15 所示，Spark Streaming 工作时根据时间把不断流入的数据划分成不同批次的 Job 作业，每个 Job 都有对应的 RDD 依赖，而每个 RDD 依赖都有输入的数据，所以这里可以看作是由不同 RDD 依赖构成的批量作业；然后由 Spark Engine 运行短任务得出各批次作业相应的结果。

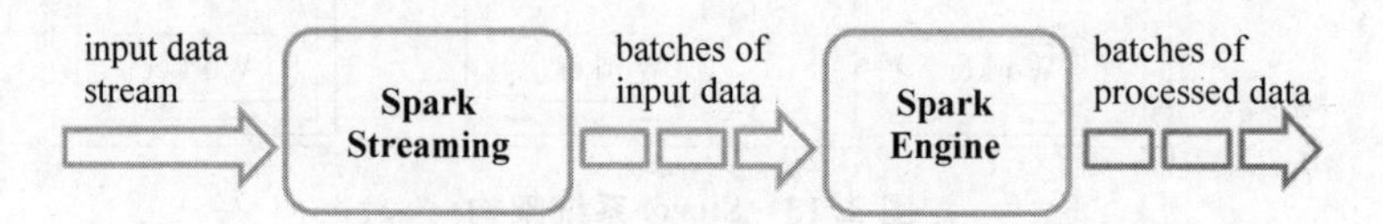

图 3.15　Spark Streaming 工作过程

DStream 表示连续的数据流，即从源接收的输入数据流或通过转换输入流生成的已处理数据流。在内部，DStream 由连续的 RDD 系列表示，这是 Spark 对不可变的分布式数据集的抽象。在 DStream 上应用的任何操作都会转化为对基础 RDD 的操作。DStream 中的每个 RDD 都包含来自特定时间间隔的数据。操作的时候基于 RDD 的空间维度和时间维度。具体 RDD 的产生，完全是以时间为依据的，和其他的一切逻辑和架构解耦合。

从原理上看，把传统的 Spark 批处理程序变成 Streaming 程序，Spark 需要构建一个静态的 RDD DAG 的模板，表示处理逻辑；一个动态的工作控制器，将连续的 Streaming data 切分数据片段，并按照模板复制出新的 RDD；之后构建接收器进行原始数据的产生和导入；接收器将接收到的数据合并为数据块并存到内存或硬盘中，供后续批次 RDD 进行消费。

此外，Spark Streaming 还提供窗口化计算，支持数据滑动窗口。每当窗口在源 DStream 上滑动时，落入该窗口内的源 RDD 被组合并操作，以产生窗口 DStream 的 RDD。窗口操作需要指定两个参数：窗口长度（窗口的持续时间）和滑动间隔（执行窗口操作的时间间隔）。这两个参数必须是源 DStream 的批间隔的整数倍。

2）应用场景

Spark Streaming 正在成为实现从物联网和传感器接收到的实时数据的数据处理和分析解决方案的首选平台，可以用于很多种用例和业务应用程序，如供应链分析、实时安全情报分析、广告拍卖平台、为观众提供个性化的互动体验的实时视频分析等。如 Uber 公司在其连续的 Streaming ETL 管道中使用 Spark Streaming，每天从移动用户那里收集 TB 级的事件数据以进行实时分析。Netflix 使用 Kafka 和 Spark Streaming 构建实时在线电影推荐和数据监控解决方案，每天处理来自不同数据源的数十亿次事件。

3）监控 Spark Streaming

同 Spark 一样，Spark Streaming 也提供了 Jobs、Stages、Storage、Enviroment、

Executors 以及 Streaming 的监控。当使用 StreamingContext 时，Spark Web UI 会显示一个额外的 Streaming 选项卡，其中显示有关正在运行的接收器的统计信息和已完成的批次，可以用来监视流应用程序的进度、接收器的活动状态、接收到的记录数量、接收器错误、批处理时间和排队延迟等。需要重要关注的指标：处理时间，表示处理每批数据的时间；计划延迟，表示批次在队列中等待处理以前批次完成的时间。如果批处理时间一直超过批处理间隔，或排队延迟持续增加，则表明系统无法及时完成批生产过程。在这种情况下，考虑减少批处理时间。

除了 Spark 内置的监控能力，还可以通过 StreamingListener 接口获取接收器状态和处理时间等信息。

4）Spark Streaming 的特点

Spark Streaming 并非是 Storm 那样真正意义的流式处理框架，而是一次处理一个批次数据的粗粒度的准实时处理框架。也正是这种方式，能够较好地集成 Spark 其他计算模块，包括 MLlib、Graphx 及 Spark SQL。这实际上是以牺牲一定实时性性能为代价，给实时计算带来很大便利。

Spark Streaming 基于 Spark Core API，因此能够与 Spark 中的其他模块保持良好的兼容性，为编程提供良好的可扩展性；Spark Streaming 一次读取完或异步读完之后处理数据，且其计算可基于大内存进行，因而具有较高的吞吐量；Spark Streaming 采用统一的 DAG 调度以及 RDD，对实时计算有很好的容错支持；Spark Streaming DStream 是基于 RDD 在流式数据处理方面的抽象，与 RDD 有较大的相似性，这在一定程度上降低了用户的使用门槛，在熟悉 Spark 之后，能够快速上手 Spark Streaming。

Spark Streaming 是准实时的数据处理框架，采用粗粒度的处理方式，不可避免会出现相应的计算延迟。现在，Spark Streaming 稳定性方面还是会存在一些问题。有时会因一些莫名的异常导致退出，这种情况下需要自己来保证数据一致性以及失败重启功能等。

习　题　3

1. 简述网络爬虫的工作流程。
2. GET 方法和 POST 方法的区别是什么？
3. Kafka 具备的三个特点是什么？有哪些关键特性？
4. 在 Kafka 中 broker 是用来做什么的？
5. ETL 中的 3 个字母分别代表什么含义？简述 ETL 的整个过程。

第4章

大数据存储与查询

4.1 HDFS

HDFS(Hadoop Distributed File System)的思想可以说起源于Google的GFS。2000年左右，当Google的爬虫不断从互联网上抓取回新的网页后，Google发现即使使用当时存储容量最大的机器也已经无法存储全部需要索引的网页内容了，更不用说2000年之后的互联网规模还在成指数型增长。因此，Google设计了自己的分布式文件系统(Google File System,GFS)。该系统包括几百甚至几千台普通的廉价设备组装的存储机器，同时被相当数量的客户端访问，提供数据的读写服务。

Hadoop分布式文件系统(HDFS)是一种分布式文件系统，设计用于在商用硬件上运行。它与现有的分布式文件系统有许多相似之处。但是，与其他分布式文件系统的差异很大。HDFS具有高度容错能力，旨在部署在低成本硬件上。HDFS提供对应用程序数据的高吞吐量访问，适用于具有大型数据集的应用程序。HDFS放宽了一些POSIX要求，以实现对文件系统数据的流式访问。HDFS最初是作为Apache Nutch网络搜索引擎项目的基础设施而构建的。HDFS是Apache Hadoop Core项目的一部分。

4.1.1 从设计一个分布式系统开始

先从一个分布式系统的设计开始，考虑这样一个问题：档案馆管理员(以下简称为管理员)平时的工作是查询档案信息，要负责多本档案文件的管理查询工作。当接到一个查询任务时，管理员需要翻阅所有档案，统计相关信息。管理员工作流程如图4.1所示。

管理员为了提高工作效率，找来了甲、乙、丙3个同学帮助自己管理A、B、C三份文件。起初，管理员将工作分别分配给了3个人，即甲负责A文件，乙负责B文件，丙负责C文件。因此，甲、乙、丙3个同学分别复印了一份A、B、C文件。假设他们在执行任务时，可以各自独立，不需要见面。

在同学帮助下管理员的工作流程如图4.2所示，管理员接到查阅任务，然后联系3个同学查询并反馈对应信息。例如，管理员收到要查询“大连理工大学”在文件中一共出现多少次，3个同学收到任务后，在自己负责的文件中统计出次

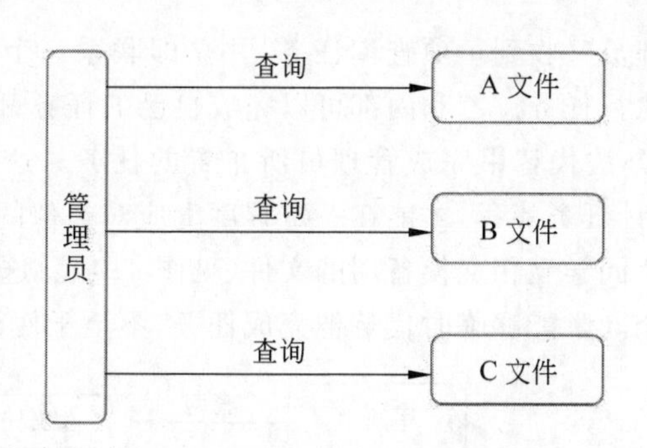

图 4.1　管理员工作流程

数，然后分别上报管理员汇总。这样就大大提高了工作效率。

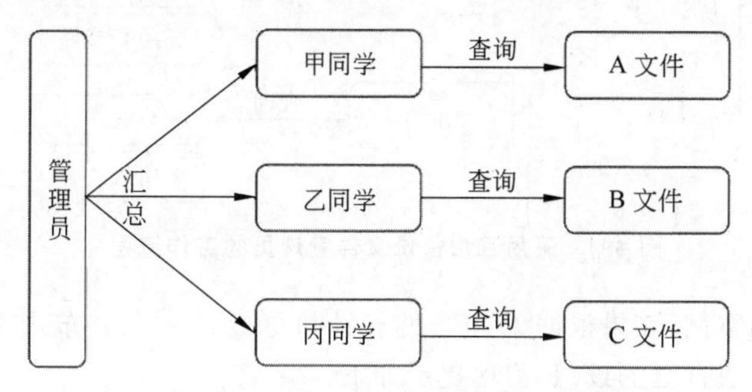

图 4.2　在同学帮助下管理员的工作流程

思考：这样的查询流程会有什么问题吗？管理员真的能在实际工作中保证查询任务顺利高效的完成吗？

某天，管理员收到了一项十分紧急的查询任务，于是联系了 3 个同学。正在大家紧锣密鼓地统计时，丙同学说自己的文件有一页损坏，不能保证自己的信息准确。这使得管理员犯了难，思考如何为管理员重新设计任务流程，才能在一定程度上应对类似的情况？

为了避免上述情况再次发生，管理员让每个同学都复印了两份文件。这样就尽可能避免了文件受损导致反馈信息不准确的问题。采用备份文件管理员的工作流程如图 4.3 所示。

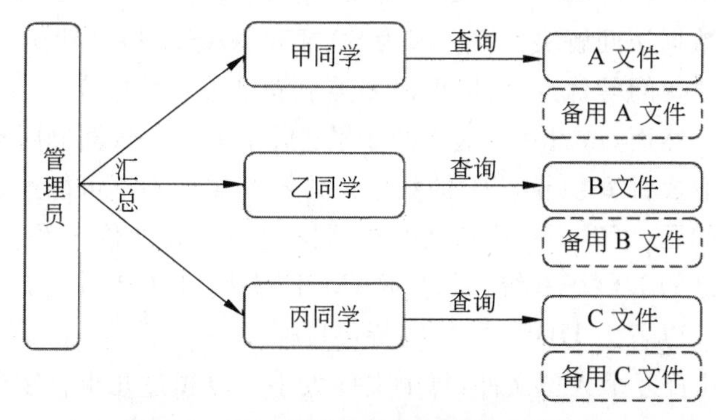

图 4.3　采用备份文件管理员的工作流程

之后的又一天,管理员又收到一项查询任务,并立即联系三个同学。甲立即回复,说自己生病了,没有办法执行任务。乙和丙都可以完成自己的任务,但由于手中没有甲负责的 A 文件,他们也没有办法代替甲完成管理员所布置的任务。这使得管理员犯了难,思考如何为管理员重新设计任务流程,才能在一定程度上应对类似的情况。

管理员决定,让 3 个同学互相交换备用的文件(见图 4.4)。这样,当有一个同学遇到问题时,保证有另外一个同学能够临时代替他完成任务,不至于使得任务无法执行。

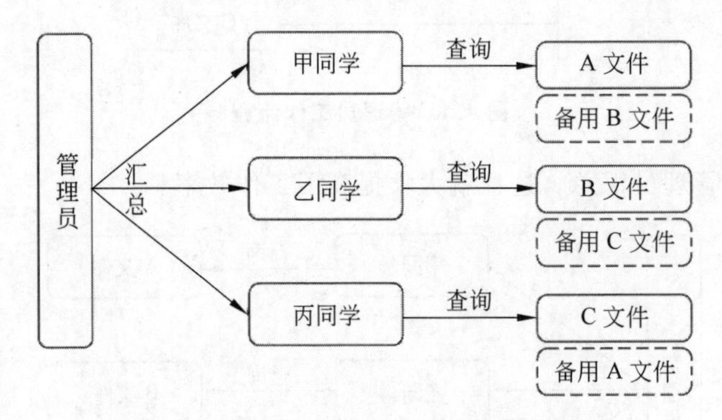

图 4.4 采用互相备份文件管理员的工作流程

考虑到上面的案例,如果根据 HDFS 的设计目标设计一个分布式文件系统,应该如何设计?在纸上完成自己的设想,简单提示如下。

(1) 如果有一份数据损坏,如何保证数据不丢失?

(2) 如果一台计算机宕机,如何能不影响任务执行?

如果把上述例子中的管理员和三个同学换成计算机,把档案换成计算机中的文件,如何设计让计算机完成相同的任务呢?

4.1.2 HDFS 的架构设计

1. 目标和动机

Apache Hadoop 的重要组成部分是 HDFS。HDFS 的设计初衷是为了支持高吞吐和超大文件的流式读写操作。传统的大型存储区域网(Storage Area Network, SAN)和网络附加存储(Network Attached Storage, NAS)给 TB 级的块设备或文件系统提供了一种集中式的低延时数据访问解决方案。因为 SAN 和 NAS 支持全功能 POSIX 语法,具有存储伸缩性和低延时访问等优点,所以可以完美地满足关系数据库、内容交付系统及类似数据的块存储要求。然而,试想一下这样的场景:成千上万台机器同时启动,并从集中式存储系统中同时读取成百太字节(TB)的数据。传统存储技术不可能达到这样的规模!

为了解决这个问题,可以用一些独立的机器搭建一个高性价比系统。这个系统中的每台机器都拥有自己的 I/O 子系统、磁盘、RAM、网络接口、CPU,且支持部分 POSIX 功能(或按需求裁剪)。以下为 HDFS 的一些特定目标。

(1) 可以存储几百万个大型文件,每个文件大小可以超过几十吉字节;文件系统的容量可达数十拍字节。

(2) 利用横向扩展(scale-out)模式,使用基于磁盘簇(JBOD)而不是磁盘阵列(RAID)的普通商用服务器实现大规模数据存取,同时,在应用层完成数据复制以实现存储的可用性和高吞吐率。

(3) 优化是针对大型文件的流式读写操作,而不是为了满足小文件的低延时访问。批量处理的性能比互动响应的实时性更加重要。

(4) 能容忍机器某些部件故障和磁盘失效。

(5) 支持 MapReduce 处理所需要的功能与规模要求。

尽管 HDFS 可以不依赖 MapReduce 而独立应用于大型数据集的存储,但如果将它们结合在一起,系统就会如虎添翼。例如,利用 HDFS 将输入数据分割成数据块分别存储在不同机器上的特点,MapReduce 可以将计算任务分配给数据块所在的机器,从而实现数据读取的本地化,提高系统的效率。

2. 设计

HDFS 在很多方面都遵循了传统文件系统的设计思想。如文件以不透明的数据块形式存储,通过元数据管理文件名和数据块的映射关系、目录树结构、访问权限等信息。这些与普通的 Linux 文件系统(如 ext3)是非常相似的。HDFS 又有什么与众不同的地方呢?

传统文件系统是内核模块(至少在 Linux 中是这样的)和用户空间工具,通过挂载的形式提供给终端用户使用。但是 HDFS 却是一种用户空间文件系统。具体来说,文件系统代码以操作系统进程和扩展的形式运行在内核之外,而无须注册在 Linux VFS 层,所以 HDFS 是一种更加简单、更加灵活和更加安全的实现方式。HDFS 不像 ext3 文件系统那样需要挂载,只要应用程序显式地编译它即可。

HDFS 除了是用户空间文件系统外,它还是一种分布式文件系统。分布式文件系统突破了单机或单个磁盘物理存储空间的限制,其主要思想是集群中的各个主机只存储文件系统的一个数据子集,当需要存储更多数据块时,添加更多挂载了多个物理磁盘的主机便可以实现。文件系统的元数据存储在中央服务器中,提供数据块的目录结构,并维护着整个文件系统的全局状态。

HDFS 与其他文件系统的另一个主要区别是基本数据块的大小。传统文件系统的数据块大小一般为 4KB 或 8KB,而 Hadoop 的数据块就大得多,默认为 64MB,系统管理员可以根据需要选择配置成 128MB、256MB,甚至 1GB。增大数据块大小意味着数据可以被写入磁盘中更大的连续块,这也意味着数据的读写操作可以采用更大、更连续的方式进行,这样就可以减少磁盘的查找操作,而查找是机械硬盘运行中最慢的一种操作,因此也就提升了处理大型数据流 I/O 操作的效率。

传统文件系统依赖特殊的存储子系统实现对数据的保护。HDFS 则不同,它可以将数据的多个副本(replica)分别存储到集群的多台不同主机上,从而实现对数据的保护。默认情况下,每一个数据块会被复制三份,因为 HDFS 的文件具有只写一次的特点,每个副本一旦写入完成,就不可能再被更改,所以无须考虑各数据副本的一致性问题。应用程序读取数据块的任何一个可用的副本都可以实现对文件的访问。因为数据块拥有多个副本,所以因主机故障而导致的数据丢失也可以很容易恢复,同时网络中的应用程序也更有可能从离其最近的主机中读取数据。HDFS 会主动跟踪并管理可用数据块副本的数量。当副本的数量低于配置的复制因子时,文件系统会自动从剩下的副本中创建一个新的副本。在本书中,频繁地使用副本表示 HDFS 数据块的复制。

当然,应用程序并不希望太过关注数据块、元数据、磁盘、扇区以及其他底层系统的具体实现细节。相反,开发人员更希望通过诸如文件和流等高层抽象接口实现 I/O 操作。HDFS 提供给开发人员的文件系统是一套高级的、类似 POSIX 的、程序员比较熟识的 API。HDFS 系统架构如图 4.5 所示。

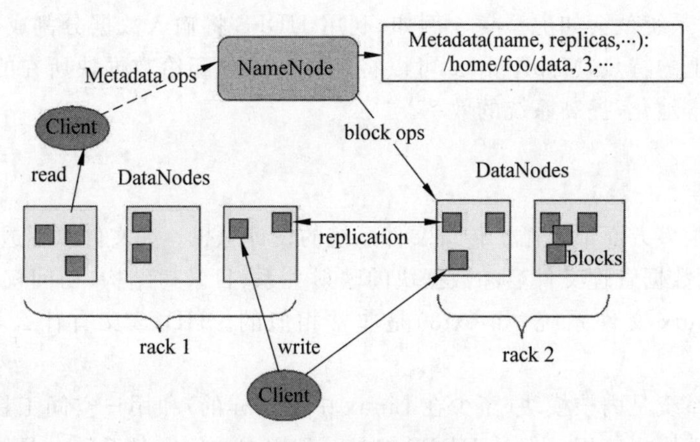

图 4.5 HDFS 系统架构

3. 其他需要考虑的因素

(1) 硬件错误。硬件错误是常态而不是异常。HDFS 可能由成百上千的服务器所构成,每个服务器上存储着文件系统的部分数据。现实中构成系统的组件数目巨大,而且任一组件都有可能失效,这意味着总是有一部分 HDFS 的组件是不工作的。因此错误检测和快速、自动恢复是 HDFS 最核心的架构目标。

(2) 流式数据访问。运行在 HDFS 上的应用和普通的应用不同,需要流式访问它们的数据集。HDFS 的设计中更多地考虑到了数据批处理,而不是用户交互处理。相比数据访问的低延迟问题,更关键的在于数据访问的高吞吐量。POSIX 标准设置的很多硬性约束对 HDFS 应用系统不是必须的。为了提高数据的吞吐量,在一些关键方面对 POSIX 的语义做了一些修改。

(3) 大规模数据集。运行在 HDFS 上的应用具有很大的数据集,HDFS 上的一个典型文件大小一般都在吉字节至太字节。因此,HDFS 被调节以支持大文件存储。它应该能提供整体上高的数据传输带宽,能在一个集群里扩展到数百个节点。一个单一的 HDFS 实例应该能支撑数以千万计的文件。

(4) 简单的一致性模型。HDFS 应用需要一个一次写入多次读取的文件访问模型。一个文件经过创建、写入和关闭之后就不需要改变了。这一假设简化了数据一致性问题,并且使高吞吐量的数据访问成为可能。MapReduce 应用或者网络爬虫应用都非常适合这个模型。目前还有计划在将来扩充这个模型,使其支持文件的附加写操作。

(5) 移动计算比移动数据更划算。一个应用请求的计算,离它操作的数据越近越高效,在数据达到海量级别的时候更是如此。因为这样就能降低网络阻塞的影响,提高系统数据的吞吐量。将计算移动到数据附近,比将数据移动到应用显然更好。HDFS 为应用提供了将它们自己移动到数据附近的接口。

(6) 异构软硬件平台间的可移植性。HDFS 在设计的时候就考虑到平台的可移植性,这种特性方便了 HDFS 作为大规模数据应用平台的推广。

4.1.3 NameNode 和 DataNode

HDFS 采用主从(master/slave)架构。在 Hadoop 1.0 中一个 HDFS 集群由一个 NameNode 和一定数目的 DataNodes 组成。NameNode 是一个中心服务器,负责管理文件系统的名字空间(namespace)以及客户端对文件的访问。NameNode 维护者文件系统树以及整棵树内所有的文件和目录。这些信息以文件形式永久保存在本地磁盘。NameNode 也记录着每个文件中各个块所在的数据节点信息,但它并不永远保存块的位置信息,因为这些信息会在系统启动时由数据节点重新加载。

NameNode 在 Hadoop 1.0 中是整个系统中最重要、最复杂也是最容易出问题的地方,而且一旦 NameNode 出现故障,整个 Hadoop 集群就将处于不可服务的状态,同时随着数据规模和集群规模的持续增长,很多小量级时被隐藏的问题逐渐暴露出来。事实上,如果运行 NameNode 服务的机器毁坏,文件系统上所有的文件将会丢失,因为我们不知道如何根据 DataNode 的块重建文件。因此,对 NameNode 实现容错非常重要。Hadoop 为此提供了备份机制,去保存那些组成文件系统元数据持久状态的文件。Hadoop 可以通过配置使 NameNode 在多个文件系统上保存元数据的持久状态。这些写操作是实时同步的。一般配置是将持久状态写入本地磁盘的同时,写入一个远程挂载的网络文件系统(NFS)。

在 Hadoop 2 中,HDFS 可以同时启动两个 NameNode,其中一个处于工作(active)状态,另一个处于随时待命(standby)状态。这样,当一个 NameNode 所在的服务器宕机时,可以在数据不丢失的情况下,手工或者自动切换到另一个 NameNode 提供服务,如图 4.6 所示。

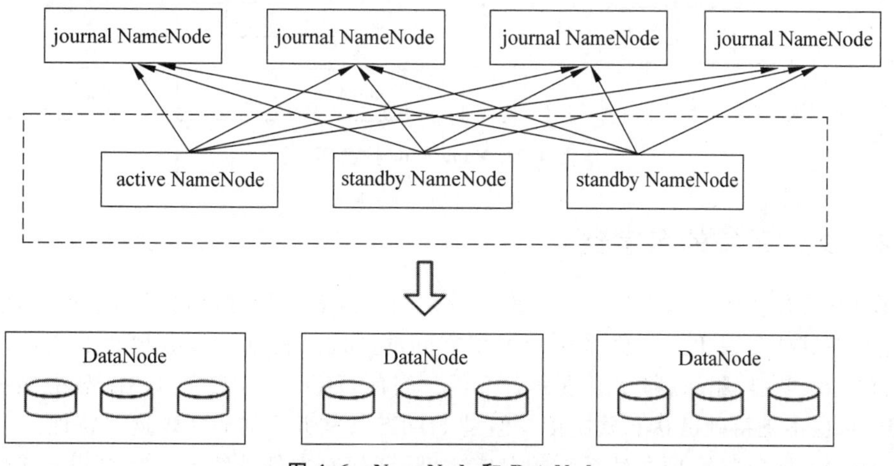

图 4.6 NameNode 和 DataNode

HDFS 暴露了文件系统的名字空间,用户能够以文件的形式在上面存储数据。从内部看,一个文件其实被分成一个或多个数据块,这些块存储在一组 DataNode 上。NameNode 执行文件系统的名字空间操作,如打开、关闭、重命名文件或目录。它也负责确定数据块到具体 DataNode 的映射。DataNode 负责处理文件系统客户端的读写请求。在 NameNode 的统一调度下进行数据块的创建、删除和复制。

NameNode 和 DataNode 被设计成可以在普通的商用机器上运行。这些机器一般运行着 GNU 操作系统/Linux 操作系统。HDFS 采用 Java 语言开发,因此任何支持 Java 的机器都可以部署 NameNode 或 DataNode。由于采用了可移植性极强的 Java 语言,使得 HDFS 可以部署到多种类型的机器上。一个典型的部署场景是一台机器上只运行一个 NameNode 实例,而集群中的其他机器分别运行一个 DataNode 实例。这种架构并不排斥在一台机器上运行多个 DataNode,只不过这样的情况比较少见。

集群中单一 NameNode 的结构大大简化了系统的架构。NameNode 是所有 HDFS 元数据的仲裁者和管理者,这样,用户数据永远不会流过 NameNode。

NameNode 管理着文件系统的名字空间。它维护着文件系统树(file system tree)以及文件树中所有的文件和文件夹的元数据(metadata)。管理这些信息的文件有两个,分别是名字空间镜像文件(FsImage)和操作日志文件(Editlog),这些信息被高速缓存(cache)在 RAM 中,当然,这两个文件也会被持久化存储在本地硬盘。NameNode 记录着每个文件中各个块(block)所在的数据节点的位置信息,但是它并不持久化存储这些信息,因为这些信息会在系统启动时从数据节点重建。

NameNode 抽象如图 4.7 所示。

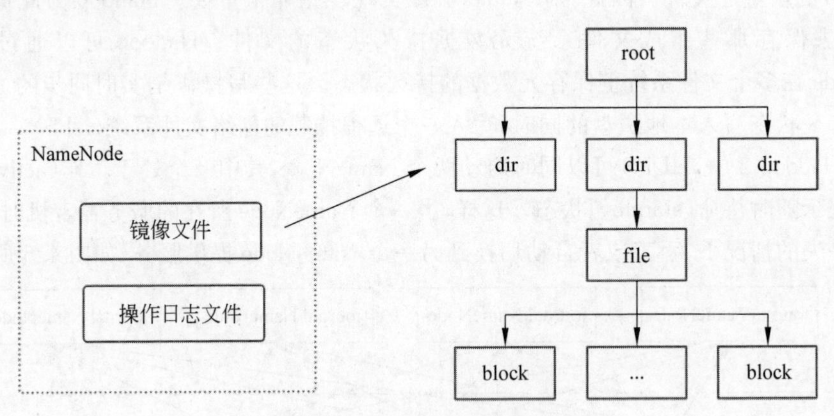

图 4.7 NameNode 抽象图

4.1.4 文件系统的名字空间

HDFS 支持传统的层次型文件系统结构。用户或者应用程序可以创建目录,然后将文件保存在这些目录里。文件系统的名字空间的层次结构和大多数现有的文件系统类似:用户可以创建、删除、移动或重命名文件。当前,HDFS 不支持用户磁盘配额和访问权限控制,也不支持硬链接和软链接。但是 HDFS 架构并不妨碍实现这些特性。

NameNode 负责维护文件系统的名字空间,任何对文件系统的名字空间或属性的修改都将被 NameNode 记录下来。应用程序可以设置 HDFS 保存的文件的副本数目。文件的副本数目称为文件的副本系数,这个信息也是由 NameNode 保存的。

4.1.5 数据块

每个磁盘都有默认的数据块大小,这是磁盘进行数据读写的最小单位。构建于单个磁盘之上的文件系统通过磁盘块管理该文件系统中的块,该文件系统块的大小应为磁盘块的整数倍。文件系统一般为几千字节,而磁盘块一般为 512 字节。一般来说,文件系统用户在读写文件的时候不需要关注文件系统块的大小。如果想要查看自己的文件系统,可以使用系统提供的一些工具(如 df 和 fsck)维护文件系统,它们对文件系统中的块进行操作。

HDFS 同样也有块的概念,但是大得多,默认为 64MB,与单一磁盘中的文件系统相似,HDFS 上的文件也被划分为块大小的多个分块(chunk),作为独立的存储单元。但与其他文件系统不同的是,HDFS 中小于一个块大小的文件不会占据整个块的空间。HDFS 块之所以比磁盘块大得多,其目的是最小化寻址开销。如果块设置得足够大,从磁盘传输数据的时间可以明显大于定位这个块开始位置所需的时间。这样,传输一个由多个块组成的文件的时间取决于磁盘传输速率。同时,HDFS 块的设置也不易过大。MapReduce 中的 Map 任务通常一次处理一个块中的数据,因此如果任务数太少,作业的并行化运行速度就不够。

对于分布式文件系统中的块进行抽象会带来很多好处。第一个明显的好处是,一个文件的大小可以大于网络中任意一个磁盘的容量。文件的所有块并不需要存储在同一个磁盘上,因此它们可以利用集群上任意一个磁盘进行存储。事实上,尽管不常见,但对于整个 HDFS 集群而言,也可以仅存储一个文件,该文件的块占满集群中所有的磁盘。

第二个好处是,使用块抽象而非整个文件作为存储单元,大大简化了存储子系统的设计。简化是所有系统的目标,但是这对于故障种类繁多的分布式文件系统尤为重要。将存储子系统控制单元设置为块,可简化存储管理。因为块的大小是固定的,计算每个磁盘能存储多少个块相对容易。同时也消除了对元数据的顾虑。

不仅如此,块非常适用于数据备份,进而提供数据容错能力和可用性。将每个块复制到少数几个独立的机器上(默认为 3 个),可以确保在发生块、磁盘或机器故障后数据不丢失。如果发现一个块不可用,系统会从其他地方读取另一个副本,而这个过程对用户是透明的。一个因损坏或机器故障而丢失的块可以从其他候选地点复制到另一台可以正常运行的机器上,以保证副本的数量回到正常水平。

4.1.6 数据复制

HDFS 被设计成能够在一个大集群中跨机器可靠地存储超大文件。它将每个文件存储成一系列数据块,除了最后一个,所有的数据块都是同样大小的。为了容错,文件的所有数据块都会有副本。每个文件的数据块大小和副本系数都是可配置的。应用程序可以指定某个文件的副本数目。副本系数可以在文件创建的时候指定,也可以在之后改变。

HDFS 中的文件都是一次性写入的，并且严格要求在任何时候只能有一个写入者。

NameNode 全权管理数据块的复制，它周期性地从集群中的每个 DataNode 接收心跳信号(Heartbeat)和块状态报告(Blockreport)，如图 4.8 所示。接收到心跳信号意味着该 DataNode 工作正常。块状态报告包含了一个该 DataNode 上所有数据块的列表。

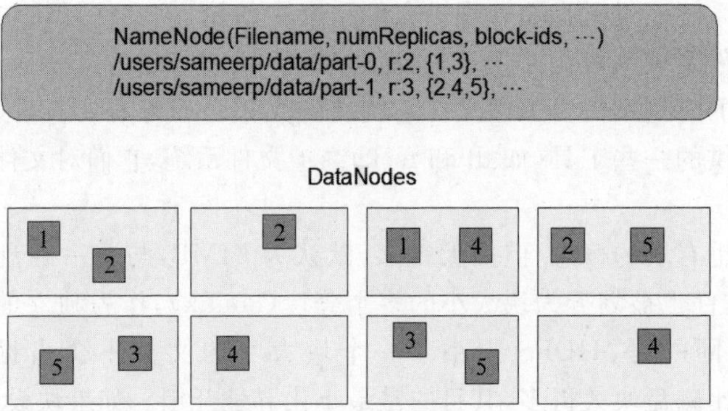

图 4.8 数据复制

副本的放置对 HDFS 的可靠性和性能至关重要。优化副本放置可将 HDFS 与大多数其他分布式文件系统区分。这是一项需要大量调整和体验的功能。机架感知与副本放置策略的目的是提高数据可靠性、可用性和网络带宽利用率。当前副本放置策略的实现是朝着这个方向的第一次努力。实施此策略的短期目标是在生产系统上验证它，更多地了解其行为，并为测试和研究更复杂的策略奠定基础。

大型 HDFS 实例在通常分布在多个机架上的计算机集群上运行。不同机架中两个节点之间的通信必须通过交换机。在大多数情况下，同一机架中的计算机之间的网络带宽大于不同机架中的计算机之间的网络带宽。

NameNode 通过 Hadoop Rack Awareness 中概述的过程确定每个 DataNode 所属的机架 id。一个简单但非最优的策略是将副本放在独特的机架上。这可以防止在整个机架出现故障时丢失数据，并允许在读取数据时使用来自多个机架的带宽。此策略在集群中均匀分布副本，这样可以轻松平衡组件故障的负载。但是，此策略会增加写入成本，因为写入需要将块传输到多个机架。

对于常见情况，当复制因子为 3 时，HDFS 的放置策略是在编写器位于 DataNode 上时将一个副本放在本地计算机上，否则放在随机 DataNode 上，在另一个(远程)机架上的节点上放置另一个副本，最后一个副本放在同一个远程机架中的另一个节点上。此策略可以减少机架间写入流量，从而提高写入性能。机架故障的可能性远小于节点故障的可能性，此策略不会影响数据可靠性和可用性。但是，它确实减少了读取数据时使用的聚合网络带宽，因为块只放在两个唯一的机架而不是 3 个。使用此策略时，文件的副本不会均匀分布在机架上。三分之一的副本位于一个节点上，三分之二的副本位于一个机架上，另外 3 个副本均匀分布在剩余的机架上。此策略可提高写入性能，而不会影响数据可靠性或读取性能。

如果复制因子大于 3，则随机确定第 4 个及以下副本的放置，同时保持每个机架的副本数量低于上限，基本上是(副本－1)/机架＋2。由于 NameNode 不允许 DataNode 具有同一块的多个副本，因此创建的最大副本数目是此时 DataNode 的总数。

在将存储类型和存储策略的支持添加到 HDFS 后，除了上述机架感知之外，NameNode 还会考虑策略以进行副本放置。NameNode 首先根据机架感知选择节点，然后检查候选节点是否具有与文件关联的策略所需的存储。如果候选节点没有存储类型，则 NameNode 将查找另一个节点。如果在第一个路径中找不到足够的节点放置副本，则 NameNode 会在第二个路径中查找具有回退存储类型的节点。

此处描述的当前默认副本放置策略是正在进行的工作。

为了最大限度地减少全局带宽消耗和读取延迟，HDFS 尝试满足最接近读取器的副本的读取请求。如果在与读取器节点相同的机架上存在副本，则该副本首选满足读取请求。如果 HDFS 集群跨越多个数据中心，则驻留在本地数据中心的副本优先于其他远程副本。

在启动时，NameNode 进入一个名为 safemode 的特殊状态。当 NameNode 处于 safemode 状态时，不会发生数据块的复制。NameNode 从 DataNode 接收 Heartbeat 和 Blockreport。Blockreport 包含 DataNode 托管的数据块列表。每个块都有指定的最小副本数。当使用 NameNode 检入该数据块的最小副本数目时，会认为该块是安全复制的。在可配置百分比的安全复制数据块使用 NameNode 检入(再加上 30s)后，NameNode 退出 safemode 状态。然后，它确定仍然具有少于指定数量的副本的数据块列表(如果有)。然后，NameNode 将这些块复制到其他 DataNode。

4.1.7　文件系统元数据的持久性

HDFS 名字空间由 NameNode 存储。NameNode 使用名为 EditLog 的事务日志持久记录文件系统元数据发生的每个更改。例如，在 HDFS 中创建新文件会导致 NameNode 将记录插入 EditLog，以指示此情况。同样，更改文件的复制因子会将新记录插入 EditLog。NameNode 使用其本地主机 OS 文件系统中的文件存储 EditLog。整个文件系统命名空间(包括块到文件和文件系统属性的映射)存储在名为 FsImage 的文件中。FsImage 也作为文件存储在 NameNode 的本地文件系统中。

NameNode 在整个内存中保存整个文件系统命名空间和文件 BlockMap 的映像。当 NameNode 启动，或者检查点由可配置的阈值触发时，它从磁盘读取 FsImage 和 EditLog，将 EditLog 中的所有事务应用到 FsImage 的内存中表示，并将此新版本刷新为磁盘上的新 FsImage。然后它可以截断旧的 EditLog，因为它的事务已应用于持久性 FsImage。此过程称为检查点。检查点的目的是通过获取文件系统元数据的快照并将其保存到 FsImage 来确保 HDFS 具有文件系统元数据的一致视图。尽管读取 FsImage 是有效的，但直接对 FsImage 进行增量编辑效率不高。不会为每次编辑修改 FsImage，而是在 EditLog 中保留编辑内容。在检查点期间，EditLog 的更改将应用于 FsImage。可以以秒为单位给定时间间隔(dfs. namenode. checkpoint. period)触发检查点，或者在累积给定数量的文件系统事务(dfs. namenode. checkpoint. txns)之后触发检查点。如果同时设置了这两个属性，则要达到的第一个阈值将触发检查点。

DataNode 将 HDFS 数据存储在其本地文件系统中的文件中。DataNode 不了解 HDFS 文件，它将每个 HDFS 数据块存储在其本地文件系统中的单独文件中。DataNode 不会在同一目录中创建所有文件。相反，它使用启发式方法确定每个目录的最佳文件数，并适当地创建子目录。在同一目录中创建所有本地文件并不是最佳选择，因为本地文件系统可能无法有效地支持单个目录中的大量文件。当 DataNode 启动时，它会扫描其本地文件系统，生成与每个本地文件对应的所有 HDFS 数据块的列表，并将此报告发送到 NameNode。该报告称为 Blockreport。

4.1.8 HDFS 中的文件访问权限

针对文件和目录，HDFS 的权限模式与 POSIX 非常相似。HDFS 提供 3 类权限模式：只读权限(r)、写入权限(w)和可执行权限(x)。读取文件或列出目录内容时需要只读权限；写入一个文件或是在一个目录上新建及删除文件或目录，需要写入权限；对于文件而言，可执行权限可以忽略，因为不能在 HDFS 中执行文件。

每个文件和目录都有所属用户(owner)、所属组别(group)及模式(mode)。这个模式由所属用户的权限、组内成员的权限及其他用户的权限组成。

在默认情况下，可以通过正在运行进程的用户名和组名唯一确定客户端的标识。但由于客户端是远程的，任何用户都可以简单地在远程系统上以其名义新建一个账户进行访问。因此，作为共享文件系统资源和防止数据意外损失的一种机制，权限只能供合作团体中的用户使用，而不能用在一个不友好的环境中保护资源。

4.1.9 稳健性

HDFS 的主要目标是即使在出现故障时也能可靠地存储数据。3 种常见的故障类型是 NameNode 故障、DataNode 故障和网络分区。

1. 数据磁盘故障、心跳和重新复制

每个 DataNode 定期向 NameNode 发送 Heartbeat 消息。网络分区可能导致 DataNode 的子集失去与 NameNode 的连接。NameNode 通过缺少 Heartbeat 消息检测此情况。NameNode 将没有最近 Heartbeats 的 DataNodes 标记为已死，并且不会将任何新的 I/O 请求转发给它们。注册到死 DataNode 的任何数据都不再可用于 HDFS。DataNode 死亡可能导致某些块的复制因子低于其指定值。NameNode 不断跟踪需要复制的块，并在必要时启动复制。由于许多原因可能会出现重新复制的必要性：DataNode 可能变得不可用，副本可能已损坏，DataNode 上的硬盘可能会失败，或者文件的复制因子可能会增加。

标记 DataNode 死机的超时是保守的长(默认情况下超过 10min)，以避免由 DataNode 状态抖动引起的复制风暴。用户可以设置较短的间隔以将 DataNode 标记为陈旧，并通过配置为性能敏感的工作负载避免过时的节点读写。

2. 群集重新平衡

HDFS架构与数据重新平衡方案兼容。如果DataNode上的可用空间低于某个阈值,则方案可能会自动将数据从一个DataNode移动到另一个DataNode。如果对特定文件的需求突然高,则方案可以动态创建其他副本并重新平衡群集中的其他数据。这些类型的数据重新平衡方案尚未实施。

3. 数据的完整性

从DataNode获取的数据块可能已损坏。由于存储设备中的故障、网络故障或有缺陷的软件,可能会发生此损坏。HDFS客户端软件对HDFS文件的内容进行校验和检查。当客户端创建HDFS文件时,它会计算文件每块的校验和,并将这些校验和存储在同一HDFS命名空间中的单独隐藏文件中。当客户端检索文件内容时,它会验证从每个DataNode接收的数据是否与存储在关联校验和文件中的校验和匹配。如果没有,则客户端可以选择从具有该块的副本的另一个DataNode中检索该块。

4. 元数据磁盘故障

FsImage和EditLog是HDFS的中心数据结构。这些文件损坏可能导致HDFS实例无法正常运行。因此,NameNode可以配置为支持维护FsImage和EditLog的多个副本。对FsImage或EditLog的任何更新都会导致每个FsImages和EditLogs同步更新。这种FsImage和EditLog的多个副本的同步更新可能会降低NameNode可以支持的每秒命名空间事务的速率。但是,这种降级是可以接受的,因为即使HDFS应用程序本质上是数据密集型的,它们也不是元数据密集型的。当NameNode重新启动时,它会选择要使用的最新一致的镜像文件和操作日志文件。

增加故障恢复能力的另一个选择是使用多个NameNode在NFS上使用共享存储或使用分布式编辑日志(journal)启用高可用性。后者是推荐的方法。

5. 快照

快照支持在特定时刻存储数据副本。快照功能的一种用途可以是将损坏的HDFS实例回滚到先前已知的良好时间点。

4.1.10 文件读取剖析

为了了解客户端及与之交互的HDFS、NameNode和DataNode之间的数据流是什么,可以参考图4.9,该图显示了在读取文件时事件的发生顺序。

客户端通过调用FileSystem对象的open方法打开希望读取的文件,对于HDFS,这个对象是分布式文件系统的一个实例。DistributedFileSystem通过使用远程过程调用(RPC)来调用NameNode,以确定文件起始块的位置。对于每一个块,NameNode返回存有该副本的DataNode地址。此外,这些DataNode根据它们与客户端的距离排序。如果该客户端本身就是一个DataNode,并保存有相应数据块的一个副本时,该节点就会从本

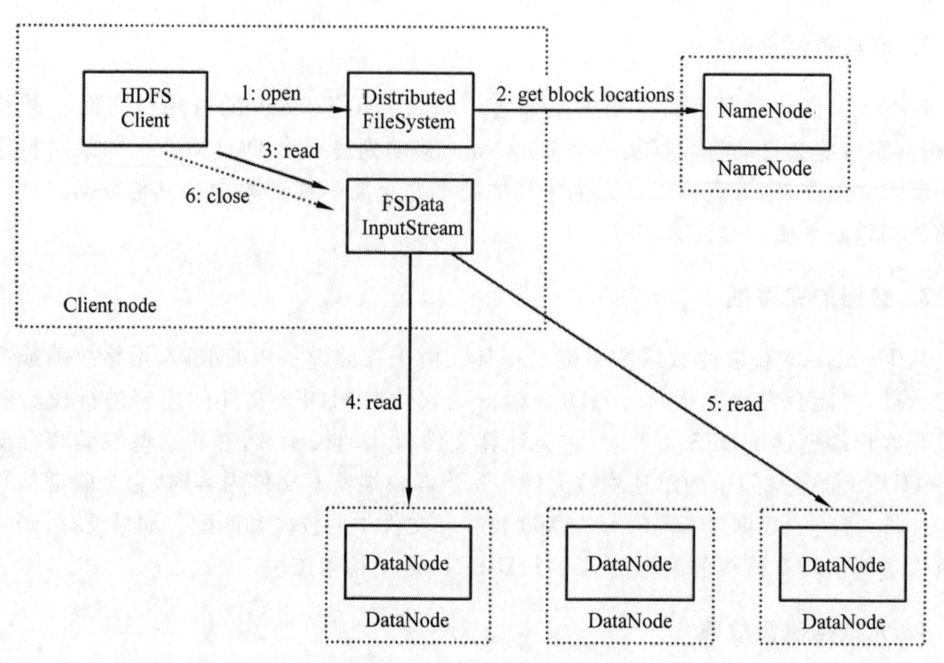

图 4.9 Hadoop 文件读取

地 DataNode 读取数据。

DistributedFileSystem 类返回一个 FSDataInputStream 对象给客户端并读取数据。FSDataInputStream 类转而封装 DFSInputStream 对象，该对象管理着 DataNode 和 NameNode 的 I/O。接着，客户端对这个输入流调用 read 方法。存储着文件起始几个块的 DataNode 地址的 DFSInputStream 随即连接距离最近的 DataNode。通过对数据流反复调用 read 方法，可以将数据从 DataNode 传输到客户端。到达块的末端时，DFSInputStream 关闭与该 DataNode 的连接，然后寻找下一个块的最佳 DataNode。客户端只需要读取连续的流，并且对于客户端都是透明的。

客户端从流中读取数据时，块是按照打开 DFSInputStream 与 DataNode 新建连接的顺序读取的。它也会根据需要询问 NameNode 检索下一批数据块的 DataNode 的位置。一旦客户端完成读取，就对 FSDataInputStream 调用 close 方法。

在读取数据的时候，如果 DFSInputStream 在与 DataNode 通信时遇到错误，会尝试从这个块的另外一个最邻近的 DataNode 读取数据。它也记住那个故障 DataNode，保证以后不会反复读取该节点上后续的块。DFSInputStream 也会通过校验和确认从 DataNode 发来的数据是否完整。如果发现有损坏的块，就在 DFSInputStream 试图从其他 DataNode 读取其副本之前通知 NameNode。

这个设计的一个重点是，NameNode 告知客户端每个块中最佳的 DataNode，并让客户端直接连接到该 DataNode 检索数据。由于数据流分散在集群中的所有 DataNode，所以这种设计能使 HDFS 可扩展到大量的并发客户端。同时，NameNode 只需要响应块位置的请求，无须响应数据请求，否则随着客户端数量的增长，NameNode 会很快成为瓶颈。

4.1.11　文件写入剖析

如图 4.10 所示，新建一个文件，把数据写入该文件，然后关闭文件。

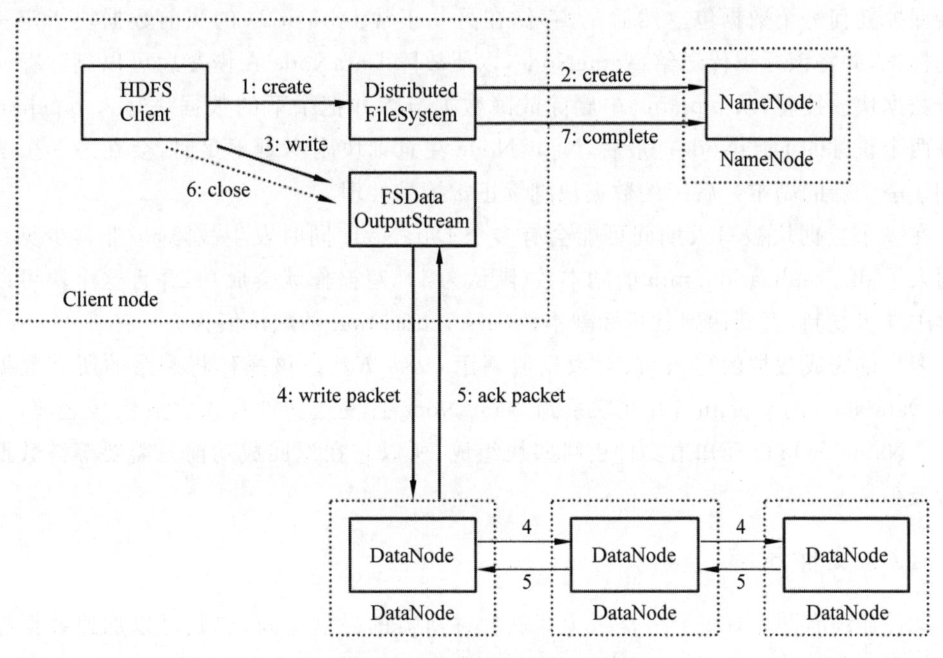

图 4.10　Hadoop 文件写入

客户端通过对 DistributedFileSystem 对象调用 create( ) 函数新建文件。DistributedFileSystem 对 NameNode 创建一个 RPC 调用，在文件系统的命名空间中新建一个文件，此时该文件中还没有相应的数据块。NameNode 执行各种不同的检查，以确保这个文件不存在以及客户端有新建该文件的权限。如果这些检查均通过，NameNode 就会为创建新文件记录一条记录；否则，文件创建失败并向客户端抛出一个 IOException 异常。DistributedFileSystem 向客户端返回一个 FSDataOutputStream 对象，由此客户端可以开始写入数据。就像读取事件一样，FSDataOutputStream 封装一个 DFSOutPutStream 对象，该对象负责处理 DataNode 和 NameNode 之间的通信。

在客户端写入数据时，DFSOutputStream 将它分成一个个数据包，并写入内部队列，成为数据队列。DataStreamer 处理数据队列，它的任务是根据 DataNode 列表要求 NameNode 分配合适的新块存储数据副本。这一组 DataNode 构成一个流水线(pipeline)，如果假设副本数为 3，那么 pipeline 中就有 3 个节点。DataStreamer 将数据包流式传输到 pipeline 中第 1 个 DataNode，该 DataNode 存储数据包并将它发送到 pipeline 中的第 2 个 DataNode。同样，第 2 个 DataNode 存储该数据包并将它发送到 pipeline 中的第 3 个也是最后一个 DataNode。

DFSOutputStream 也维护着一个内部数据包队列来等待 DataNode 的收到确认回

执,称为确认队列。收到 pipeline 中所有 DataNode 确认信息后,该数据包才会从确认队列删除。

如果在数据写入期间 DataNode 发生故障,则执行以下操作。首先,关闭 pipeline,确认把队列中的所有数据包都添加回数据队列的最前端,以确保故障节点下游的 DataNode 不会漏掉任何一个数据包。然后,为存储在另一正常 DataNode 的当前数据块指定一个新的标识,并将该标识传送给 NameNode,以便故障 DataNode 在恢复后可以删除存储的部分数据块。接着,从 pipeline 中删除故障数据节点并把余下的数据块写入 pipeline 中另外两个正常的 DataNode。最后,NameNode 注意到块副本量不足时,会在另一个节点上创建一个新的副本。后续的数据块继续正常接受处理。

在一个数据块被写入期间可能会有多个 DataNode 同时发生故障,但非常少见。只要写入了 dfs. replication. min 的副本数(默认为 1),写操作就会成功,并且这个块可以在集群中异步复制,直到达到其目标副本数(dfs. replication 的默认值为 3)。

客户端完成数据的写入后,对数据流调用 close 方法。该操作将剩余的所有数据包写入 DataNode 的 pipeline,并在联系到 NameNode 且发送文件写入完成信号之前,等待确认。NameNode 已经知道文件由哪些块组成,所以它在返回成功前只需要等待数据块进行最小量的复制。

4.1.12 文件压缩

文件压缩有两个好处:一是减少存储文件所需的磁盘空间,二是可以加速数据在网络和磁盘上的传输。Hadoop 支持很多种不同的文件压缩格式,常见的如表 4.1 所示。

表 4.1 文件压缩格式

压缩格式	工　具	算　法	扩展名	多副本	可切分
DEFLATE	N/A	DEFLATE	deflate	No	No
gzip	gzip	DEFLATE	gz	No	No
bzip2	bzip2	bzip2	bz2	No	Yes
LZo	lzop	LZo	lzo	No	No

所有压缩算法都需要权衡空间和时间:压缩比例越大,需要的压缩和解压时间越长。gzip 是一个通用的压缩工具,在空间和时间的权衡中,居于其他两个压缩算法之间。bzip2 的压缩能力强于 gzip,但压缩速度更慢一点。尽管 bzip2 的解压速度比压缩速度快,但仍比其他压缩格式慢一些。另一方面,LZO、LZ4 和 Snappy 均优化压缩速度,其速度比 gzip 快一个数量级,但压缩效率稍逊一筹。Snappy 和 LZ4 的解压速度比 LZO 快很多。表中的"可切分"表示对应的压缩算法是否支持切分。也就是说,是否可以搜索数据流的任意位置并进一步往下读取数据。

在 Hadoop 中,通过 CompressionCodec 接口实现了压缩与解压缩,其中每个 codec 实现了一种压缩、解压缩算法,如表 4.2 所示。

表 4.2　Hadoop 压缩算法

压缩格式	HadoopCompressionCodec
DEFLATE	org. apache. hadoop. ip. compress. DefaultCodec
gzip	org. apache. hadoop. ip. compress. GzipCodec
bzip2	org. apache. hadoop. ip. compress. Bzip2Codec
LZO	org. apache. hadoop. ip. compress. LzopCodec
LZ4	org. apache. hadoop. ip. compress. Lz4Codec
Snappy	org. apache. hadoop. ip. compress. SnappyCodec

4.1.13　项目实践 5：应用 HDFS 存储实践数据

1. 理解分布式文件系统

为了帮助理解分布式系统如何工作，完成(查看)下面的 Python 程序。

(1) 创建一个 data 目录，并按照 0～9 的顺序创建 10 个目录。

(2) 该程序需要把 1 万行数据存储在这 10 个目录里，但是每个目录下最多只能存储 2000 行数据。

(3) 完成步骤(2)后，程序需要接收一个 0～9999 的数字，返回之前该数字所对应的那行数据。

1) 生成数据

```
1. #!/usr/bin/env python
2. #-*-coding: utf-8 -*-
3. from filetool import delAllFilesUnderDir, getWriteOneLineHandle,
   writeOneLine,makeDir
4.
5. DATA_DIR='data/'
6. MAX_LINES_PER_FILE=2000
7. makeDir(DATA_DIR)
8. delAllFilesUnderDir(DATA_DIR)
9.
10. for index in range(10000):
11.     currentFile=index // MAX_LINES_PER_FILE
12.     dataHandle=getWriteOneLineHandle(DATA_DIR+str(currentFile))
13.     writeOneLine(dataHandle, str(index)+' context')
14.
15. dataHandle.close()
```

2) 查询数据

```
1. #!/usr/bin/env python
```

```
2. #-*-coding: utf-8 -*-
3. from filetool import getLineInFile, fileExist
4.
5. DATA_DIR='data/'
6. MAX_LINES_PER_FILE=2000
7. rowNum=1001
8. currentFile=rowNum // MAX_LINES_PER_FILE
9. currentLineInCurrentFile=rowNum %MAX_LINES_PER_FILE
10.
11. if fileExist(DATA_DIR+str(currentFile)):
12.     print(getLineInFile(DATA_DIR+str(currentFile), currentLineInCurrentFile))
```

2. 理解数据冗余

在理解分布式文件系统实验的基础上,多增加一个步骤。

(1) 创建一个 data 目录,并按照 0～9 的顺序创建 10 个目录。

(2) 该程序需要把 1 万行数据存储在这 10 个目录里,但是每个目录下最多只能存储 2000 行数据。

(3) 选择 1～9 任意一个数字,然后删掉 data 目录。

(4) 程序需要接收一个 0～9999 的数字,返回之前该数字所对应的那行数据。

1) 生成数据

```
1. #!/usr/bin/env python
2. #-*-coding: utf-8 -*-
3.
4. from filetool import delAllFilesUnderDir, getWriteOneLineHandle,
   writeOneLine,makeDir
5.
6. DATA_DIR='data/'
7. DATA_DIR_REPLICATION='data_rep/'
8. MAX_LINES_PER_FILE=2000
9.
10. makeDir(DATA_DIR)
11. makeDir(DATA_DIR_REPLICATION)
12.
13. delAllFilesUnderDir(DATA_DIR)
14. delAllFilesUnderDir(DATA_DIR_REPLICATION)
15.
16. for index in range(10000):
17.     currentFile=index // MAX_LINES_PER_FILE
18.     dataHandle=getWriteOneLineHandle(DATA_DIR+str(currentFile))
19.     dataHandleRep=getWriteOneLineHandle(DATA_DIR_REPLICATION+
        str(currentFile))
20.     writeOneLine(dataHandle, str(index)+' context')
```

```
21.     writeOneLine(dataHandleRep, str(index)+' context')
22.
23. dataHandle.close()
24. dataHandleRep.close()
```

2）查询数据

```
1. #!/usr/bin/env python
2. #-*-coding: utf-8 -*-
3. from filetool import getLineInFile, fileExist
4.
5. DATA_DIR='data/'
6. DATA_DIR_REPLICATION='data_rep/'
7. MAX_LINES_PER_FILE=2000
8.
9. rowNum=1001
10. currentFile=rowNum // MAX_LINES_PER_FILE
11. currentLineInCurrentFile=rowNum %MAX_LINES_PER_FILE
12.
13. if fileExist(DATA_DIR+str(currentFile)):
14.     print(getLineInFile(DATA_DIR+str(currentFile), currentLineInCurrentFile))
15. else:
16.     print(getLineInFile(DATA_DIR_REPLICATION+str(currentFile),
        currentLineInCurrentFile))
```

3. 使用 HDFS

HDFS Shell 提供了 HDFS 最基础的操作功能，包括查看目录，创建和删除文件，移动和复制文件等。

1）切换到 hdfs 用户

```
>su -hdfs
```

2）创建目录 mkdir

```
>hadoop fs -mkdir /user/hadoop/input
```

3）上传实验数据到该目录

```
>hadoop fs -copyFromLocal ./part-0000* /user/hadoop/input
```

4）查看文件并统计行数

```
>hadoop fs -cat /user/hadoop/exp/input/part-00000 | less
>hadoop fs -cat /user/hadoop/exp/input/part-00000 | wc -l
```

4. 数据复制测试

1）hadoop fs -cp

```
>hadoop fs -mkdir /user/hadoop/exp/test1
>hadoop fs -cp /user/hadoop/exp/input/part-*  /user/hadoop/exp/test1
```

2）hadoop distcp

```
>hadoop fs -mkdir /user/hadoop/exp/test2
>hadoop distcp /user/hadoop/exp/input /user/hadoop/exp/test2
19/03/14 15:22:45 INFO mapreduce.Job: The url to track the job:
http://bayesdata:8088/proxy/application_1552351729744_0035/
19/03/14 15:22:45 INFO tools.DistCp: DistCp job-id: job_1552351729744_0035
19/03/14 15:22:45 INFO mapreduce.Job: Running job: job_1552351729744_0035
19/03/14 15:23:03 INFO mapreduce.Job: Job job_1552351729744_0035 running in
uber mode : false
19/03/14 15:23:03 INFO mapreduce.Job: map 0% reduce 0%
19/03/14 15:23:23 INFO mapreduce.Job: map 9% reduce 0%
19/03/14 15:23:29 INFO mapreduce.Job: map 27% reduce 0%
...
```

distcp 是作为一个 MapReduce 作业实现的，该复制作业是通过集群中并行运行的 Map 完成的，这里没有 Reduce 过程。每个文件通过一个 Map 进行复制，并且 distcp 试图为每一个 Map 分配大致相等的数据执行，即把文件划分为大致相等的块。

4.2 HBase

对于 Google 来说，虽然 GFS 很好地解决了大数据分布式存储的问题，但是这个文件系统本身缺乏实时随机存取数据的能力，意味着很多应用系统并不能直接依赖于 HDFS 构建数据的查询。因此 Google 尝试去设计一个能够驱动交互应用的解决方案，并同时能够利用上 GFS 存储冗余数据的能力。因此，Google 提出了 BigTable，而 HBase 正是对 BigTable 存储架构的开源实现。可以说，HBase 相对于 BigTable，就相当于 HDFS 相当于 GFS。那么就让我们在了解了 HDFS 之后，看看 HBase 是怎么在 HDFS 的基础上进行设计的。

4.2.1 HBase 的系统架构

HBase 采用 master/slave 架构搭建集群，包含以下组成部分：HMaster 节点、HRegionServer 节点、ZooKeeper 集群。HBase 在底层将数据存储于 HDFS 中，因此架构中也涉及 HDFS 的 DataNode 等，总体结构如图 4.11 所示。

HMaster 节点的作用如下。

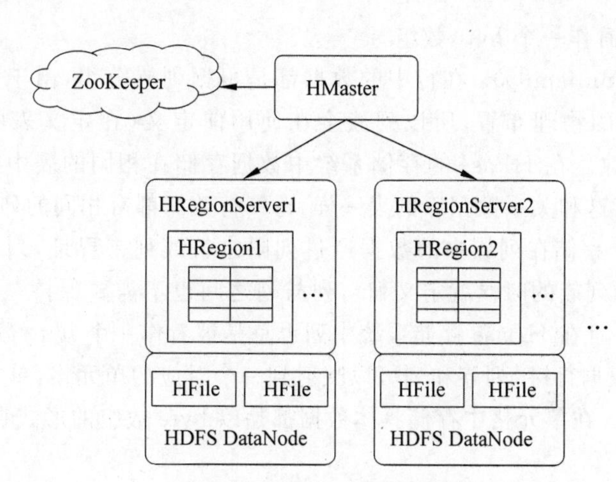

图 4.11　HBase 的系统架构

(1) 管理 HRegionServer,实现其负载均衡。

(2) 管理和分配 HRegion,如在 HRegion split 时分配新的 HRegion;在 HRegionServer 退出时迁移其中的 HRegion 到其他 HRegionServer 上。

(3) 实现 DDL(Data Definition Language)操作,包括 namespace、table 和 cdum family 的增加、删除、修改等。

(4) 管理 namespace 和 table 的元数据(实际存储在 HDFS 上)。

(5) 实现库级别、表级别、列簇级别和列级别等的权限控制。

HRegionServer 节点的作用如下。

(1) 存放和管理本地 HRegion。

(2) 读写 HDFS,管理 table 中的数据。

(3) Client 直接通过 HRegionServer 读写数据(从 HMaster 中获取元数据,找到行键所在的 HRegion/HRegionServer 后)。

ZooKeeper 集群是协调系统,其作用如下。

(1) 存放整个 HBase 集群的元数据以及集群的状态信息。

(2) 实现 HMaster 主从节点的故障切换。

HBase Client 通过 RPC 方式和 HMaster、HRegionServer 通信;一个 HRegionServer 可以存放 1000 个 HRegion;底层 table 数据存储于 HDFS 中,而 HRegion 所处理的数据尽量和数据所在的 DataNode 在一起,实现数据的本地化;数据本地化并不是总能实现,例如在 HRegion 移动(如因 Split)时,需要等下一次 Compact 才能继续回到本地化。

4.2.2　HBase 的数据模型

HBase 数据存储结构中主要包括表、行、列族、列限定符、单元格和时间戳。

(1) 表:表的作用将存储在 HBase 的数据组织起来。

(2) 行:行包含在表中,数据以行的形式存储在 HBase 的表中。HBase 的表中的每一行数据都会被一个唯一标识的行键标识。行键没有数据类型,在 HBase 存储系统中行键(rowkey)总是被看作一个 byte 数组。

(3) 列族(column family)：在行中的数据都是根据列族分组，由于列族会影响存储在 HBase 中的数据的物理布置，所以列族会在使用前定义(在定义表的时候就定义列族)，并且不易被修改。在 HBase 的存储系统中数据存储在相同的表中的所有行的数据都会有相同的列族(这和关系数据库的表一样，每一行数据都有相同的列)。

(4) 列限定符：存储在列族中的数据通过列限定符或列来寻址，列不需要提前定义(不需要在定义表和列族的时候就定义列)，列与列之间也不需要保持一致。列和行键一样没有数据类型，并且在 HBase 存储系统中列也总是被看作一个 byte 数组。

(5) 单元格：根据行键、列族和列可以映射到一个对应的单元格，单元格是 HBase 存储数据的具体地址。在单元格中存储具体数据都是以 byte 数组的形式存储的，也没有具体的数据类型。

(6) 时间戳(time stamp)：时间戳是给定值的一个版本号标识，每一个值都会对应一个时间戳，时间戳是和每一个值同时写入 HBase 存储系统中的。在默认情况下，时间戳表示数据服务在写入数据时的时间，但可以在将数据放入单元格时指定不同的时间戳值。

以 BigTable 中经典的 webtable 表进行举例，表中有两行数据(每个 rowkey 代表 HBase 中的一行数据)和 3 个列族。其中，第一行 com. cnn. www 拥有 5 个时间戳，而第二行 com. example. www 拥有 1 个时间戳。在每个列族中：contents：html 包含给定网页的整个 HTML，anchor 限定符包含能够表示行的站点以及链接中文本，people 列族表示与站点有关的人。

其逻辑数据结构如表 4.3 所示。

表 4.3 webtable 表的逻辑数据结构

row key	time stamp	column family		
		contents	anchor	people
com. cnn. www	t9		anchor：cnnsi. com= "CNN"	
com. cnn. www	t8		anchor：my. look. ca= "CNN. com"	
com. cnn. www	t6	contents：html= "＜html＞…"		
com. cnn. www	t5	contents：html= "＜html＞…"		
com. cnn. www	t3	contents：html= "＜html＞…"		
com. example. www	t5	contents：html： "＜html＞…"		people：author： "John Doe"

在 HBase 中，表格中的单元如果是空将不占用空间或者事实上不存在。这就使得 HBase 可以进行稀疏表达，例如下面的方式以 Map 字典的结构表达了与表 4.3 结构相同的信息。

```
1.  {
2.    "com.cnn.www": {
3.      contents: {
4.        t6: contents:html: "<html>..."
5.        t5: contents:html: "<html>..."
6.        t3: contents:html: "<html>..."
7.      }
8.      anchor: {
9.        t9: anchor:cnnsi.com="CNN"
10.       t8: anchor:my.look.ca="CNN.com"
11.     }
12.     people: {}
13.   }
14.   "com.example.www": {
15.     contents: {
16.       t5: contents:html: "<html>..."
17.     }
18.     anchor: {}
19.     people: {
20.       t5: people:author: "John Doe"
21.     }
22.   }
23. }
```

4.2.3　HBase数据写入与存储

HBase主要处理两种文件：一种是预写日志(Write-Ahead Log,WAL),另一种是实际的数据文件。这两种文件主要由HRegionServer管理。在某些情况下,HMaster也可以进行一些底层的文件操作。当数据存储到HDFS中时,实际的数据文件会根据配置被切分成更小的块。

当用户向HRegionServer发起HTable.put(Put)请求时,其会将请求交给对应的HRegion实例来处理。第一步要决定数据是否需要写到由HLog类实现的预写日志中。WAL是标准的Hadoop SequenceFile,并且存储了HLogKey实例。这些键包含序列号和实际数据,所以在服务器崩溃时可以回滚还没有持久化的数据。

一旦数据被写入WAL中,数据就会被放到MemStore中。同时还会检查MemStore是否已经写满,如果写满,就会被请求刷写到磁盘中去。刷写请求由另外一个HRegionServer的线程处理,它会把数据写成HDFS中的一个新HFile。同时也会保存最后写入的序列号,HBase就知道哪些数据现在被持久化了。

当HBase写入的一个Region里存储文件增长到大于配置的hbase.hregion.max.filesize大小时,Region会被一分为二。Region服务器通过在父Region中创建splits目录来完成这个过程。接下来关闭该Region,此后这个Region不再接受任何请求。

HBase中实际的存储文件功能是由HFile类实现的,它基于Hadoop的TFile类,并模仿 Google 的 BigTable 架构使用的 SSTable 格式。图 4.12 显示了文件格式的详细信息。

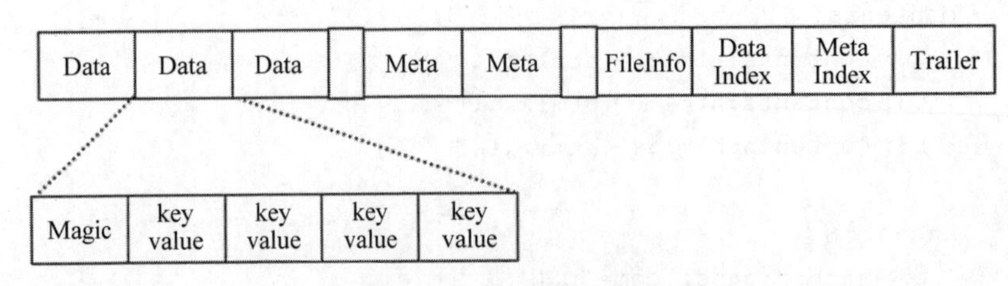

图 4.12 HBase 数据存储

这些文件是可变长度的，唯一固定的块是 FileInfo 块和 Trailer 块。Trailer 块有指向其他块的指针。它是在持久化数据到文件结束时写入的，写入后即确定其成为不可变的数据存储文件。Index 块记录 Data 块和 Meta 块的偏移量。Data 块和 Meta 块实际上都是可选的，但是考虑到 HBase 如何使用数据文件，在存储文件中用户几乎总能找到 Data 块。块大小是由 HColumnDescriptor 配置的，而该配置可以在创建表时由用户指定或者使用比较合理的默认值。

4.2.4 预写日志

Region 服务器会将数据保存到内存中，直到积攒足够多的数据再将其写入硬盘上，这样可以避免创建很多小文件。存储在内存中的数据是不稳定的，例如在服务器断电的情况下数据就会丢失。一个比较常见的解决方法就是预写日志（WAL）：每次更新都会写入日志，只有写入成功才会通知客户端操作成功，然后服务器就可以按需自由地批量处理或聚合内存中的数据。

如果服务器崩溃，WAL 可以有效地回放日志，使得服务器恢复到崩溃之前的状态。这也就意味着如果将记录写入 WAL 失败时，整个操作也会被认为是失败的。WAL 被同一个 Region 服务器的所有 Region 共享，所以对于每一次修改它就像一个日志中心一样。

整个处理过程：首先，客户端启动一个操作来修改数据。例如，可以对 put()、delete() 和 increment()进行调用。每一个修改都封装到一个 keyvalue 对象实例中，并通过 RPC 调用发送出去。这些调用（理想情况下）成批地发送给含有匹配 Region 的 HRegionServer。一旦 keyvalue 实例到达，它们会被发送到管理相应的 HRegion 实例。数据被写入 WAL，然后被放入实际拥有记录的存储文件的 MemStore 中。最后，当 MemStore 达到一定的大小或是经历一个特定的时间之后，数据就会异步连续写入文件系统中。在写入的过程中，数据以一种不稳定的状态存放在内存中，即使在服务器完全崩溃的情况下，WAL 也能够保证数据不会丢失，因为实际的日志存储在 HDFS 上。

4.2.5 HBase 过滤器

HBase 为筛选数据提供了一组过滤器，通过这个过滤器可以在 HBase 中的数据的多个维度（行、列、数据版本）上进行对数据的筛选操作，即过滤器筛选的数据能够细化到具体的一个存储单元格上(由行键、列名、时间戳定位)。通常来说,通过行键、值来筛选数据的应用场景较多。HBase 中的过滤器类似于 SQL 中的 Where 条件。过滤器在客户端创建,然后通过 RPC 发送到服务器上,由服务器执行,执行流程如图 4.13 所示。

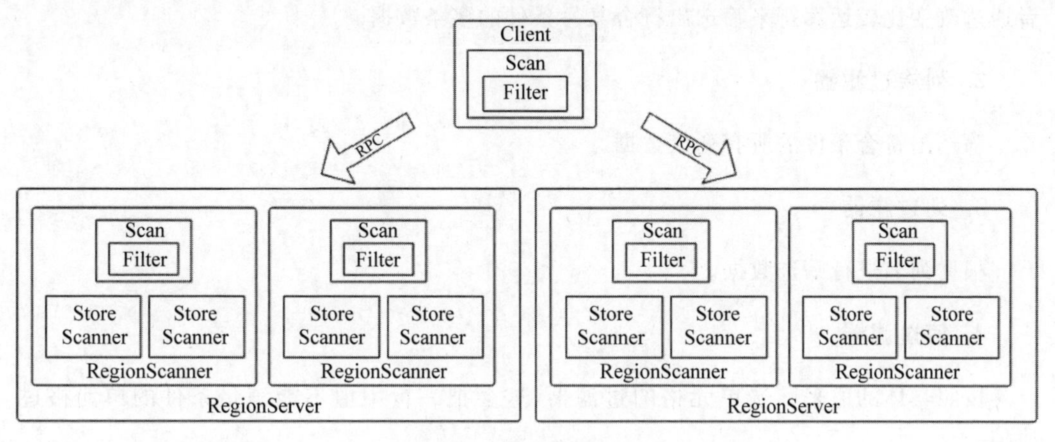

图 4.13　过滤器执行流程

客户端首先创建 Scan 过滤器,然后将装载过滤器数据的序列化对象 Scan 发送到 HBase 的各个 RegionServer 上(这是一个服务端过滤器),这样也可以降低网络传输的压力。RegionServer 使用 Scan 和内部的扫描器对数据进行过滤操作。

使用过滤器至少需要两类参数,一类是抽象的操作符。HBase 提供了枚举类型的变量来表示这些抽象的操作符,含义如下:

- LESS　小于
- LESS_OR_EQUAL　小于或等于
- EQUAL　等于
- NOT_EQUAL　不等于
- GREATER_OR_EQUAL　大于或等于
- GREATER　大于
- NO_OP　无操作

另一类是比较器,比较器作为过滤器的核心组成之一,用于处理具体的比较逻辑,例如字节级的比较,字符串级的比较等。常用的比较器及含义如下。

(1) BinaryComparator:二进制比较器,用于按字典顺序比较 byte 数据值。采用 Bytes.compareTo(byte[])。

(2) BinaryPrefixComparator:前缀二进制比较器。与二进制比较器不同的是只比较前缀是否相同。

(3) NullComparator:判断给定的值是否为空。

(4) RegexStringComparator:提供一个正则的比较器,仅支持 EQUAL 和非 EQUAL。

(5) SubstringComparator:用于监测一个子串是否存在值中,并且不区分大小写。

1. 行键过滤器

筛选出匹配的所有的行,使用 BinaryComparator 可以筛选出具有某个行键的行,或者通过改变比较运算符来筛选出符合某一条件的多条数据。

2. 列族过滤器

筛选出符合条件的所有列族数据。

3. 列过滤器

根据列名进行筛选数据。

4. 值过滤器

按照具体的值来筛选单元格的过滤器,这会把一行中值不能满足条件的单元格过滤掉。

5. 单列值过滤器

用一列的值是否满足条件来决定该行是否被过滤。在它的具体对象上,可以调用 setFilterIfMissing(true)或者 setFilterIfMissing(false),默认值是 false。其作用是,对于要使用作为条件的列,如果这一列本身就不存在,默认这样的行会包含在结果集中。如果设置为 true,这样的行会被过滤掉。

4.2.6 HBase 的应用场景

1. 半结构化或非结构化数据

对于数据结构字段不够确定或杂乱无章非常难按一个概念去进行提取的数据适合用 HBase,因为 HBase 支持动态添加列。

2. 记录很稀疏

RDBMS 的行有多少列是固定的。为 null 的列浪费了存储空间。而如上文提到的,HBase 为 null 的 column 不会被存储,这样既节省了空间又提高了读性能。

3. 多版本号数据

依据 rowkey 和 columnkey 定位到的 value 能够有随意数量的版本号值,因此对于需要存储变动历史记录的数据,用 HBase 是很方便的。例如,某个用户的地址变更,用户的地址变更记录也许也是具有研究意义的。

4. 仅要求最终一致性

对于数据存储事务的要求不像金融行业和财务系统那么高,只要保证最终一致性即可。例如，HBase＋ElasticSearch 时，可能出现数据不一致。

5. 高可用和海量数据以及很大的瞬间写入量

WAL 解决高可用，支持 PB 级数据，put 的性能高。

6. 索引插入比查询操作更频繁的情况

对于历史记录表和日志文件，HBase 的写操作更加高效。

7. 业务场景简单

不需要太多的关系数据库特性，列入交叉列、交叉表、事务、连接等。

4.2.7　HBase 与传统关系数据库的区别

数据类型：没有数据类型，都是字节数组（有一个工具类 Bytes，将 java 对象序列化为字节数组）。

数据操作：HBase 只有很简单的插入、查询、删除、清空等操作，表和表之间是分离的，没有复杂的表和表之间的关系，而传统数据库通常有各式各样的函数和连接操作。

存储模式：HBase 适合于非结构化数据存储，基于列存储而不是行。

数据维护：HBase 的更新操作不应该叫更新，它实际上是插入了新的数据，而传统数据库是替换修改。

时间版本：HBase 数据写入 cell 时，还会附带时间戳，默认为数据写入时 RegionServer 的时间，但是也可以指定一个不同的时间。数据可以有多个版本。

可伸缩性，HBase 这类分布式数据库就是为了这个目的而开发出来的，所以它能够轻松增加或减少硬件的数量，并且对错误的兼容性比较高。而传统数据库通常需要增加中间层才能实现类似的功能。

4.2.8　项目实践 6：使用 HBase 管理用户数据

在数据中，可以看到每次广告展现都是一行数据，如果想知道一个站点（site）的历史点击率，需要读取一段时间的数据进行统计。但是如果历史点击率是一个经常查询的条件，而每次查询都要计算则会耗费大量的计算资源。因此，需要一个数据库进行存储，这样只需要一次计算，以后查询就只需要按照 key 进行检索即可。

1. HBase Shell

1）列举数据库中所有表

```
>list
```

2）创建表

create 命令：

```
>create 'table_name', 'cf1', 'cf2'
```

其中,cf1 和 cf2 为列族名 1、列族名 2,列族需要在建表时确定,列则不需要,column family 是 Schema 的一部分,设计时就需要考虑。

3) 删除表

在删除表之前需要使用 disable 命令,让表失效。在修改表结构时,也需要先执行此命令:

```
>disable "table_name"
```

删除表使用 drop 命令:

```
>drop 'table_name'
```

4) 测试表是否存在

```
>exists 'table_name'
```

会显示表是否存在:

```
hbase(main):002:0>exists 'test'
Table test does exist
0 row(s) in 0.2650 seconds
```

5) 显示表结构

describe 命令查看表结构,显示 HBase 表 Schema,以及 column family 设计:

```
>describe 'table_name'
```

6) 使表有效

enable 命令和 disable 命令对应:

```
>enable 'table_name'
```

7) 修改表结构

alter 修改表的结构,新增列族,删除列族。在修改之前要先 disable,修改完成后再 enable 新增列族:

```
>alter 'table_name', '列族'
```

删除列族:

```
>alter 'table_name', {name=>'列族', METHOD=>'delete'}
```

8) 增加记录

put 命令,插入数据,对于同一个 rowkey,如果执行两次 put,则认为是更新操作:

```
>put 'table_name', 'rowkey', '列族名 1: 列名 1', 'value'
>put 't1', 'r1', 'c1', 'value', ts1
```

一般情况下 ts1(时间戳)可以省略,column 可以动态扩展,每行可以有不同的 column。

9）查询表行数

计算表的行数，count 一般比较耗时，使用如下命令：

```
>count 'table_name'
```

10）查询所有 rowkey

```
>count 'table_name', { INTERVAL=>1 }
```

11）获取指定 rowkey 的指定列族所有的数据

```
>get 'table_name', 'rowkey', '列族名'
```

12）获取指定 rowkey 的所有数据

```
>get 'table_name', 'rowkey'
```

13）获取指定时间戳的数据

```
>get 'table_name', 'rowkey', {COLUMN=>'列族名:列', TIMESTAMP=>1373737746997}
```

14）删除指定 rowkey 的指定列族的列名数据

```
>delete 'table_name', 'rowkey', '列族名:列名'
```

15）删除指定 rowkey 指定列族的数据

```
>delete 'table_name', 'rowkey', '列族名'
```

16）删除整行数据

```
>deleteall 'table_name', 'rowkey'
```

17）全表扫描

```
>scan
hbase(main):043:0>scan 'test', {VERSIONS=>12}
ROW                          COLUMN+CELL
rowkey1           column=cf:a, timestamp=1487295285291, value=value 3
rowkey1           column=cf:a, timestamp=1487294839168, value=value 2
rowkey1           column=cf:a, timestamp=1487294704187, value=value 1
```

18）hbase shell 脚本

shell 命令，把所有的 hbase shell 命令都写到一个文件内，类似与 Linux shell 脚本顺序执行所有命令，可以使用如下方法执行。

```
>hbase shell demo.hbaseshell
```

2. 使用 Python 进行 HBase 数据读写

1）通过行键获取数据

```
1. import hbase
```

```
2.
3. zk='sis3.ustcdm.org:2181,sis4.ustcdm.org:2181'
4.
5. if __name__=='__main__':
6.     with hbase.ConnectionPool(zk).connect() as conn:
7.         table=conn['mytest']['videos']
8.         row=table.get('00001')
9.         print(row)
10.    exit()
```

2）扫描表

```
1. import hbase
2.
3. zk='sis3.ustcdm.org:2181,sis4.ustcdm.org:2181'
4.
5. if __name__=='__main__':
6.     with hbase.ConnectionPool(zk).connect() as conn:
7.         table=conn['mytest']['videos']
8.         for row in table.scan():
9.             print(row)
10.    exit()
```

3）写入一条记录

```
1. import hbase
2.
3. zk='sis3.ustcdm.org:2181,sis4.ustcdm.org:2181'
4.
5. if __name__=='__main__':
6.     with hbase.ConnectionPool(zk).connect() as conn:
7.         table=conn['mytest']['videos']
8.         table.put(hbase.Row(
9.             '0001', {
10.                'cf:name': b'Lily',
11.                'cf:age': b'20'
12.            }
13.        ))
14.    exit()
```

3. HBase保存用户数据

```
1.  #!/usr/bin/env python
2.  import hbase
3.
4.  zk='127.0.0.1:2181'
```

```
5.
6. f=open('train-small','r')
7. st=set()
8. dt=dict()
9. while True:
10.     line=f.readline()
11.     if not line:
12.         break
13.     line=line.strip()
14.     keys=line.split(',')
15.     st.add(keys[8])
16. f.close()
17.
18. cnt=0
19.
20. for key in st:
21.     dt['map:'+key]=str(cnt).encode('utf-8')
22.     cnt=cnt +1
23.
24. #print(dt)
25.
26. with hbase.ConnectionPool(zk).connect() as conn:
27.     table=conn['kaggle']['key']
28.     table.put(hbase.Row(
29.         'app_id', dt
30.     ))
```

习　题　4

1. 当两个客户端同时尝试访问 HDFS 中相同的文件时，HDFS 的处理机制是怎样的？

2. 如何在 HDFS 定义 block？Hadoop 1.0 和 Hadoop 2.0 中 Hadoop 块大小是多少？是否可以改变？

3. 为什么 Hadoop 适用于大型数据集的应用程序，而不是具有大量的小文件的应用程序？

4. NameNode 与 SecondaryNameNode 的区别与联系是什么？

5. HDFS 的存储机制是什么？

第5章

大数据计算与分析

5.1 Hadoop & MapReduce

Hadoop MapReduce是一个使用简易的软件框架，基于它写出来的应用程序能够运行在由上千个商用机器组成的大型集群上，并以一种可靠容错的方式并行处理上TB级别的数据集。MapReduce是一种编程模型。Hadoop MapReduce采用主从(master/slave)结构。按照其编程规范，只需要编写少量的业务逻辑代码即可实现一个强大的海量数据并发处理程序。核心思想是分而治之。Mapper负责分，把一个复杂的任务分成若干个简单的任务分发到网络上的每个节点并行执行，最后把Map阶段的结果由Reduce进行汇总，输出到HDFS中，大大缩短了数据处理的时间开销。MapReduce就是以这样一种可靠且容错的方式对大规模集群海量数据进行数据处理、数据挖掘、机器学习等方面的操作。

MapReduce是Google最早提出用来进行创建和更新索引的一种分布式计算模式，该模式提供了一个简单的分布式计算框架，来降低分布式计算编程的难度，从而很好地解决了一般商用机及服务器面对海量数据计算响应过慢甚至不能完成作业的问题。海量数据对于单机而言，由于硬件资源限制，肯定是无法胜任的，而一旦将单机版程序扩展到集群来分布式运行，将极大增加程序的复杂度和开发难度。引入MapReduce框架后，开发人员可以将绝大部分工作集中在业务逻辑的开发上，而将分布式计算中的复杂性交由MapReduce框架来处理。

目前MapReduce主要用于海量数据的分布式计算，它主要起源于函数编程思想中的Map函数和Reduce函数操作。Map函数的操作原理是把一组数据映射为一个键值，Reduce函数的工作原理是对Map函数输出结果进行合并处理。

用户只需编写Map(映射)和Reduce(归约)两个函数，即可完成简单的分布式程序的设计。Map函数以键/值(key/value)对作为输入，产生另外一系列键/值对作为中间输出写入本地磁盘。MapReduce框架会自动将这些中间数据按照key值进行聚集，且key值相同(用户可设定聚集策略，默认情况下是对key值进行哈希取模)的数据被统一交给Reduce函数处理。Reduce函数以key及对应的 value 列表作为输入，经合并 key 相同的 value 值后，产生另外一系列键/值对作为最终输出。

Map 函数能够在一堆混杂的数据中按照开发者的意向提取需要的数据特征，交给 Reduce 函数来归纳输出最终的结果。

一道真实的大数据面试题

你有 1GB 的文本数据，需要写一个 Python 程序统计这 1GB 数据中每个单词出现的次数，但是这个程序每个进程最多只允许占用 256MB 内存，请问你应如何统计？

5.1.1　用 MapReduce 解决一个问题

我们还是通过档案馆管理员的例子来描述 MapReduce。图 5.1 是 MapReduce 的实际执行过程——Shuffle，并且把 Shuffle 的细节进行了形象的描述。

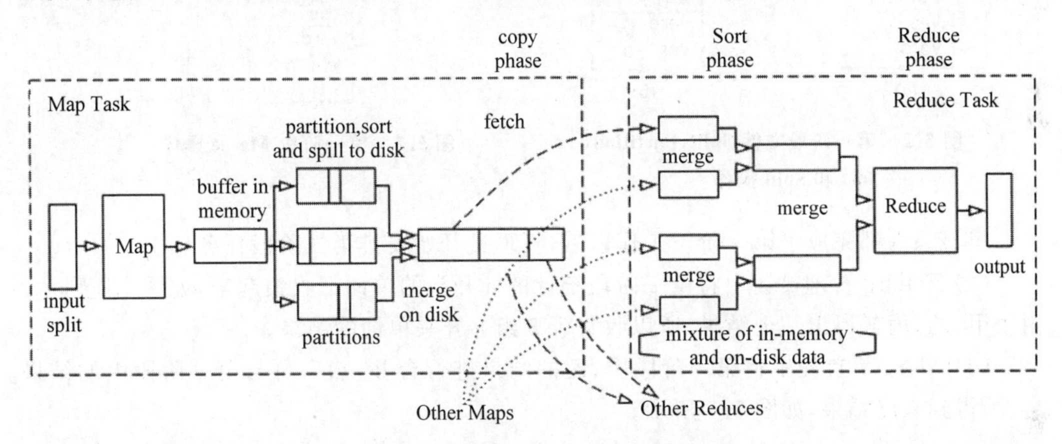

图 5.1　MapReduce 实际执行过程

与 HDFS 不同，HDFS 是解决数据如何存储的问题，对于如何统计没有描述。MapReduce 要解决的是如何统计的问题，即具体是如何计算出“大连理工大学”出现多少次的。需要注意的是，两个例子描述的是两个不同层面的问题，请不要过度关联。待理解了整个过程以后，会对它们有新的认识。

新学期到了，档案馆管理员给甲、乙、丙 3 个同学安排了新的文件任务，这次的文档都是英文，任务是统计每个单词出现了多少次。

一共有 4 个英文文件需要处理。

(1) Split：首先，管理员根据文件大小分配任务。甲处理文件 1、2，乙处理文件 3，丙处理文件 4。

(2) Partition：按照单词首字母分类，甲、乙、丙分别先将所负责文件的单词用铅笔记录在一张纸上，如图 5.2(a)所示。

(3) Sort and Spill：每次这张纸写满后，把纸上记录的内容录入计算机。录入时，顺便将每部分的单词排序录入，如图 5.2(b)所示。然后用橡皮将纸上的内容擦掉，重新记录。

(4) Merge：当甲将自己负责的文件都输入计算机后，通过计算机再次将有相同首字母的部分合并到一起，如图 5.3 所示。乙、丙也做相同的操作。

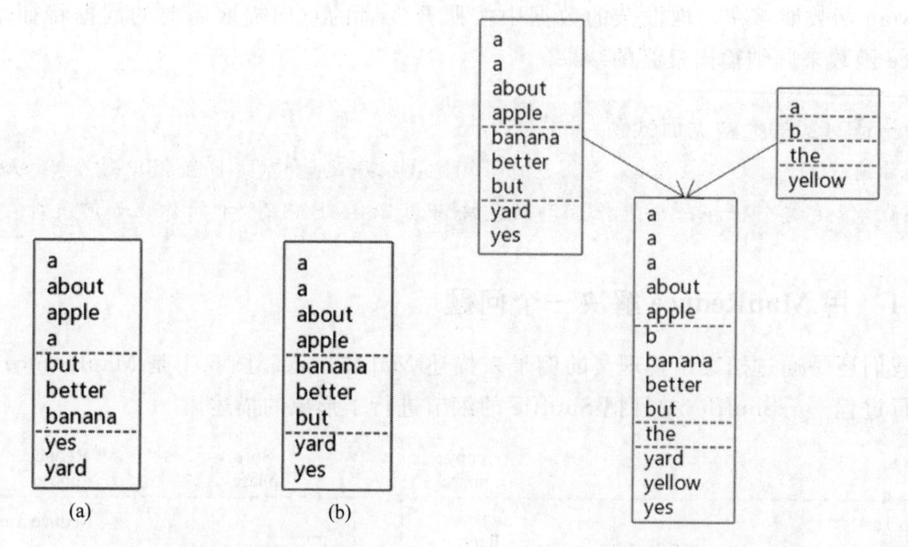

图 5.2　第一阶段文件 Split，Partition，Sort 和 Spill 操作

图 5.3　第一阶段 Merge 操作

甲、乙、丙都完成了第一阶段工作以后，管理员开始安排第二阶段任务。

(1) Fetch：管理员让甲将第一阶段统计的 a 开头的单词都收集起来，如图 5.4 所示。由于甲、乙、丙各得出一个结果，所以收集了 3 组 a 开头单词的结果。

(2) Merge：首先甲将第一阶段甲、乙的结果进行合并，然后再与第一阶段丙的结果合并，得到最终结果，如图 5.5 所示。

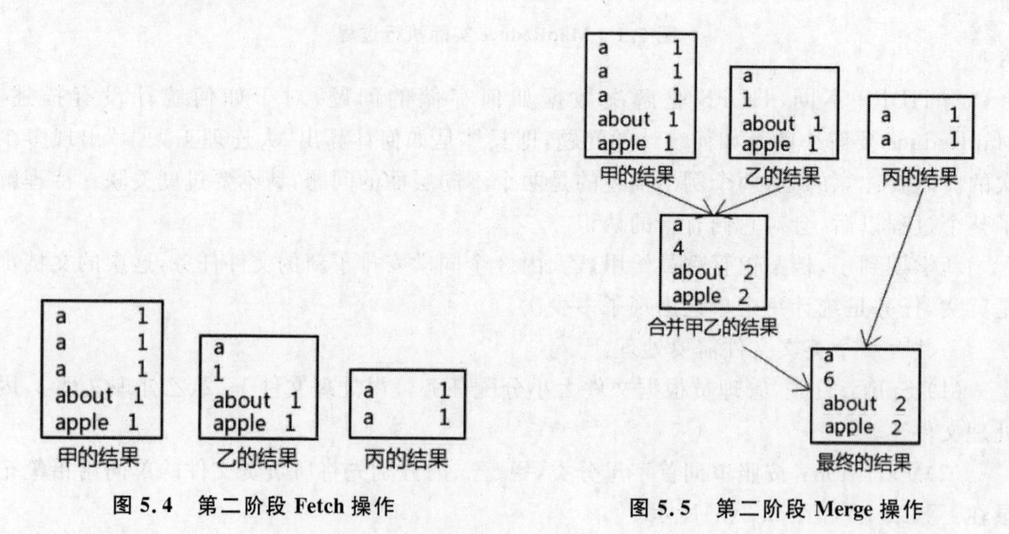

图 5.4　第二阶段 Fetch 操作

图 5.5　第二阶段 Merge 操作

(3) 与此同时，乙、丙在合并其他首字母的结果。甲合并完首字母为 a 的结果后，也去合并剩余首字母的结果。当 a～z 首字母都合并完，任务结束。

5.1.2　MapReduce 模型

MapReduce 的核心思想是分而治之，把大的任务分成若干个小任务，并行执行小任务，最后把所有的结果汇总，因此整个作业的过程被分成两个阶段：Map 阶段和 Reduce 阶段。Map 阶段主要负责分，即把复杂的任务分解为若干个简单的任务来处理。这里简单的任务不但指数据或计算的规模相对原任务要大大缩小，同时这些小任务彼此间几乎没有依赖关系，可以并行计算。最后要注意就近计算原则，即任务应该分配到存放着所需数据的节点上进行计算。Reduce 阶段负责对 Map 阶段的结果进行汇总。

例如，输入信息"Whether the weather be fine or whether the weather be not. Whether the weather be cold or whether the weather be hot. We will weather the weather whether we like it or not. "在此信息上运行 Map 和 Reduce 操作输出的结果如图 5.6 所示。

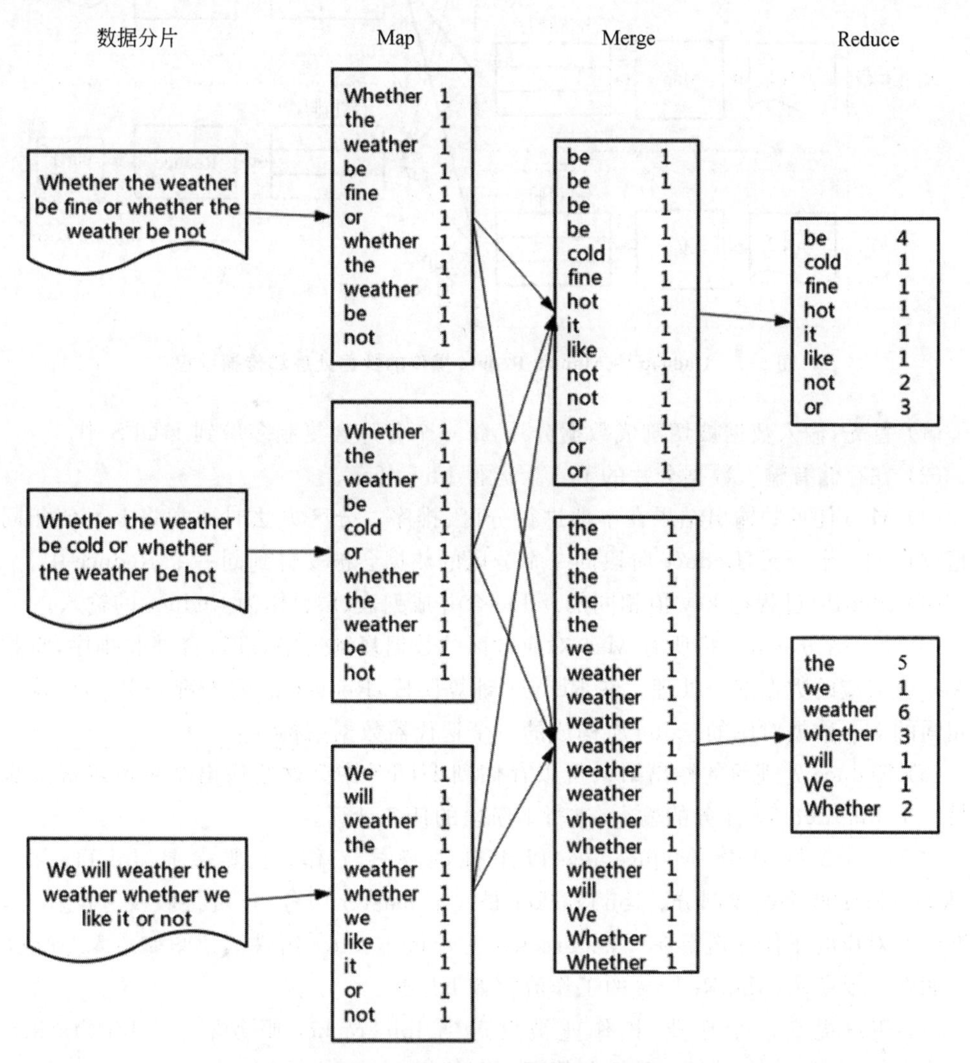

图 5.6　Map 和 Reduce 操作的数据处理过程实例

5.1.3 Hadoop 中的 MapReduce

MapReduce 作为一个分布式运算程序的编程框架，是 Hadoop 的四大组件之一，是用户开发基于 Hadoop 的数据分析应用的核心框架，其核心功能是将用户编写的业务逻辑代码和自带默认组件整合成一个完整的分布式运算程序，并发运行在一个 Hadoop 集群上。

图 5.7 为 Hadoop 中 Map 和 Reduce 操作的数据处理和传输过程。

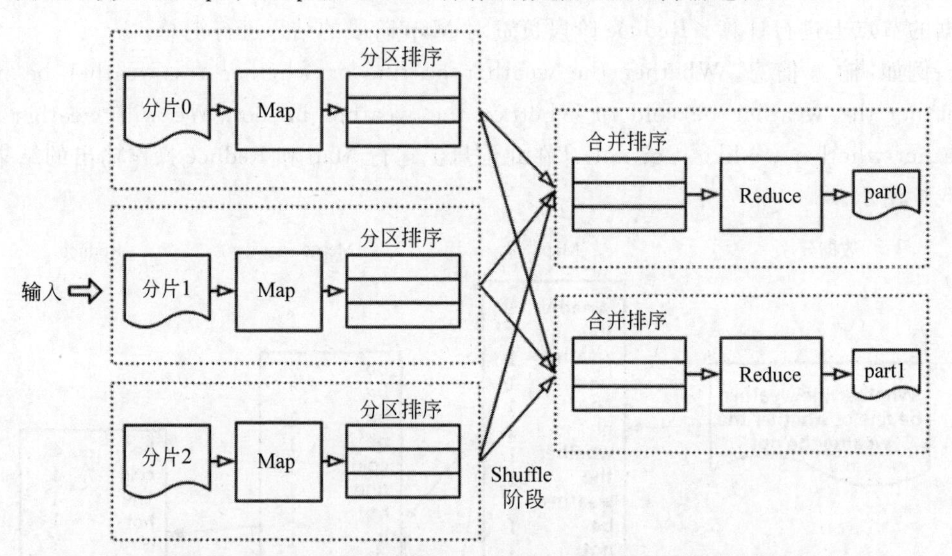

图 5.7 Hadoop 中 Map 和 Reduce 操作的数据处理和传输过程

(1) 首先，输入数据被切割成数据分片，每一个分片会复制多份到 HDFS 中。

(2) 在存储有输入数据分片的节点上运行 Map 任务。

(3) Map 任务的输出结果在本地进行分区、排序。分区方法时通常将 key 值相同的数据放在同一个分区，Reduce 阶段同一个分区的数据会被安排到同一个 Reduce 中。

(4) Shuffle 过程把 key 值相同的 value 合并成列表(list)作为 Reduce 的输入。

(5) 每一个 Reduce 将所有 Map 对应分区的数据复制过来，进行合并和排序，将相同的 key 值对应的数据统一处理。在 Reduce 计算阶段，Reduce 的输入键是 key，而输入值是相同的 key 数据对应的 value 所构成的一个迭代器数据结构。

(6) Reduce 处理后的输出结果可以存储到 HDFS 中。这些输出结果可以进一步作为另一个 MapReduce 任务的输入，进行下阶段的任务计算。

在 Hadoop 框架中，MapReduce 以组件的模式工作，主要包括 JobTracker 和 TaskTrackers 两个组成部分。JobTracker 是一个 master 服务，负责接收及分配作业，并调度作业对应的子任务运行在 TaskTracker 上，MapReduce 组件框架图如图 5.8 所示。

如图 5.8 所示，MapReduce 的工作流程如下所述。

(1) 用户提交一个作业，该作业被发送到 JobTracker 服务器上，JobTracker 是 MapReduce 的核心，它通过心跳机制管理所有的作业。

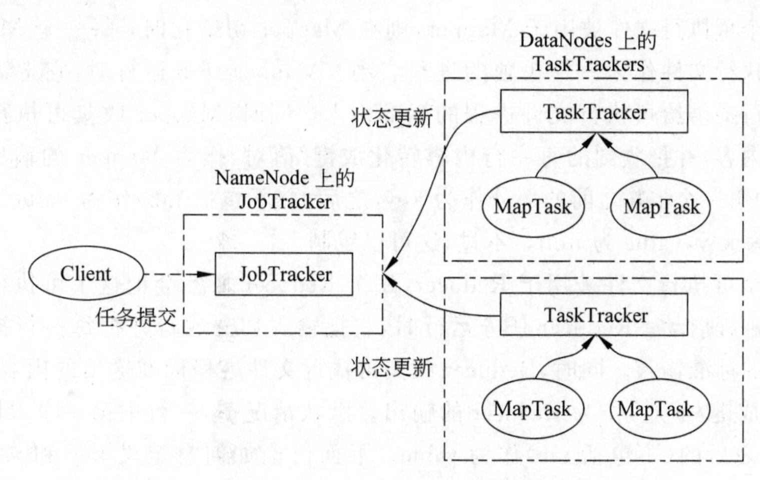

图 5.8 MapReduce 组件框架图

(2) TaskTracker 为 MapReduce 集群中的一个工作单元,主要完成 JobTracker 分配的任务。

(3) TaskTracker 监控主机任务运行情况,通过心跳机制向 JobTracker 反馈自己的工作状态。

此过程中,使用者只需要在 MapReduce 模型上进行开发,并将数据以键/值形式表示,而不用考虑集群中的计算机之间的任务调度、容错处理、各节点之间的通信等细节问题。MapReduce 编程模型将借助 Hadoop 分布式文件系统,自动将数据计算分布到集群上调度作业运行。其中,涉及的类或进程功能如下所述。

(1) JobTracker:一般应该部署在单独机器上的 master 服务,功能是接收 Job,负责调度 Job 的每一个子任务 Task 运行在 TaskTracker 上,并且对它们进行监控,如果发现有失败的 Task 就重启。

(2) TaskTracker:运行于多节点的 slaver 服务,功能是主动通过心跳与 JobTracker 进行通信接收作业,并且负责执行每一个任务。

(3) MapTask 和 ReduceTask:Mapper 根据 JobJar 中定义的输入数据＜key1, value1＞读入,生成临时的＜key2, value2＞,如果定义了 Combiner,MapTask 会在 Mapper 完成后调用该 Combiner 将相同 key 的值做合并处理,目的是为了减少输出结果。MapTask 全部完成后交给 ReduceTask 进程调用 Reducer 函数处理,生成最终结果＜key3, value3＞。

5.1.4 Hadoop Streaming

Hadoop Streaming 是 Hadoop 的一个工具,它帮助用户创建和运行一类特殊的 Map/Reduce 作业,这些特殊的 Map/Reduce 作业是由一些可执行文件或脚本文件充当 Mapper 或者 Reducer。Mapper 和 Reducer 都是可执行文件,它们从标准输入读入数据(一行一行读),并把计算结果发给标准输出。Streaming 工具会创建一个 Map/Reduce 作业,并把它发送给合适的集群,同时监视这个作业的整个执行过程。

如果一个可执行文件被用于 Mapper，则在 Mapper 初始化时，每一个 Mapper 任务会把这个可执行文件作为一个单独的进程启动。Mapper 任务运行时，它把输入切分成行并把每一行提供给可执行文件进程的标准输入。同时，Mapper 收集可执行文件进程标准输出的内容，并把收到的每一行内容转化成键/值对，作为 Mapper 的输出。默认情况下，一行中第一个 tab 之前的部分作为 key，之后的(不包括 tab)作为 value。如果没有 tab，整行作为 key，value 为 null。不过，这可以定制。

如果一个可执行文件被用于 Reducer，每个 Reducer 任务会把这个可执行文件作为一个单独的进程启动。Reducer 任务运行时，它把输入切分成行并把每一行提供给可执行文件进程的标准输入。同时，Reducer 收集可执行文件进程标准输出的内容，并把每一行内容转化成键/值对，作为 Reducer 的输出。默认情况下，一行中第一个 tab 之前的部分作为 key，之后的(不包括 tab)作为 value。下面讨论如何自定义 key 和 value 的切分方式。

Hadoop Streaming 除了支持流命令选项(streaming command options)外，还支持 Hadoop 的通用命令选项(generic command options)。命令的使用规则如下：

```
>mapred streaming [genericOptions] [streamingOptions]
```

需要注意的是，在提交 Streaming 作业中使用到通用命令选项的时候，需要把通用命令选项设置在流命令选项之前，否则将会出现一些错误。

目前的 Hadoop streaming(Hadoop 3.0.0)支持的流命令选项如表 5.1 所示。

表 5.1 Hadoop Streaming 支持的流命令选项

参数	是否可选	描述
-input directoryname or filename	required	Mapper 的输入路径
-output directoryname	required	Reducer 输出路径
-mapper executable or JavaClassName	optional	Mapper 可执行程序或 Java 类名
-reducer executable or JavaClassName	optional	Reducer 可执行程序或 Java 类名
-file filename	optional	Mapper、Reducer 或 Combiner 依赖的文件
-inputformat JavaClassName	optional	键/值对输入格式，默认为 TextInputFormat
-outputformat JavaClassName	optional	键/值对输出格式，默认为 TextOutputformat
-partitioner JavaClassName	optional	该类确定将键发送到哪个 Reduce
-combiner streamingCommand or JavaClassName	optional	Map 输出结果执行 Combiner 的命令或者类名
-cmdenv name=value	optional	环境变量
-inputreader	optional	向后兼容，定义输入的 Reader 类，用于取代输出格式
-verbose	optional	输出日志
-lazyOutput	optional	延时输出

续表

参　　数	是否可选	描　　述
-numReduceTasks	optional	定义 Reduce 数量
-mapdebug	optional	Map 任务运行失败时，执行的脚本
-reducedebug	optional	Reduce 任务运行失败时，执行的脚本

1. 提交作业的时候打包文件

如上所述，可以指定任意的可执行文件作为 Mapper 或者 Reducer。在提交 Hadoop Streaming 作业的时候，Mapper 或者 Reducer 程序不需要事先部署在 Hadoop 集群的任意一台机器上，仅需要在提交 Streaming 作业的时候指定 -file 参数，这样 Hadoop 会自动将这些文件分发到集群。使用如下：

```
1. mapred streaming \
2.    -input myInputDirs \
3.    -output myOutputDir \
4.    -mapper myPythonScript.py \
5.    -reducer /usr/bin/wc \
6.    -file myPythonScript.py
```

上面命令中-file myPythonScript. py 会导致 Hadoop 将这个文件自动分发到集群。

除了可以指定可执行文件之外，还可以打包 Mapper 或者 Reducer 程序会用到的文件(包括目录、配置文件等)，例如：

```
1. mapred streaming \
2.    -input myInputDirs \
3.    -output myOutputDir \
4.    -mapper myPythonScript.py \
5.    -reducer /usr/bin/wc \
6.    -file myPythonScript.py \
7.    -file myDictionary.txt
```

2. 为作业指定其他插件

与正常的 Map / Reduce 作业一样，还可以为流式作业指定其他插件，选项如下：

- -inputformat JavaClassName
- -outputformat JavaClassName
- -partitioner JavaClassName
- -combiner streamingCommand or JavaClassName

为-inputformat 指定的 class 文件必须返回 Text 类型的键/值对。如果没有指定 InputFormat 类，默认使用 TextInputFormat 类。TextInputFormat 中 key 的返回类型是

LongWritable,这个并不是输入数据的一部分,所以 key 部分将会被忽略,而仅返回 value 部分。

为-outputformat 指定的 class 文件接收的数据类型是 Text 类型的键/值对。如果没有指定 OutputFormat 类,默认使用 TextOutputFormat 类。

可以在提交 Streaming 作业的时候设置环境变量,如下:

```
-cmdenv EXAMPLE_DIR=/home/example/dictionaries/
```

在提交流作业的时候,可支持的通用命令选项如表 5.2 所示。

表 5.2 通用命令选项

参数	是否可选	描述
-conf configuration_file	optional	定义应用的配置文件
-D property=value	optional	定义参数
-fs host:port or local	optional	定义 NameNode 地址
-files	optional	定义需要复制到 Map/Reduce 集群的文件,多个文件以逗号分隔
-libjars	optional	定义需要引入 classpath 的 jar 文件,多个文件以逗号分隔
-archives	optional	定义需要解压到计算节点的压缩文件,多个文件以逗号分隔

3. 通过-D 选项指定配置变量

可以通过-D <property>=<value>的方式指定额外的配置变量(configuration variables)。为了改变默认的本地临时目录,可以使用下面的命令:

```
-D dfs.data.dir=/tmp
```

增加额外的本地临时目录可以使用下面的命令:

```
-D mapred.local.dir=/tmp/local
-D mapred.system.dir=/tmp/system
-D mapred.temp.dir=/tmp/temp
```

4. 设置只有 Map 的作业

有时候仅想跑只有 Map 的 Hadoop 作业,只需要将 mapreduce.job.reduces 设置为 0 即可实现。这会导致 MapReduce 框架不会启动 Reduce 类型的 Task。MapTask 的输出就是作业的最终结果输出,设置如下:

```
-D mapreduce.job.reduces=0
```

为了向后兼容,Hadoop Streaming 还支持-reducer NONE 选项,其含义等同于-D mapreduce.job.reduces=0。

5. 设置 Reduce 的个数

下面例子中将程序的 reduce 个数设置为 2：

```
1. mapred streaming \
2.    -D mapreduce.job.reduces=2 \
3.    -input myInputDirs \
4.    -output myOutputDir \
5.    -mapper /bin/cat \
6.    -reducer /usr/bin/wc
```

6. 自定义行数据如何拆分成键/值对

本文开头介绍过，当 MapReduce 框架从 stdout 读取行数据的时候，它会把一行数据拆分成一个键/值对。默认情况下，tab 制表符分隔的前一部分数据作为 key，后一部分数据作为 value。当然，可以自定义行数据的分隔符：

```
1. mapred streaming \
2.    -D stream.map.output.field.separator=. \
3.    -D stream.num.map.output.key.fields=4 \
4.    -input myInputDirs \
5.    -output myOutputDir \
6.    -mapper /bin/cat \
7.    -reducer /bin/cat
```

在上面例子中，stream. map. output. field. separator 指定“.”为 key 和 value 的分隔符。

7. 使用大文件或归档文件

可以使用-files 和 -archives 选项分别指定文件或者归档文件(archives)，这些文件可以被 Tasks 使用。使用这个选项时，需要把这些文件或者归档文件上传到 HDFS。这些文件在作业执行的时候会被缓存到所有的 Jobs 中。

-files 选项会在当前 Tasks 的工作目录(current working directory)下创建一个符号链接(symlink)，这个链接指定的就是从 HDFS 复制文件的副本。下面例子中，指定了 HDFS 上的 testfile. txt 文件，在使用-files 选项之后，其会在 Tasks 的当前工作目录下创建名为 testfile. txt 的符号链接。

```
-files hdfs://host:fs_port/user/testfile.txt
```

当然，也可以自己通过#设置符号链接的名字：

```
-files hdfs://host:fs_port/user/testfile.txt#testfile
```

如果需要指定多个文件，使用如下：

```
-files hdfs://host:fs_port/user/testfile1.txt,hdfs://host:fs_port/user/testfile2.txt
Making Archives Available to Tasks
```

-archives 选项允许指定一些压缩好的文件(如 jar、tgz),这些压缩文件会被复制到 Tasks 的当前工作目录,然后会被自动解压。在下面的例子中,指定了 HDFS 上的 iteblog.jar 压缩文件,Hadoop 会自动为在 Tasks 的当前工作目录下创建一个名为 iteblog.jar 的符号链接。这个链接指定的是解压之后的文件夹名称:

```
-archives hdfs://host:fs_port/user/iteblog.jar
```

同样,也可以自己设置符号链接的名字:

```
-archives hdfs://host:fs_port/user/iteblog.tgz#tgzdir
```

8. Hadoop Partitioner Class

Hadoop 内置提供了一个名为 KeyFieldBasedPartitioner 的类,这个类在很多程序中使用。这个类可以将 Map 输出的内容按照分隔后的若干列而不是整个 key 的内容进行分区,例如:

```
1. mapred streaming \
2.   -D stream.map.output.field.separator=. \
3.   -D stream.num.map.output.key.fields=4 \
4.   -D map.output.key.field.separator=. \
5.   -D mapreduce.partition.keypartitioner.options=-k1,2 \
6.   -D mapreduce.job.reduces=12 \
7.   -input myInputDirs \
8.   -output myOutputDir \
9.   -mapper /bin/cat \
10.  -reducer /bin/cat \
11.  -partitioner org.apache.hadoop.mapred.lib.KeyFieldBasedPartitioner
```

"map.output.key.field.separator=."设置 Map 输出分区时 key 内部的分隔符为"."。

"mapreduce.partition.keypartitioner.options=-k1,2"设置按前两个字段分区。

"mapreduce.job.reduces=12"中 reduce 数为 12。

上例 Map 输出的 key 如下:

```
11.12.1.2
11.14.2.3
11.11.4.1
11.12.1.1
11.14.2.2
```

按照前两个字段进行分区,则会分为 3 个分区:

```
11.11.4.1
-----------
11.12.1.2
11.12.1.1
-----------
11.14.2.3
11.14.2.2
```

在每个分区内对整行内容排序后如下：

```
11.11.4.1
-----------
11.12.1.1
11.12.1.2
-----------
11.14.2.2
11.14.2.3
```

9. Hadoop Comparator Class

Hadoop 中有一个类 KeyFieldBasedComparator，提供了 Unix/GNU 中排序的一部分特性。使用如下：

```
1. mapred streaming \
2.   -D mapreduce.job.output.key.comparator.class=org.apache.hadoop.
mapreduce.lib.partition.KeyFieldBasedComparator \
3.   -D stream.map.output.field.separator=. \
4.   -D stream.num.map.output.key.fields=4 \
5.   -D mapreduce.map.output.key.field.separator=. \
6.   -D mapreduce.partition.keycomparator.options=-k2,2nr \
7.   -D mapreduce.job.reduces=1 \
8.   -input myInputDirs \
9.   -output myOutputDir \
10.  -mapper /bin/cat \
11.  -reducer /bin/cat
```

在上面的例子中，“mapreduce. partition. keycomparator. options＝－k2，2nr”指定第二个字段为排序字段，n 指按自然顺序排序，r 指按倒叙排序。

如上例 Map 输出的 key 如下：

```
11.12.1.2
11.14.2.3
11.11.4.1
11.12.1.1
11.14.2.2
```

reduce 的输出结果如下：

```
11.14.2.3
11.14.2.2
11.12.1.2
11.12.1.1
11.11.4.1
```

10. Hadoop Aggregate Package

Hadoop 中有一个类 Aggregate，Aggregate 提供了一个特定的 Reduce 类和 Combiner 类，以及一些对 Reduce 输出的聚合函数，如 sum、min、max 等。为了使用 Aggregate，只需要定义-reducer aggregate 参数，如下：

```
1. mapred streaming \
2.   -input myInputDirs \
3.   -output myOutputDir \
4.   -mapper myAggregatorForKeyCount.py \
5.   -reducer aggregate \
6.   -file myAggregatorForKeyCount.py
```

myAggregatorForKeyCount. py 文件大概内容如下：

```
1.  #!/usr/bin/python
2.
3.  import sys;
4.
5.  def generateLongCountToken(id):
6.      return "LongValueSum:" + id + "\t" + "1"
7.
8.  def main(argv):
9.      line=sys.stdin.readline();
10.     try:
11.         while line:
12.             line=line[:-1];
13.             fields=line.split("\t");
14.             print generateLongCountToken(fields[0]);
15.             line=sys.stdin.readline();
16.     except "end of file":
17.         return None
18. if __name__=="__main__":
19.     main(sys.argv)
```

11. Hadoop Field Selection Class

Hadoop 中有一个类 FieldSelectionMapReduce，像 UNIX 中的 cut 命令一样处理文

本。使用如下：

```
1. mapred streaming \
2.    -D mapreduce.map.output.key.field.separator=. \
3.    -D mapreduce.partition.keypartitioner.options=-k1,2 \
4.    -D mapreduce.fieldsel.data.field.separator=. \
5.    -D mapreduce.fieldsel.map.output.key.value.fields.spec=6,5,1-3:0-\
6.    -D mapreduce.fieldsel.reduce.output.key.value.fields.spec=0-2:5-\
7.    -D mapreduce.map.output.key.class=org.apache.hadoop.io.Text \
8.    -D mapreduce.job.reduces=12 \
9.    -input myInputDirs \
10.   -output myOutputDir \
11.   -mapper org.apache.hadoop.mapred.lib.FieldSelectionMapReduce \
12.   -reducer org.apache.hadoop.mapred.lib.FieldSelectionMapReduce \
13.   -partitioner org.apache.hadoop.mapred.lib.KeyFieldBasedPartitioner
```

“mapreduce. fieldsel. map. output. key. value. fields. spec＝6,5,1-3：0-”指 Map 的输出中 key 部分包括分隔后的第 6、5、1、2、3 列，而 value 部分包括分隔后的所有的列。

“mapreduce. fieldsel. reduce. output. key. value. fields. spec＝0-2：5-”指 Map 的输出中 key 部分包括分隔后的第 0、1、2 列，而 value 部分包括分隔后从第 5 列开始的所有列。

5.1.5　MapReduce 作业运行机制

可以通过一个简单的方法调用来运行 MapReduce 作业：Job 对象上 submit()。注意，也可以调用 waitForCompletion()，它用于提交以前没有提交的作业，并等待它的完成。submit 方法调用封装了大量处理细节，下面逐步揭示 Hadoop 运行作业时采用的措施。

对于节点数超出 4000 个的大型集群，MapReduce 1 系统开始面临着扩展性的瓶颈。在 2010 年雅虎的一个团队开始设计下一代的 MapReduce。由此，YARN 应运而生。

YARN 将 JobTracker 的职能划分为多个独立的实体，从而改善了 MapReduce 1 面临的扩展瓶颈问题。JobTracker 负责作业调度和任务进度监视，追踪任务、重启失败或过慢的任务和进行任务登记，如维护计数器总数。

YARN 将这两种角色划分为两个独立的守护进程：管理集群上资源使用的资源管理器和管理集群上运行任务生命周期的应用管理器。基本思路：应用服务器与资源管理器协商集群的计算资源——容器。在这些容器上运行特定应用程序的进程。容器由集群节点上运行的节点管理器监视，以确保应用程序使用的资源不会超过分配给它的资源。

与 JobTracker 不同，应用的每个实例(这里指一个 MapReduce 作业)有一个专用的应用 master，它运行在应用的运行期间。这种方式实际上和最初 Google 的 MapReduce 论文里介绍的方法很相似，该论文描述了 master 进程如何协调在一组 Worker 上运行的 Map 任务和 Reduce 任务。

如前所述，YARN 比 MapReduce 更具一般性，实际上 MapReduce 只是 YARN 应用的一种形式。有很多其他的 YARN 应用以及其他正在开发的程序。YARN 设计的精妙之处在于不同的 YARN 应用可以在同一个集群上共存。例如，一个 MapReduce 应用可以同时作为 MPI 应用运行。这大大提高了可管理性和集群的利用率。

此外，用户甚至有可能在同一个 YARN 集群上运行多个不同版本的 MapReduce，这使得 MapReduce 升级过程更容易管理。注意，MapReduce 的某些部分(如作业历史服务器和 Shuffle 处理器)以及 YARN 本身仍然需要在整个集群上升级。

YARN 上的 MapReduce 比 MapReduce 包括更多的实体。

提交 MapReduce 作业的客户端。

YARN 资源管理器，负责协调集群上计算资源的分配。

YARN 节点管理器，负责启动和监视集群中机器上的计算容器。

MapReduce 应用程序 master 负责协调运行 MapReduce 作业的任务。它和 MapReduce 任务在容器中运行，这些容器由资源管理器分配并由节点管理器进行管理。

MapReduce 作业的运行过程如图 5.9 所示。

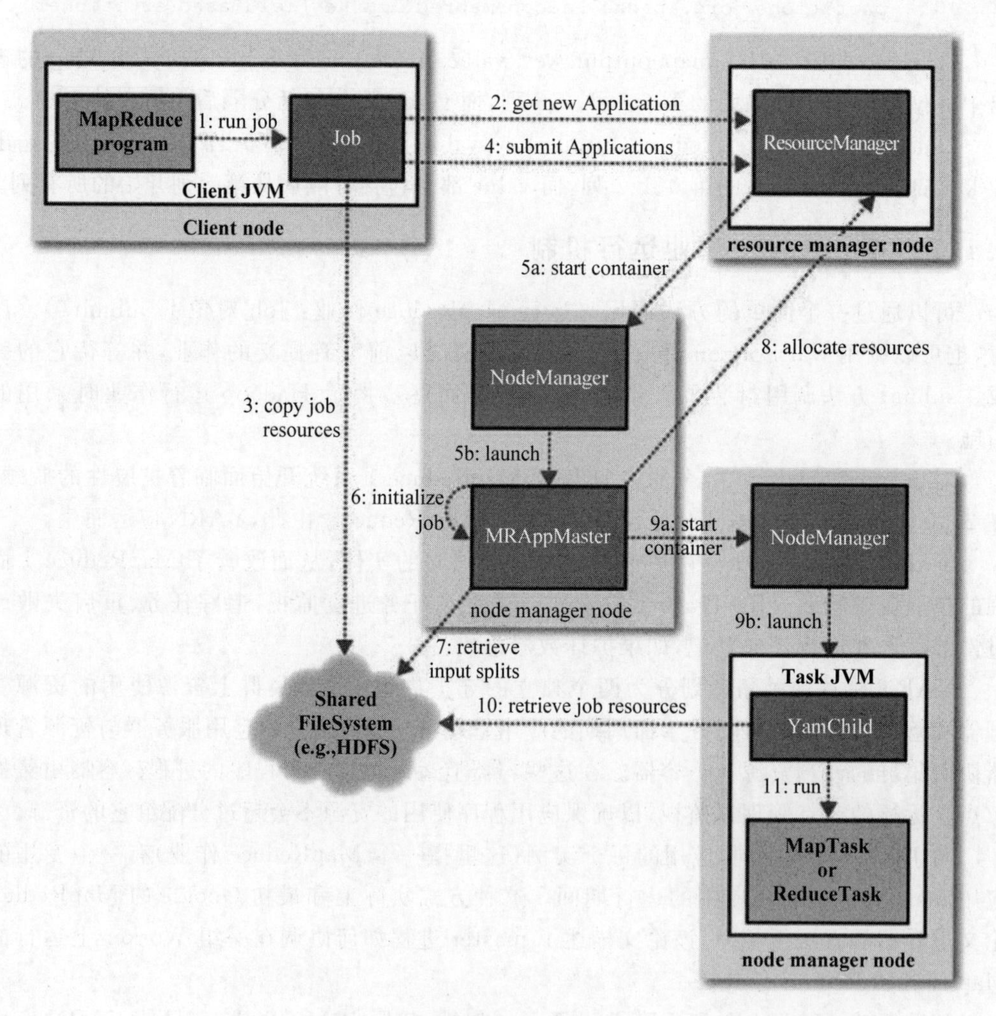

图 5.9 MapReduce 作业运行过程

1. 作业提交

MapReduce 2 中的作业提交使用与 MapReduce 1 相同的用户 API(步骤 1)。MapReduce 2 实现了 ClientProtocol,当 mapreduce. framework. name 设置为 yarn 时启动。从资源管理器(而不是 JobTracker)获取新的作业 id,在 YARN 命名法中它是一个应用程序 id(步骤 2)。作业客户端检查作业的输出说明,计算输入分片并将作业资源(包括作业 JAR、配置和分片信息)复制到 HDFS(步骤 3)。最后,通过调用资源管理器上的 submitApplicaiton 方法提交作业(步骤 4)。

2. 作业初始化

资源管理器收到调用它的 submitApplication()消息后,便将请求传递给调度器(scheduler)。调度器分配一个容器,然后资源管理器在节点管理器的管理下在容器中启动应用程序的 master 进程(步骤 5a 和 5b)。

MapReduce 作业的 Application master 是一个 Java 应用程序,它的主类是 MRAppMaster。它对作业进行初始化:通过创建多个簿记对象,以保持对作业进度的跟踪,因为它将接收来自任务的进度和完成报告(步骤 6)。接下来,它接收来自共享文件系统的在客户端的输入分片(步骤 7)。对每一个分片创建一个 Map 任务对象以及由 mapreduce. job. reduces 属性确定的多个 Reduce 任务对象。

接下来,Application master 决定如何运行构成 MapReduce 作业的各个任务。如果作业很小,就选择在与它同一个 JVM 上运行任务。

相对在一个节点上顺序运行它们,判断在新的容器中分配和运行任务的开销大于并行运行它们的开销时,就会发生这一情况。这不同于 MapReduce 1,MapReduce 1 从不在单个 tasktracker 上运行小作业。这样的作业称为 uberized,或者作为 uber 任务运行。默认情况下,小任务就是小于 10 个 Mapper、只有 1 个 Reducer、输入大小小于一个 HDFS 块的任务。

在任何任务运行之前,作业的 setup 方法为了设置作业的 OutputCommitter 被调用来建立作业的输出目录。在 MapReduce 1 中,它在一个由 TaskTracker 运行的特殊任务中被调用,而在 YARN 执行框架中,该方法由应用程序 master 直接调用。

3. 任务分配

如果作业不适合作为 uber 任务运行,那么 Application master 就会为该作业中的所有 Map 任务和 Reduce 任务向资源管理器请求容器。附着心跳信息的请求包括每个 Map 任务的数据本地化信息,特别是输入分片所在的主机和相应机架信息。调度器使用这些信息来做调度决策。理想情况下,它将任务分配到数据本地化的节点,但如果不可能这样做,调度器就会相对于非本地化的分配优先使用机架本地化的分配。

请求也为任务指定了内存需求。在默认情况下,Map 任务和 Reduce 任务都分配到 1024MB 的内存,但这可以通过 mapreduce. map. memory. mb 和 mapreduce. reduce . memory. mb 来设置。

内存的分配方式不同于 MapReduce 1,后者中 TaskTrackers 有在集群配置时设置的固定数量的槽,每个任务在一个槽上运行。槽有最大内存分配限制,这对集群是固定的,导致当任务使用较少内存时无法充分利用内存(因为其他等待的任务不能使用这些未使用的内存)以及由于任务不能获取足够内存而导致作业失败。

在 YARN 中,资源分为更细的粒度,所以可以避免上述问题。具体而言,应用程序可以请求从最小到最大限制范围的任意最小值倍数的内存容量。默认在内存分配容量时调度器是特定的,对于容量调度器,它的默认值最小值是 1024MB。因此,任务可以适当设置 mapreduce. map. memory. mb 和 mapreduce. reduce. memory. mb 来请求 1～10GB 的任意 1GB 倍数的内存容量。

4. 任务执行

一旦资源管理器的调度器为任务分配了容器,Application master 就通过与节点管理器通信来启动容器(步骤 9a 和 9b)。该任务由主类为 YarnChild 的 Java 应用程序执行。在它运行任务之前,首先将任务需要的资源本地化,包括作业的配置、JAR 文件和所有来自分布式缓存的文件(步骤 10)。最后,运行 Map 任务或 Reduce 任务(步骤 11)。

5. 进度和状态更新

在 YARN 下运行时,任务每 3s 通过 umbilical 接口向 Application master 汇报进度和状态(包含计数器),作为作业的汇聚视图(aggregate view)。相比之下,MapReduce 1 通过 TaskTracker 到 JobTracker 来实现进度更新。

客户端每秒查询一次 Application master,以接收进度更新。在 MapReduce 1 中,作业跟踪器的 Web UI 展示作业列表及其进度。在 YARN 中,资源管理器的 Web UI 展示了正在运行的应用以及连接到的对应 Application master,每个 Application master 展示 MapReduce 作业的进度等进一步的细节。

6. 作业完成

除了向 Application master 查询进度外,客户端每 5s 还通过调用 Job 的 waitForCompletion()来检查作业是否完成。作业完成后,Application master 和任务容器清理其工作状态,OutputCommitter 的作业清理方法会被调用。作业历史服务器保存作业的信息供用户需要时查询。

5.1.6 Hadoop Shuffle

在数据从 Map 输出,传入 Reduce 的过程中,MapReduce 系统会通过 Shuffle 将数据按键值排列。Shuffle 是连接 Map 和 Reduce 的纽带,是整个 MapReduce 过程的“核心”。理解 Shuffle 过程,将辅助人们更好地理解 MapReduce 工作原理,以帮助人们优化自己的 MapReduce 程序。

Hadoop 集群中的大部分 Map 任务和 Reduce 任务是执行在不同的节点上的, Reduce 就需要通过远程过程调用来取 map 的输出结果。当 Hadoop 集群中同时运行着多个作业时,任务的执行会占用大量的网络资源,影响集群的运行效率。因此,有必要采取一些方法,减少不必要的网络资源。

同时,磁盘读写速率也是制约作业执行效率的因素。内存的读写速度要远大于磁盘的读写速度。充分利用磁盘完成数据从 Map 端到 Reduce 端的处理和传输,有利于提高作业的执行效率。

可以得出对 Shuffle 过程的基本要求。

(1) 将数据完整地从 Map 端传输到 Reduce 端。

(2) 在传输过程中,尽可能降低网络资源消耗。

(3) 尽可能使用内存进行读写,降低磁盘读写对作业效率的影响。

因此,Shuffle 的设计目标要满足以下要求。

(1) 数据从 Map 端传输到 Reduce 端的完整性。

(2) 尽可能降低传输数据的数据量。

(3) 尽可能使用内存进行读写。

图 5.10 是 Hadoop 计算框架 Shuffle 过程。Shuffle 是对 Map 和 Reduce 的中间过程的统称,只是理论存在。可以理解为,是为了概括数据从 Map 传输到 Reduce 之间的操作而定义的。这一过程主要起到压缩数据、平衡任务、降低网络占用和降低磁盘读写,以提高 MapReduce 效率的功能,其中包括 Combine、Partition、Sort、Spill、Fetch。

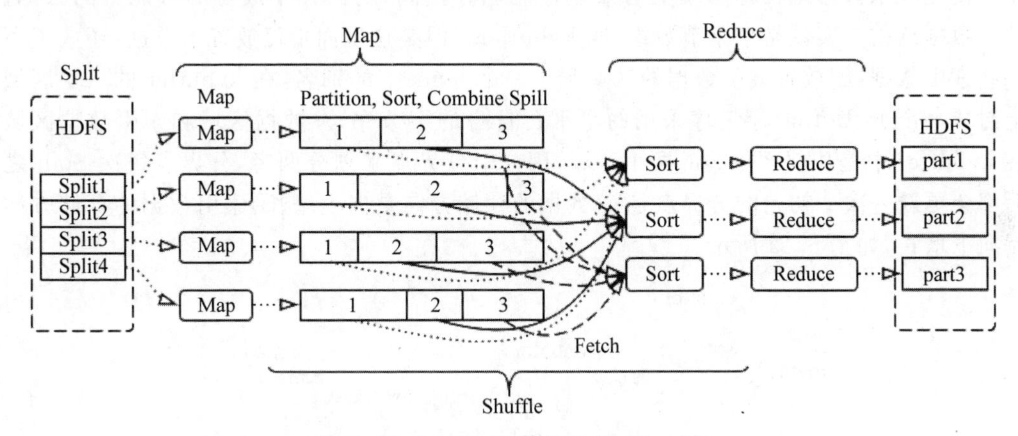

图 5.10　Hadoop 计算框架 Shuffle 过程

Combine:分为 Map 端和 Reduce 端,作用是将具有相同 key 值的键/值对<key,value>合并在一起。Combine 函数把一个 Map 函数产生的多个<key, value>对合并成一个新的<key2,value2>,将新的<key2,value2>作为输入到 Reduce 函数中。这个 value2 也可称为 values,因为有多个。这个合并的目的是为了减少网络传输。通过实现 Combine 功能合并相同的 key。

为了方便理解,举个简单的例子。假设,每个人(Map)只管销售,赚了多少钱销售人员不统计,也就是说这个销售人员没有 Combine,那么这个销售经理就累垮了,因为每个人都没有统计,它需要统计所有人员卖了多少件,赚了多少钱。

这样是不行的,所以销售经理(Reduce)为了减轻压力,每个人(Map)都必须统计自己卖了多少钱，赚了多少钱(Combine)，然后经理所做的事情就是统计每个人统计之后的结果。这样经理就轻松多了。所以 Combine 在 Map 所做的事情，减轻了 Reduce 的事情。

也就是说，Map 的 Combine 实际上起到了 Reduce 的功能。

Partition：Partition 是分割 Map 每个节点的结果，按照 key 分别映射给不同的 Reduce，可以自定义的。可以理解为对于错综复杂的数据进行归类。MapReduce 默认使用 HashPartitioner 哈希归类。

Spill：包括输出、排序、溢写、合并等步骤，如图 5.11 所示。

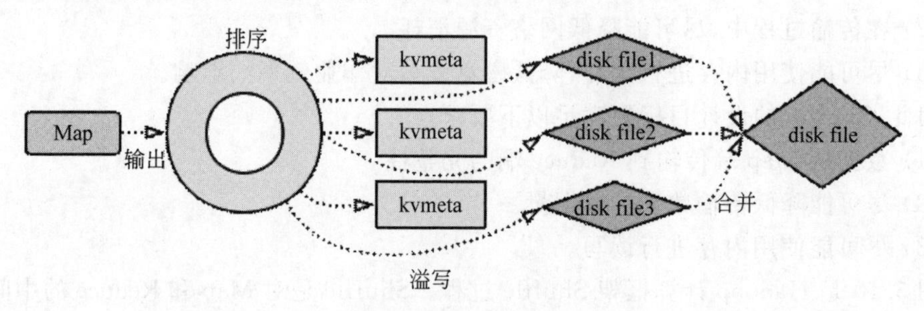

图 5.11 Spill 过程

每个 Map 任务不断地以对的形式把数据输出到在内存中构造的一个环状数据结构中。使用环状数据结构是为了更有效地使用内存空间，在内存中放置尽可能多的数据。这个数据结构其实就是个字节数组，叫 kvbuffer。但是这里面不仅放置了数据，还放置了一些索引数据，给放置索引数据的区域起了一个 kvmeta 的别名，在 kvbuffer 的一块区域上封装一个 IntBuffer(字节序采用的是平台自身的字节序)。数据区域和索引数据区域在 kvbuffer 中是相邻不重叠的两个区域，用一个分界点来划分两者，分界点每次 Spill 之后都会更新一次。初始的分界点是 0，数据的存储方向是向上增长，索引数据的存储方向是向下增长，如图 5.12 所示。

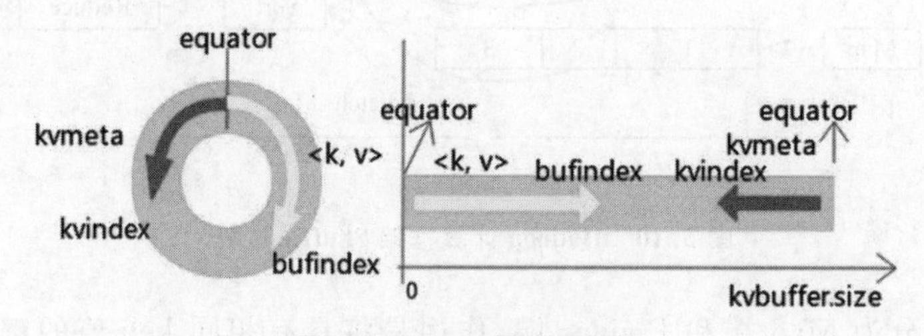

图 5.12 Spill 缓冲区结构

kvbuffer 的存放指针 bufindex 是一直向上增长的，如 bufindex 初始值为 0，一个 Int 型的 key 写完之后，bufindex 增长为 4；一个 Int 型的 value 写完之后，bufindex 增长为 8。

索引是对在 kvbuffer 中的索引，是个四元组，包括 value 的起始位置、key 的起始位置、Partition 值、value 的长度，占用 4 个 Int 长度，kvmeta 的存放指针 kvindex 每次都是向下跳 4 个位置，然后再向上逐一地填充四元组的数据。如 kvindex 初始位置是 −4，当第一个写完之后，(kvindex＋0)的位置存放 value 的起始位置，(kvindex＋1)的位置存放 key 的起始位置，(kvindex＋2)的位置存放 Partition 的值，(kvindex＋3)的位置存放

value的长度。然后kvindex跳到－8位置，等第二个和索引写完之后，kvindex跳到－32位置。

kvbuffer的大小虽然可以通过参数设置，但是总大小固定，索引不断地增加，kvbuffer总有不够用的那天，那怎么办？把数据从内存刷到磁盘上再接着往内存写数据，把kvbuffer中的数据刷到磁盘上的过程称为Spill，内存中的数据满了就自动地Spill到具有更大空间的磁盘。

关于Spill触发的条件，也就是kvbuffer用到什么程度开始Spill？如果把kvbuffer用完，再开始Spill，那Map任务就需要等Spill完成腾出空间之后才能继续写数据；如果kvbuffer只是满到一定程度，如80％的时候就开始Spill，那在Spill的同时，Map任务还能继续写数据，如果Spill够快，Map可能都不需要考虑空闲空间。两利相衡，一般选择后者。

Spill这个重要的过程由Spill线程承担，Spill线程从Map任务接到命令之后就开始正式执行，称为SortAndSpill。在Spill之前还有个颇具争议性的Sort。

1. Map端

每个Map任务都有一个内存缓冲区，存储着Map的输出结果。当缓冲区快满的时候需要将缓冲区的数据以一个临时文件的方式存放到磁盘。整个Map任务结束后，再对磁盘中这个Map任务产生的所有临时文件做合并，生成最终的正式输出文件。最后，等待Reduce任务来拉数据。Shuffle在Map端的过程如图5.13所示。

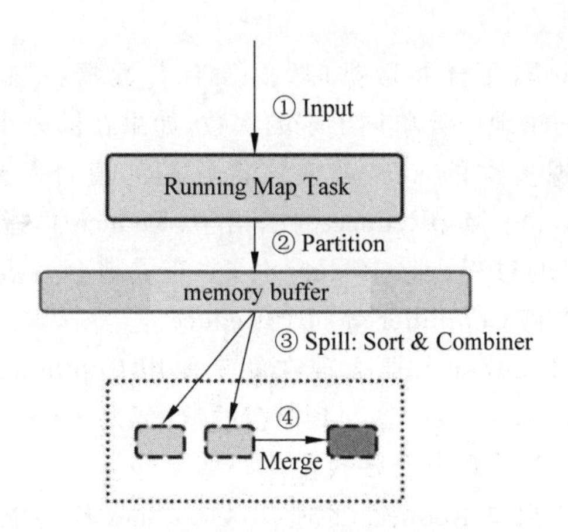

图5.13 Shuffle在Map端的过程

具体过程如下所述。

在Map任务执行时，它的输入数据来源于HDFS的block，当然在MapReduce概念中，Map任务只读取Split。Split与block的对应关系可能是多对一，默认是一对一。

在经过Mapper的运行后，输出是一个键/值对。当前的键/值对应该交由哪个Reduce去做是需要现在决定的。MapReduce提供Partitioner接口，它的作用就是根据key或value及Reduce的数量来决定当前的这对输出数据最终应该交由哪个Reduce任务处理。默认对key Hash后再以Reduce任务数量取模。默认的取模方式只是为了平均 Reduce 的处理能力，如果用户自己对 Partitioner 有需求，可以自定义并设置到 Job 上。接下来，需要将数据写入内存缓冲区（memory buffer）中，其作用是批量收集 Map 结果，减少磁盘 I/O 的影响。键/值对以及 Partition 的结果都会被写入内存缓冲区。当然写入之前，key 与 value 都会被序列化成字节数组，整个内存缓冲区就是一个字节数组。

这个内存缓冲区是有大小限制的，默认是 100MB。当 Map 任务的输出结果很多时，就可能会撑爆内存，所以需要在一定条件下将内存缓冲区中的数据临时写入磁盘，然后重新利用这块内存缓冲区。这个从内存往磁盘写数据的过程称为 Spill，中文可译为溢写。这个溢写由单独线程来完成的，不影响往内存缓冲区写 Map 结果的线程。溢写线程启动时不应该阻止 Map 的结果输出，所以整个内存缓冲区有个溢写的比例 spill. percent。这个比例默认为 0.8，也就是当内存缓冲区的数据已经达到阈值（buffer size×Spill percent＝100MB×0.8＝80MB），溢写线程启动，锁定这 80MB 的内存，执行溢写过程。Map 任务的输出结果还可以往剩下的 20MB 内存中写，互不影响。

当溢写线程启动后，需要对这 80MB 空间内的 key 排序。排序是 MapReduce 模型默认的行为，这里的排序也是对序列化的字节做排序。

在这里可以想想，因为 Map 任务的输出是需要发送到不同的 Reduce 端去，而内存缓冲区没有对将发送到相同 Reduce 端的数据做合并，那么这种合并应该体现在磁盘文件中的。从图 5.13 也可以看到写到磁盘中的溢写文件是对不同的 Reduce 端的数值做过合并的。所以溢写过程一个很重要的细节在于，如果有很多个键/值对需要发送到某个 Reduce 端去，那么需要将这些键/值对拼接到一块，减少与 Partition 相关的索引记录。

在针对每个 Reduce 端而合并数据时，例如有些数据："aaa"/1，"aaa"/1。对于 WordCount 例子，就是简单地统计单词出现的次数，如果在同一个 Map 任务的结果中有很多个像"aaa"一样出现多次的 key，就应该把它们的值合并到一块，这个过程称为 reduce，也称为 Combine。但 MapReduce 的术语中，Reduce 只指 Reduce 端执行从多个 Map 任务取数据做计算的过程。除 Reduce 外，非正式地合并数据只能算作 Combine。众所周知，MapReduce 中将 Combiner 等同于 Reducer。

如果 Client 设置过 Combiner，那么现在就是使用 Combiner 的时候了。将有相同 key 的键/值对的 value 加起来，减少溢写到磁盘的数据量。Combiner 会优化 MapReduce 的中间结果，所以它在整个模型中会多次使用。那哪些场景才能使用 Combiner 呢？从这里分析，Combiner 的输出是 Reducer 的输入，Combiner 绝不能改变最终的计算结果。所以 Combiner 只应该用于那种 Reduce 的输入键/值对与输出键/值对类型完全一致，且不影响最终结果的场景，如累加、最大值等。Combiner 的使用一定得慎重，如果用好它对 Job 执行效率有帮助，反之会影响 Reduce 的最终结果。

每次溢写会在磁盘上生成一个溢写文件，如果 Map 的输出结果真的很大，有多次这样的溢写发生，磁盘上相应地就会有多个溢写文件存在。当 Map 任务真正完成时，内存缓冲区中的数据也全部溢写到磁盘中形成一个溢写文件。最终磁盘中会至少有一个这样的溢写文件存在（如果 Map 的输出结果很少，当 Map 执行完成时，只会产生一个溢写文件），因为最终的文件只有一个，所以需要将这些溢写文件归并到一起，这个过程就称为

Merge。注意，因为 Merge 是将多个溢写文件合并到一个文件，所以可能也有相同的 key 存在，在这个过程中如果 Client 设置过 Combiner，也会使用 Combiner 来合并相同的 key。

2. Reduce 端

Shuffle 在 Reduce 端的过程如图 5.14 所示，也能用 3 点来概括。当前 Reduce Copy 数据的前提是它要从 JobTracker 获得有哪些 Map 任务已执行结束。Reducer 真正运行之前，所有的时间都是在拉取数据，且不断重复地做 Merge。下面分段描述 Reduce 端的 Shuffle 细节。

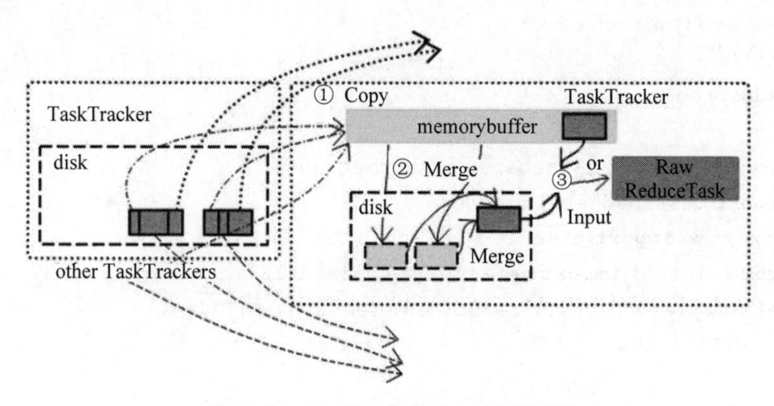

图 5.14　Shuffle 在 Reduce 端的过程

(1) Copy 过程，简单地拉取数据。Reduce 进程启动一些数据 Copy 线程 fetcher，通过 HTTP 方式请求 Map 任务所在的 TaskTracker 获取 Map 任务的输出文件。因为 Map 任务早已结束，这些文件就归 TaskTracker 管理在本地磁盘中。

(2) Merge 阶段。这里的 Merge 如 Map 端的 Merge 动作，只是数组中存放的是不同 Map 端 Copy 来的数值。Copy 过来的数据会先放入内存缓冲区中，这里的内存缓冲区大小要比 Map 端更为灵活，它基于 JVM 的 heap size 设置，因为 Shuffle 阶段 Reducer 不运行，所以应该把绝大部分的内存都给 Shuffle 用。这里需要强调的是，Merge 有 3 种形式：内存到内存，内存到磁盘，磁盘到磁盘。默认情况下第一种内存到内存的 Merge 形式不启用。当内存中的数据量到达一定阈值，就启动内存到磁盘的 Merge。与 Map 端类似，这也是溢写的过程，这个过程中如果你设置有 Combiner，也是会启用的，然后在磁盘中生成了众多的溢写文件。第二种内存到磁盘的 Merge 形式一直在运行，直到没有 Map 端的数据时才结束，然后启动第三种磁盘到磁盘的 Merge 形式生成最终的那个文件。

(3) Reducer 的输入文件。不断地做 Merge 后，最后会生成一个最终文件。这个文件可能存放于磁盘上，也可能存放于内存中。当然存放于内存中更好，直接作为 Reducer 的输入，但默认情况下，这个文件是存放于磁盘中的。当 Reducer 的输入文件已定，整个 Shuffle 才最终结束。然后是 Reducer 执行，把结果放到 HDFS 上。

5.1.7 项目实践 7：使用 MapReduce 构造特征

1. WordCount

datafile 目录中有许多本小说文本，统计出现次数最高的 10 个单词。

(1) 通过多个进程进行统计，限定每个进程最多读取 5MB 的数据。

(2) 尝试先将首字母相同的单词写入相同文件，然后对每个文件单独进行统计。模拟 Shuffle 过程，更好理解 Shuffle 在 Map 后以及 Reduce 前所起的作用。

```
1.   #!/usr/bin/env python
2.   #-*-coding: utf-8 -*-
3.   '''''
4.   hadooptool
5.   '''
6.   from abc import ABCMeta, abstractmethod
7.   import multiprocessing
8.   from time import time
9.   from filetool import getFileByte, listAllFilesUnderDir, makeDir,
     delAllFilesUnderDir, readLines, readLinesOfFiles,\
10.      writeLines
11.
12.  TEMP_DIR='temp/'
13.
14.
15.  class Shuffle(object):
16.      __metaclass__=ABCMeta
17.      @abstractmethod
18.      def partition(self):
19.          pass
20.      @abstractmethod
21.      def sort(self):
22.          pass
23.
24.
25.  class Mapper(object):
26.      __metaclass__=ABCMeta
27.      @abstractmethod
28.      def do(self, lines):
29.          pass
30.
31.
32.  class Reducer(object):
33.      __metaclass__=ABCMeta
34.      @abstractmethod
```

```
35.     def do(self, lines):
36.         pass
37.
38.
39. class Task(multiprocessing.Process):
40.     def run(self):
41.         print('start ' +multiprocessing.current_process().name)
42.         start=time()
43.         self.tasker.do(self.lines)
44.         end=time()
45.         print('end %s: %.3f s' %(multiprocessing.current_process().name,
            end-start))
46.     def __init__(self, tasker, lines):
47.         multiprocessing.Process.__init__(self)
48.         self.tasker=tasker
49.         self.lines=lines
50.
51.
52. class Job(object):
53.
54.     def __init__( self, mapper, reducer, mem_size_limit, input_dir, output_
        dir ):
55.         self.mapper=mapper
56.         self.reducer=reducer
57.         self.memSizeLimit=mem_size_limit
58.         self.inputDir=input_dir
59.         self.outputDir=output_dir
60.
61.     def runMapper(self):
62.         #创建目录 #
63.         makeDir(TEMP_DIR)
64.         #---END---#
65.         #清空数据目录 #
66.         delAllFilesUnderDir(TEMP_DIR)
67.         #----END----#
68.         fileList=[]
69.         fileTotalByte=0
70.         taskList=[]
71.         for file in listAllFilesUnderDir(self.inputDir):
72.             fileByte=getFileByte(self.inputDir+file)
73.             if fileTotalByte +fileByte >self.memSizeLimit:
74.                 taskList.append( Task( self.mapper, readLinesOfFiles
                    (fileList) ) )
75.                 fileList=[]
```

```
76.                 fileTotalByte=0
77.             fileList.append(self.inputDir+file)
78.             fileTotalByte=fileTotalByte +fileByte
79.         if len(fileList) >0:
80.             taskList.append( Task ( self.mapper, readLinesOfFiles(fileList) ) )
81.         for task in taskList:
82.             task.start()
83.
84.     def runReducer(self):
85.         fileList=[]
86.         fileTotalByte=0
87.         taskList=[]
88.         for file in listAllFilesUnderDir(TEMP_DIR):
89.             fileByte=getFileByte(TEMP_DIR+file)
90.             if fileTotalByte +fileByte >self.memSizeLimit:
91.                 taskList.append( Task( self.reducer, readLinesOfFiles
                    (fileList) ) )
92.                 fileList=[]
93.                 fileTotalByte=0
94.             fileList.append(TEMP_DIR+file)
95.             fileTotalByte=fileTotalByte +fileByte
96.         if len(fileList) >0:
97.             taskList.append( Task( self.reducer, readLinesOfFiles
                (fileList) ) )
98.         for task in taskList:
99.             task.start()
100.
101.    def filtOutput(self, top=10, oper=lambda x : int(x.split('\t')[1]
        [:-1]), rev=True):
102.        #创建目录 #
103.        makeDir(self.outputDir)
104.        #---END---#
105.        #清空数据目录 #
106.        delAllFilesUnderDir(self.outputDir)
107.        #----END----#
108.        lines=readLines(TEMP_DIR +'data.out')
109.        lines.sort(key=oper, reverse=rev)
110.
111.        writeLines(self.outputDir +'data.out', lines)
112.
113.        print("#\tkey\tvalue\n")
114.        for index in range(top):
115.            print(str(index+1) +".\t" +lines[index].strip())
```

以下为 wordmapreduce. py 源代码。

```
1.  #!/usr/bin/env python
2.  #-*-coding: utf-8 -*-
3.  '''''
4.  wordmapreduce.py
5.  '''
6.  import string
7.  from filetool import writeOneLine, getWriteOneLineHandle
8.  from hadooptool import Mapper, Reducer, Job, Shuffle, TEMP_DIR
9.
10.
11. class WordShuffle(Shuffle):
12.     def __init__(self):
13.         self.partitionPathHandlerDict={}
14.         for ch in string.ascii_lowercase:
15.             self.partitionPathHandlerDict[ch]=getWriteOneLineHandle
                (TEMP_DIR +'partition_' +ch)
16.
17.     def partition(self, key, value):
18.         key2=key.strip("[\s+\.\!\/_,$%^*(+\"\']+|[+——!,。?、~@#￥%……
            &*()::;;]+").lower()
19.         if (key2[:1] >='a' and key2[:1] <='z'):
20.             writeOneLine(self.partitionPathHandlerDict[key2[:1]], ('%s\
                t%s' %(key2, value)))
21.
22.     def sort(self, lines):
23.         lines.sort(key=lambda x:x.split('\t')[0])
24.
25.     def __del__(self):
26.         for key in self.partitionPathHandlerDict:
27.             self.partitionPathHandlerDict[key].close()
28.
29. class WordMapper(Mapper):
30.     def do(self, lines):
31.         print('WordMapper')
32.         wordShuffle=WordShuffle()
33.         for line in lines:
34.             line=line.strip()
35.             words=line.split()
36.             for word in words:
37.                 wordShuffle.partition(word, 1)
38.
39.
40. class WordReducer(Reducer):
41.
```

```
42.     def do(self, lines):
43.         print('WordReducer')
44.
45.         file_handler=getWriteOneLineHandle(TEMP_DIR + 'data.out')
46.         wordShuffle=WordShuffle()
47.         wordShuffle.sort(lines)
48.
49.         current_word=None
50.         current_count=0
51.         word=None
52.
53.         for line in lines:
54.             line=line.strip()
55.             word, count=line.split('\t', 1)
56.             try:
57.                 count=int(count)
58.             except ValueError:
59.                 continue
60.             if current_word==word:
61.                 current_count +=count
62.             else:
63.                 if current_word:
64.                     writeOneLine(file_handler, ('%s\t%s' % (current_word,
                        current_count)))
65.                 current_count=count
66.                 current_word=word
67.
68.         if current_word==word:
69.             writeOneLine(file_handler, ('%s\t%s' % (current_word, current_
            count)))
70.
71.         file_handler.close()
```

以下为 run_map. py 源代码。

```
1.  #!/usr/bin/env python
2.  #-*-coding: utf-8 -*-
3.  '''''
4.  run_map.py
5.  '''
6.  from hadooptool import Job
7.  from wordmapreduce import WordMapper, WordReducer
8.  if __name__=="__main__":
9.      mapper=WordMapper()
10.     reducer=WordReducer()
```

```
11.
12.     job=Job(mapper, reducer, 1000000, 'input/', 'output/')
13.     job.runMapper()
```

以下为 run_reduce. py 源代码。

```
1.  #!/usr/bin/env python
2.  #-*-coding: utf-8 -*-
3.  '''''
4.  run_reduce.py
5.  '''
6.  from hadooptool import Job
7.  from wordmapreduce import WordMapper, WordReducer
8.  if __name__=="__main__":
9.      mapper=WordMapper()
10.     reducer=WordReducer()
11.
12.     job=Job(mapper, reducer, 1000000, 'input/', 'output/')
13.
14.     job.runReducer()
```

以下为 run_output. py 源代码。

```
1.  #!/usr/bin/env python
2.  #-*-coding: utf-8 -*-
3.  '''''
4.  run_output.py
5.  '''
6.  from hadooptool import Job
7.  from wordmapreduce import WordMapper, WordReducer
8.  if __name__=="__main__":
9.      mapper=WordMapper()
10.     reducer=WordReducer()
11.
12.     job=Job(mapper, reducer, 1000000, 'input/', 'output/')
13.
14.     job.filtOutput()
```

2. 特征统计

统计 train 文件中的 domain 的分布。

(1) 通过单步调试测试代码。

(2) 通过 Hadoop Stream 完成统计。

```
>head -300000 train | python mapper.py | sort -k1,1 | python reducer.py | sort -
k2,2nr | head -n 10
```

```
>mapred streaming \
-files mapper.py,reducer.py \
-mapper mapper.py \
-reducer reducer.py \
-input /exp/kaggle/input/* -output /exp/kaggle/output
```

以下为 mapper. py 源代码。

```
1.  #!/usr/bin/env python
2.  """
3.  mapper.py
4.  """
5.
6.  import sys
7.  line1=sys.stdin.readline()
8.  for line in sys.stdin:
9.      line=line.strip()
10.     keys=line.split(',')
11. print '%s\t%s' % (keys[7], 1)
```

以下为 reducer. py 源代码。

```
1.  #!/usr/bin/env python
2.  """
3.  reducer.py
4.  """
5.
6.  from operator import itemgetter
7.  import sys
8.
9.  current_word=None
10. current_count=0
11. word=None
12.
13. for line in sys.stdin:
14.     line=line.strip()
15.     word, count=line.split('\t', 1)
16.     try:
17.         count=int(count)
18.     except ValueError:
19.         continue
20.     if current_word==word:
21.         current_count +=count
22.     else:
23.         if current_word:
24.             print '%s\t%s' % (current_word, current_count)
```

```
25.         current_count=count
26.         current_word=word
27.
28. if current_word==word:
29. print '%s\t%s' %(current_word, current_count)
```

3. Reduce 过程的负载均衡

统计 train 中总的点击次数和未点击次数,并查看 Reducer 的工作情况。由于现在的计算机都是多核的,且计算框架也趋向分布式。思考如何增加 Reducer 的数目提高运算速率。(提示:修改 Hadoop Streaming 的参数)

```
>head -300000 train | python mapper.py | sort -k1,1n | python reducer.py
>mapred streaming\
-D map.output.key.field.separator=, \
-D mapred.text.key.partitioner.options=-k3,3 \
-D mapred.reduce.tasks=8 \
-partitioner org.apache.hadoop.mapred.lib.KeyFieldBasedPartitioner \
-input /exp/kaggle/input/* \
-output /exp/kaggle/output11 \
-mapper mapper.py \
-reducer reducer.py \
-file mapper.py \
-file reducer.py
```

1) mapper. py

```
1.  #!/usr/bin/env python
2.  """
3.  mapper.py
4.  """
5.
6.  import sys
7.  line1=sys.stdin.readline()
8.  for line in sys.stdin:
9.      line=line.strip()
10.     keys=line.split(',')
11. print '%s\t%s' %(keys[1], 1)
```

2) reducer. py

同 mapper. py。

4. 二次排序

通过上一步学习到的 Partition 配置,统计每个 site_category 下面 site_domain 的分布。

```
>head -300000 train | python mapper.py | sort -k1,1 | python reducer.py | sort -
k2,2nr | head -n 10
>mapred streaming \
-D map.output.key.field.separator=, \
-D mapred.text.key.partitioner.options=-k6,6 \
-D mapred.reduce.tasks=4 \
-partitioner org.apache.hadoop.mapred.lib.KeyFieldBasedPartitioner \
-input /exp/kaggle/input2/* \
-output /exp/kaggle/output12 \
-mapper mapper.py \
-reducer reducer.py \
-file mapper.py \
-file reducer.py
```

1) mapper. py

```
1.  #!/usr/bin/env python
2.  """
3.  mapper.py
4.  """
5.
6.  import sys
7.  line1=sys.stdin.readline()
8.  for line in sys.stdin:
9.      line=line.strip()
10.     keys=line.split(',')
11. print '%s\t%s' %(keys[6]+','+keys[7], 1)
```

2) reduce. py

同 mapper. py。

5.2 Hive

Hive 是一个构建在 Hadoop 上的数据仓库框架,是应 Facebook 每天产生的海量新兴社会网络数据进行管理和学习的需求而产生和发展的。Hive 的设计目的是让精通 SQL 技能,但不会使用 Java 语言进行开发的数据分析师能够对 Facebook 存储在 HDFS 中的大规模数据集执行查询。

当然,Hive 本身并不能解决所有大数据问题,尤其是 Hive 不能用来开发机器学习算法。同时 Hive 依赖的 MapReduce 过程在复杂查询下效率较低,这导致 Hive 在数据分析的应用逐步降低。但是,了解 Hive 可以帮助人们了解大数据分析面临的主要问题,以及在设计上前辈们是怎么一步步完善的。可以说,Hive 在大数据分析领域具备了承上启下的作用。

5.2.1 Hive 架构

Hive 是典型 C/S 模式。其核心服务包括以下内容。

1. HiveServer

最初基于 Thrift 软件框架开发,提供 Hive 的 RPC 通信接口。目前的 HiveServer 2(HS 2)增加了多客户端并发支持和认证功能,极大地提升了 Hive 的工作效率和安全系数。Thrift 软件框架用于可扩展的跨语言服务开发,简单来说就是 RPC 远程调用,它是一个完整的 RPC 框架体系。Thrift 的主要功能:通过自定义的 IDL(Interface Description Language),可以创建基于 RPC 的客户端和服务端的服务代码。数据和服务代码的生成是通过 Thrift 内置的代码生成器来实现的。Thrift 的跨语言性体现在,它可以生成 C++、Java、Python、PHP、Ruby、Erlang、Perl、Haskell、C#、Cocoa、JavaScript、Node.js、Smalltalk、OCaml 等语言的代码,且它们之间可以进行透明的通信。

2. Driver

Driver 包含解释器、编译器、优化器等,完成 HQL 查询语句从词法分析、语法分析、编译、优化以及查询计划的生成。生成的查询计划存储在 HDFS 中,随后由 MapReduce 调用执行。客户端接口根据不同的场景有以下两种。

1) CLI 命令行

命令行界面(Command Line Interface,CLI)是开发过程中常用的接口,在 HiveServer 2 中提供新的命令 beeline,使用 sqlline 语法。CLI 是与 Hive 交互最简单和最常用方式,只需要在一个具备完整 Hive 环境下的 Shell 终端中输入 hive 即可启动服务。

2) Client

Client 是指远程访问 Hive 的应用客户端,一般含 Thrift Client 和 JDBC/ODBC Client 两类。Thrift 客户端采用 Hive Thrift Server 提供的接口来访问 Hive。如果希望通过 Java 访问 Hive,官方已经实现了 JDBC Driver(hive-jdbc-*.jar)。HiveServer 2 暂时没有提供 ODBC Driver 支持。

3. Web UI

Web UI 是 B/S 模式的服务进程,用户使用 Browser 对 HiveServer 进行 Web 访问。目前熟知的有 Karmasphere、Hue、Qubole 等项目。Hive 系统架构如图 5.15 所示。

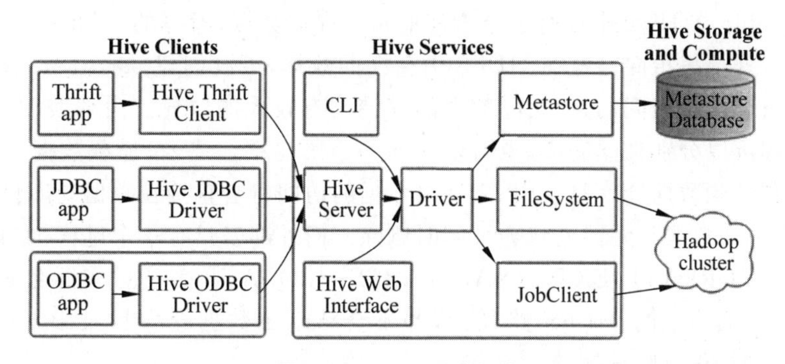

图 5.15 Hive 系统架构

Metastore是Hive元数据的结构描述信息库，可选用不同的关系数据库来存储，通过配置文件修改、查看数据库配置信息。在功能上Metastore分为服务和存储两部分，即图5.15中的Metastore及其Database。Hive的服务和存储有3种部署模式：内嵌模式、本地模式和远程模式。内嵌模式是最简单的部署方式，一般用于自测；本地模式是Metastore的默认模式，支持单Hive会话（一个Hive服务JVM）以组件方式调用Metastore和Driver；远程模式将Metastore分离出来，成为一个独立的Hive服务，这样可以将数据库层完全置于防火墙后，客户就不再需要用户名和密码登录数据库，避免了认证信息的泄露。

Hive的数据存储在HDFS中，大部分的查询、计算由MapReduce完成。每一个Hive服务都需要调用Driver来完成HQL语句的翻译和执行。通俗地说，Driver就是HiveQL编译器，它解析和优化HiveQL语句，将其转换成一个Hive Job（可以是MapReduce，也可以是Spark等其他任务）并提交给Hadoop集群。

Hive构建在Hadoop之上，HQL中对查询语句的解释、优化、生成查询计划是由Hive完成的。所有的数据都是存储在Hadoop中，查询计划被转化为MapReduce任务，在Hadoop中执行。

Hive编译器将一个HiveQL转换成操作符。操作符(operator)是Hive的最小的处理单元，每个操作符代表HDFS的一个操作或者一道MapReduce作业。operator都是Hive定义的一个处理过程，所有的操作构成了operator图，Hive正是基于这些图关系来处理如limit、group by、join等操作。

5.2.2 Hive的数据模型

对于数据存储，Hive没有专门的数据存储格式，也没有为数据建立索引，用户可以非常自由地组织Hive中的表，只需要在创建表的时候告诉Hive数据中的列分隔符和行分隔符，Hive就可以解析数据。

Hive中所有的数据都存储在HDFS中，存储结构主要包括数据库、文件、表和视图。Hive中包含以下数据模型：内部表(table)、外部表(external table)、分区(partition)和桶(bucket)。Hive默认可以直接加载文本文件，还支持sequence file、RCFile。

Hive数据库类似于传统数据库的Database。内部表与数据库中的table在概念上类似。每一个table在Hive中都有一个相应的目录存储数据，所有的table数据，都保存在这个目录中。外部表指向已经在HDFS中存在的数据，可以创建partition。它和内部表在元数据的组织上是相同的，而实际数据的存储则有较大的差异。内部表的创建过程和数据加载过程可以分别独立完成，也可以在同一个语句中完成，在加载数据的过程中，实际数据会被移动到数据仓库目录中；之后对数据的访问将会直接在数据仓库目录中完成。删除表时，表中的数据和元数据将会被同时删除。而外部表只有一个过程，加载数据和创建表同时完成(CREATE EXTERNAL TABLE…LOCATION…)，实际数据是存储在LOCATION后面指定的HDFS路径中，并不会移动到数据仓库目录中。当删除一个external table时，仅删除该链接。

表中的数据可以分区，即按照某个字段将文件划分为不同的标准，分区表的创建是通过在创建表时启用 partitioned by 来实现的。在 Hive 中，表中的一个 Partition 对应于表下的一个目录，所有的 Partition 的数据都存储在对应的目录中。

桶是将表的列通过 Hash 算法进一步分解成不同的文件存储。它对指定列计算 Hash，根据 Hash 值切分数据，目的是为了并行，每一个 bucket 对应一个文件。

Hive 的视图与传统数据库的视图类似。视图是只读的，它基于的基本表，如果改变，数据增加不会影响视图的呈现；如果删除，会出现问题。

在 Hive 中创建完表之后，要向表中导入数据。Hive 不支持一条一条地用 insert 语句进行插入操作，也不支持 update 的操作。Hive 表中的数据是以 load 的方式，从 HDFS 中加载到建立好的 Hive 表中。数据一旦导入，则不可修改。要么删除掉整个表，要么建立新的表，导入新的数据。load 操作只是单纯的复制/移动操作，将数据文件复制/移动到 Hive 表对应的位置，即 Hive 在加载数据的过程中不会对数据本身进行任何修改。

5.2.3 Hive 表

Hive 的表在逻辑上由存储的数据和描述表中数据形式的相关元数据组成。数据一般存放在 HDFS 中，但它也可以存放在其他任何 Hadoop 文件系统中，包括本地文件系统或 S3。Hive 把元数据存放在关系数据库中，而不是放在 HDFS 中。

1. 外部表

在 Hive 中创建表时，默认情况下 Hive 负责管理数据。这意味着 Hive 把数据移入它的仓库目录。另一种选择是创建一个外部表（external table）。这会让 Hive 到仓库目录以外的位置访问数据。

使用外部表的好处在于，如果决定使用 Drop 语句去删除一个表的时候，Hive 不会连同表的元数据和数据一起删除，这样重新建表或者误删除表的时候不会导致数据丢失。而如果确实想删除数据，可以通过 HDFS 本身的删除命令手动删除。

2. 分区和桶

Hive 把表组织成分区（partition）。这是一种根据分区列（partition column）的值对表进行粗略划分的机制。使用分区可以加快数据分片的查询速度。表或分区可以进一步分为桶（bucket）。它会为数据提供额外的结构以获得更高效的查询处理。例如，通过根据用户 id 来划分桶，可以在所有用户集合的随机样本上快速计算基于用户的查询。

以分区的常用情况为例。考虑日志文件，其中每条记录包含一个时间戳。如果根据日期对它进行分区，那么同一天的记录就会被存放在同一个分区中。这样做的优点：对于限制到某个或某些特定日期的查询，它们的处理可以变得非常高效。因为它们只需要扫描查询范围内分区中的文件。使用分区并不会影响大范围查询的执行，仍然可以查询跨多个分区的整个数据集。

分区是在创建表的时候用 PARTITIONED BY 子句定义的。该子句需要定义列的列表。例如，下面语句就是按照时间戳 dt 和国家 country 进行分区的：

```
1. CREATE  TABLE  logs  (ts  BIGINT, line  STRING)
```

```
2. PARTITIONED BY (dt STRING, country STRING);
```

把数据加载到分区表的时候,要显示指定分区值:

```
1. LOAD DATA LOCAL INPATH '/user/data/hive/file'
2. INTO TABLE logs
3. PARTITION (dt='2019-01-01', country='GB');
```

把表或分区组织成桶有两个原因。第一个原因是为了获得更高的查询处理效率。桶为表加上了额外的结构。Hive在处理有些查询时能够利用这个结构。具体而言,join两个在相同列上划分了桶的表,可以使用Map端的join高效实现。

第二个原因是使取样(sampling)更高效。在大规模数据集上进行开发和查询时,如果可以先在一部分小数据集上运行查询,会带来很多方便。Hive使用CLUSTERED BY子句来指定划分桶所用的列和要划分的桶的个数:

```
1. CREATE TABLE bucketed_users (id INT, name STRING)
2. CLUSTERED BY (id) INTO 4 BUCKETS;
```

在这里使用用户id来确定如何划分桶,Hive对值进行Hash并将结果除以桶的个数取模。这样,任何一个桶里都会有一个随机的用户集合。

对于Map端的join,首先两个表以相同方式划分桶,处理左边表某个桶的Mapper是可以计算出在右边表中哪个桶有可以匹配的数据行。这样,Mapper只需要获取那个桶的数据即可进行join,而不需要把右边表的所有数据加载过来。这一方法并不一定要求两个表必须具有相同的桶的个数,两个表的桶的个数是倍数关系也可以。

5.2.4 存储格式

1. 分隔方式

如果在创建表的时候没有用ROW FORMAT或STORED AS子句,那么Hive所使用的默认格式是用'\n'分隔数据行(row),用'\001'分隔一行数据中的每个字段。'\001'是一个不可见字符,如果使用cat -A命令查看文件,'\001'会显示成^A。之所以选择'\001'是因为和制表符相比,它出现在字段文本中的可能性较小,这样就不会把字段文本中出现的分隔符当作字段分隔符从而导致字段错位。集合元素的默认分隔符是'\002',它用于分隔ARRAY、STRUCT或MAP的不同键/值对中的元素,MAP中key和value之间的分隔符是'\003'。

2. 二进制存储格式

二进制存储格式的使用方法非常简单,只需要通过CREATE TABLE语句中的STORED AS子句做相应声明。这里不需要指定ROW FORMAT,因为其格式由底层的二进制文件格式来控制。二进制存储格式可划分为两大类:面向行的存储格式和面向列的存储格式。一般来说,面向列的存储格式对于那些只访问表中一小部分列的查询比较有效。相反,面向行的存储格式适合同时处理一行中很多列的情况。

Hive 本身支持两种面向行的格式：Avro 数据文件和顺序文件。它们都是通用的可分割、可压缩的格式。另外，Avro 还支持模式演化以及多种编程语言的绑定。在 Hive 0.14.0 之后的版本中，可以使用下述语句将表存储为 Avro 格式：

```
1. SET hive.exec.compress.output=true;
2. SET avro.output.codec=snappy;
3. CREATE  TABLE ...  STORED  AS  AVRO;
```

类似地，Hive 利用 CREATE TABLE 语句中的 STROED AS SEQUENCEFILE 子句声明，将顺序文件作为存储格式。

Hive 提供另一种二进制存储格式，称为 RCFile(Record Columnar File)，表示按列记录文件。RCFile 除了按列的方式存储数据以外，其他方面都和序列文件类似。RCFile 把表分成行分片(row split)，在每一个分片中先存所有行的第一列，再存它们的第二列，以此类推。图 5.16 说明了这种存储方式。

logical table

	col1	col2	col3
row1	1	2	3
row2	4	5	6
row3	7	8	9
row4	10	11	12

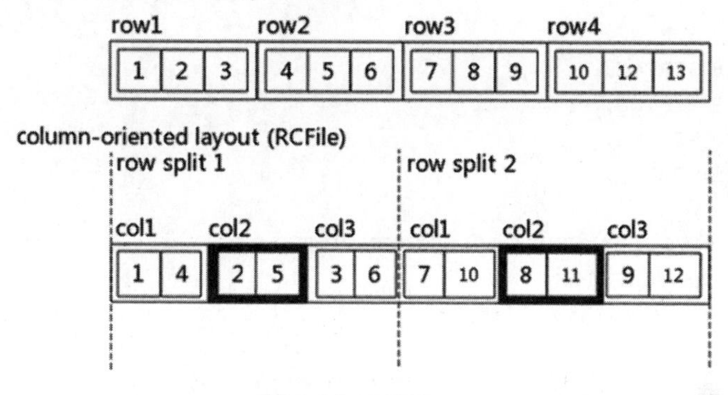

图 5.16　RCFile

面向列的存储布局方式可以使一个查询跳过那些不必访问的列。考虑一个只需要处理图 5.16 中表的第二列的查询。在像顺序文件这样面向行的存储中，即使只需要读取第二列，整个数据行也都会被加载到内存中。虽说在某种程度上惰性反序列化(lazy deserialization)策略通过只反序列化那些被访问的列字段能节省一些处理开销，但这仍然不能避免从磁盘读入一个数据行所有字节而额外付出的开销。如果使用面向列的存储，只需要把文件中第二列所对应的那部分读入内存即可。

5.2.5 项目实践 8：使用 Hive 管理实践数据

1. 创建 Hive 外部表

注意：相比 Hive 内部表，Hive 外部表本身不拥有数据，在表被 drop 掉后数据不会从 HDFS 上删除。

```
1.  CREATE EXTERNAL TABLE IF NOT EXISTS  ctr_data (
2.      id STRING,
3.      click INT,
4.      hour STRING,
5.      C1 STRING,
6.      banner_pos STRING,
7.      site_id STRING,
8.      site_domain STRING,
9.      site_category STRING,
10.     app_id STRING,
11.     app_domain STRING,
12.     app_category STRING,
13.     device_id STRING,
14.     device_ip STRING,
15.     device_model STRING,
16.     device_type STRING,
17.     device_conn_type STRING,
18.     C14 STRING,
19.     C15 STRING,
20.     C16 STRING,
21.     C17 STRING,
22.     C18 STRING,
23.     C19 STRING,
24.     C20 STRING,
25.     C21 STRING,
26. )
27. ROW FORMAT DELIMITED FIELDS TERMINATED BY ','
28. STORED AS TEXTFILE
29. LOCATION '/exp/hive/data';
```

2. 查看数据

```
1. show tables;
```

程序的输出结果如图 5.17 所示。

```
OK
ctr_data
Time taken: 1.64 seconds, Fetched: 1 row(s)
```

图 5.17 程序的输出结果 1

3. 使用 HQL 进行统计

```
1. select click, count(*) from ctr_data group by click;
```

程序的输出结果如图 5.18 所示。

```
MapReduce Jobs Launched:
Stage-Stage-1: Map: 1  Reduce: 1   Cumulative CPU: 6.7 sec   HDFS Read: 15464177 HDFS Write: 127 HDFS EC Read: 0 SUCCESS
Total MapReduce CPU Time Spent: 6 seconds 700 msec
OK
0	82509
1	17490
Time taken: 33.19 seconds, Fetched: 2 row(s)
```

图 5.18 程序的输出结果 2

4. HQL 多轮统计

```
1. select t.site_id, t.total_click/t.total_show as ctr
2. from (
3.   select site_id, sum(click) as total_click, count(*) as total_show
4.   from ctr_data
5.   group by site_id
6. ) t
7. order by ctr limit 10;
```

程序的输出结果如图 5.19 所示。

```
MapReduce Jobs Launched:
Stage-Stage-1: Map: 1  Reduce: 1   Cumulative CPU: 8.49 sec   HDFS Read: 15464633 HDFS Write: 30458 HDFS EC Read: 0 SUCCESS
Stage-Stage-2: Map: 1  Reduce: 1   Cumulative CPU: 5.32 sec   HDFS Read: 35970 HDFS Write: 337 HDFS EC Read: 0 SUCCESS
Total MapReduce CPU Time Spent: 13 seconds 810 msec
OK
02d5151c	0.0
02d5ce7e	0.0
ffcff165	0.0
00f648b7	0.0
014428c1	0.0
01251c29	0.0
011e5414	0.0
0273c5ad	0.0
ffb2c209	0.0
00255fb4	0.0
Time taken: 46.875 seconds, Fetched: 10 row(s)
```

图 5.19 程序的输出结果 3

5.3 Tez

在 MapReduce 的计算模型框架下，计算过程被抽象成 Map 和 Reduce 两个阶段，并通过 Shuffle 机制将两个阶段连接起来。但在一些应用场景下，需要把问题分解成若干个有依赖关系的子问题，每个子问题对应一个 MapReduce 任务，这些任务就形成了一个有向无环图（Directed Acyclic Graph，DAG）。在该 DAG 中，由于每个节点都是一个 MapReduce 作业，因此每个 MapReduce 任务执行的时候都需要从 HDFS 中读写一次数据，即使中间产生的数据仅仅是临时使用的数据。这样，面对有依赖关系的多轮任务，MapReduce 计算框架就显得比较低效，产生了大量不必要的磁盘和网络 I/O 的浪费。

为了更高效地解决上述问题，Hortonworks 开发了 DAG 计算框架 Tez，它直接源于 MapReduce 框架，核心思想是将 Map 和 Reduce 两个操作进一步拆分，即 Map 被拆分成 Input、Processor、Sort、Merge 和 Output 等，Reduce 被拆分成 Input、Shuffle、Sort、Merge、Processor 和 Output 等，这样，这些分解后的元操作可以任意灵活组合，产生新的操作，这些操作经过一些控制程序组装后，可形成一个大的 DAG 作业。例如图 5.20 为 MapReduce 和 Tez 的执行过程的区别。

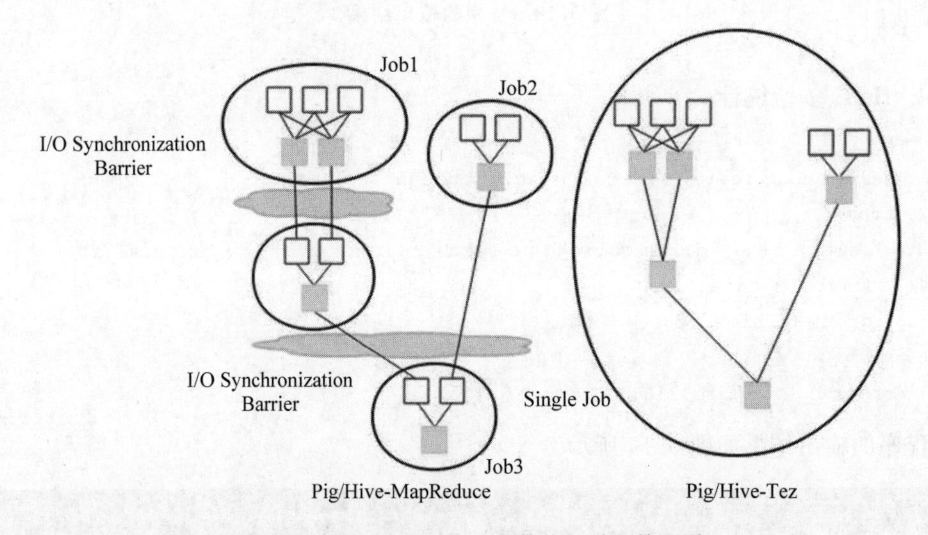

图 5.20 MapReduce 和 Tez 的执行过程的区别

5.3.1 Tez 数据引擎

Tez 提供了 6 种应用程序执行接口。

(1) Input：对输入数据源的抽象，类似于 MapReduce 模型中的 InputFormat，它解析输入数据格式，并输出键/值对。

(2) Output：对输出数据源的抽象，类似于 MapReduce 模型中的 OutputFormat，它按照一定的格式将用户程序产生的键/值对写入文件系统。

(3) Partitioner：对数据进行分片，类似于 MapReduce 模型中的 Partitioner。

(4) Processor：对计算单元的抽象，它从 Input 中获取数据，经过用户定义的计算逻辑处理后，通过 Output 输出到文件系统中。

(5) Task：对任务的抽象，每个 Task 由 Input、Output 和 Processor 3 个组件构成。

(6) Master：管理各个 Task 的依赖关系，并按照依赖关系执行它们。

5.3.2 DAG

在大数据处理中，DAG 计算常常指的是将计算任务在内部分解成为若干个子任务，将这些子任务之间的逻辑关系或顺序构建成 DAG 结构。

1. DAG 计算的 3 层结构

(1) 最上层是应用表达层,即通过一定手段将计算任务分解成由若干子任务形成的 DAG 结构,其核心是表达的便捷性,主要是方便应用开发者快速描述或构建应用。

(2) 中间层是 DAG 执行引擎层,主要目的是将上层以特殊方式表达的 DAG 计算任务通过转换和映射,将其部署到下层的物理机集群中运行,这层是 DAG 计算的核心部件,计算任务的调度、底层硬件的容错、数据与管理信息的传递、整个系统的管理与正常运转等都需要由这层来完成。

(3) 最下层是物理机集群,即由大量物理机搭建的分布式计算环境,这是计算任务最终执行的场所。

DAG 在分布式计算中是非常常见的一种结构,在各个细分领域都可以看见它,如 Dryad、FlumeJava 和 Tez,都是明确构建 DAG 计算模型的典型工具,再如流式计算的 Storm 等系统或大数据分析框架 Spark 等,其计算任务大多也是 DAG 形式,除此外还有很多场景都能见到。

2. MapReduce 到 DAG

由于 Tez 是从 MapReduce2 演化而来的,故它重用了 MapReduce2 中大量的代码,这使得它继承了 MapReduce2 所有的优点,同时可与它兼容。除此之外,Tez 还提供一个 MapReduce 到 DAG 的转换工具,通过该工具,用户很容易将多个有依赖关系的 MapReduce 作业合并成一个 DAG 作业,这将大大减少磁盘 I/O 次数,从而提高程序运行效率。该工具在传统的 Map 和 Reduce 两个阶段之间穿插了若干个 Reduce 阶段。典型的应用如图 5.21 所示,图中有 N 个 Job,即 Job1,Job2,…,Job$N$,其中 Job$K$ 的 Map 阶段为 Map$K$,Reduce 阶段为 Reduce$K$,且这些作业之间存在顺序依赖关系,即 Job($K+1$)依赖于 Job$K$,则通过 Tez 转换工具,可将该作业转换成一个 DAG 作业,即 Map1,Reduce1,Reduce2,…,Reduce$N$,整体过程如图 5.22 所示。

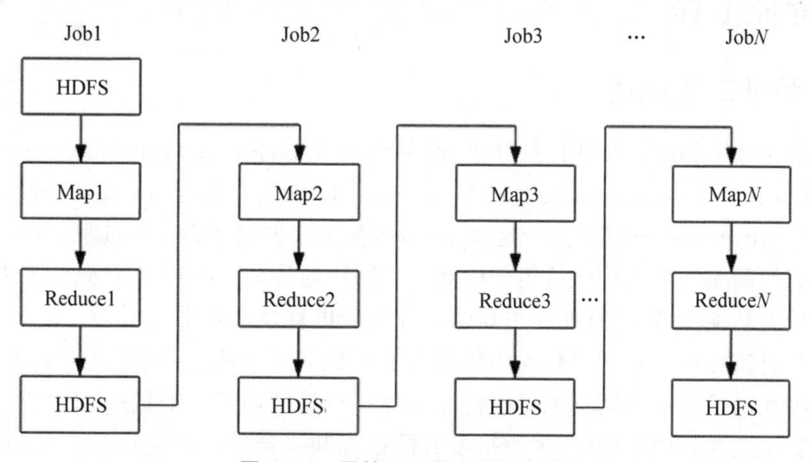

图 5.21 原始 MR 执行任务过程

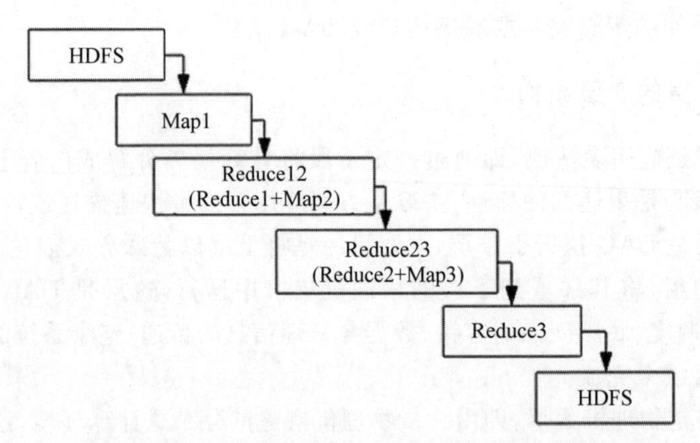

图 5.22 转换成 Tez 执行任务过程

5.3.3 Tez 的其他优化

除了 DAG，Apache Tez 还提出了很多其他优化技术，其中包括 ApplicationMaster 缓冲池、预先启动 Container、Container 重用 3 项优化技术。

(1) ApplicationMaster 缓冲池：在 Apache Tez 中，用户并不是直接把作业提交到 ResourceManager 上，而是提交到一个称为 AMPoolServer 的服务上。该服务启动后，会预启动若干个 ApplicationMaster，形成一个 ApplicationMaster 缓冲池，这样，当用户提交作业时，直接将作业提交到某个已经启动的 ApplicationMaster 即可。这样做的好处是避免了每个作业动态启动一个独立的 ApplicationMaster。

(2) 预先启动 Container：ApplicationMaster 缓冲池中的每个 ApplicationMaster 启动时可以预先启动若干个 Container，以提高作业运行效率。

(3) Container 重用：一个任务运行完成后，ApplicationMaster 不会马上注销它使用的 Container，而是将它重新分配给其他未运行的任务，从而达到资源重用的目的。

5.4 特征工程

5.4.1 特征工程概述

维基百科（Wikipedia）对特征工程的主要定义如下："Feature engineering is the process of using domain knowledge of the data to create features that make machine learning algorithms work."从这个定义来看，特征工程被描述为一种过程，该过程是在数据基础上利用领域知识来构建适用于机器学习算法的特征。即利用领域知识和专业技巧来将原始数据转换为特征，从而使机器学习算法能更有效地工作。

业界广泛流传的一句话，"数据和特征决定了机器学习的上限，而模型和算法是在逼近这个上限而已。"由这句话不难看出特征工程在机器学习乃至数据挖掘中所处的地位。事实也证实了这句话的正确性，因为很多数据挖掘和机器学习的应用并未采用高深的算法，而是由高质量特征加上简单常见的算法来实现的。

这里举一个现实中的例子来说明这个问题。在医院看病时，病征实际就是患病所表现出的特征。医生通过望闻问切可以捕获到病征，这一过程就类似于特征工程。当发现病征后，通过经验将其与相似病例关联即可对症下药。患者就医时往往希望挂专家门诊即使付更高的价格。因为在患者看来，专家诊断更为准确。这是因为他们经验丰富，见多识广，从而能更准确、更高效地发现病征。但对于一些极不常见且复杂的疾病而言，可能需要专家会诊才能得出更好的解决方案。

通过这个例子可以看出，特征工程往往需要丰富且完备的领域知识作为基础。机器学习领域知名教授 Andrew Ng 也说过："Coming up with features is difficult, time-consuming, requires expert knowledge."在他看来，特征工程是一个困难且耗时的过程，一定需要专业领域知识来做支撑。

本节尝试将特征工程的理念及相关知识进行梳理。在当前业界基本观点的基础上，本书融入自己的理解，将特征工程的整个过程进行拆分，从而依次对各个重要组成部分进行阐述。首先，介绍特征的概念及特征提取概念和方法；其次，介绍特征预处理的相关方法；最后，介绍特征选择及特征降维等常用算法。

5.4.2　特征提取

1. 特征及特征提取的概念

在当前一些大数据分析应用中，数据与特征有时也被视为同等概念。例如：在一些用户画像分析相关应用中，每一条用户记录由性别、年龄、职业、薪资等属性项构成。这些用户记录可以称为数据，也可视为特征。在构建购物网站的推荐系统时，用户的浏览记录、收藏记录、打分记录、评论内容、品牌关注度等记录一般称为数据，有时也可以直接作为特征使用。但对于一些特定推荐算法需求，需要将这些记录转换成相应的特征向量或特征矩阵作为算法输入。如用户的打分记录一般会被转换为评分矩阵来作为推荐算法的输入；用户之间的关系会被转换为用户连接度矩阵作为算法输入等。本书将数据与特征进行一个简单区分，数据是指那些由应用直接产生的原始数据；特征是在数据基础上进行提取或转换所生成的，可直接作为算法的输入。将数据转换为特征的过程一般称为特征提取。

在一些典型的大数据分析应用中，特征提取是必不可少的环节。例如，在文本大数据分析应用中，文本内容一般被视为原始数据，需要借助常用的词袋(bag-of-words)模型，将原始数据转化为相应的特征向量，从而作为后续算法的输入。在图像识别应用中，图像内容被视为原始数据，可以利用相关特征提取算法对图像进行处理，所提取出的相应特征向量才能作为识别算法的输入。

2. 特征提取方法

在本书中特征提取被视为特征工程的首要步骤，是将原数据转换为特征的关键。针对不同对象，不同应用需求，特征提取方法并不相同，很难找出一种统一有效的特征提取方法。这里将分别针对几个不同的应用场景来对常见的特征提取方法进行阐述。

1) 文本数据分析中的特征提取方法

文本数据的特征提取一般是通过建立向量空间模型为后续的机器学习算法提供量化信息作为输入。其目标是将无结构的原始文本转化为结构化的、可以识别处理的特征向量来描述文本。当文本被表示为空间中的向量后,文本内容的处理便可以简化为向量空间中的向量运算,如可以通过计算向量之间的相似性来度量文本间的相似性。

向量空间模型一般也称为词袋模型。该模型采用关键词作为项,将关键词出现的频率或在频率统计基础上计算的权重作为每一项对应的值,由此构成特征向量。图 5.23 为词袋模型的简单示例,这里只是将文本转换为简单的词频向量。在信息检索及文本分类等实际应用中,一般不直接使用词频作为特征向量的值。为了避免文本内容长短对特征向量的影响,会将词频进行归一化处理,即用词频值除以文章总词数。再将归一化的值作为特征向量的值。为了突出词语与主题的关系,会在词频基础上设计权重来作为特征向量的值。最为常用的有 TF-IDF 加权方法。

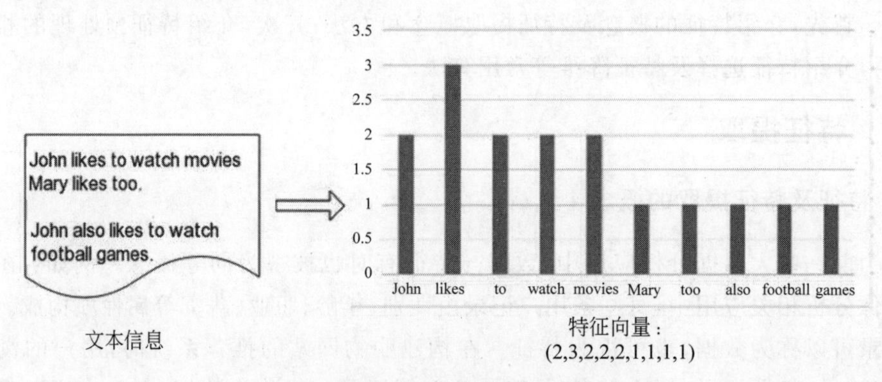

图 5.23 词袋模型的简单示例

上述词袋模型属于一种简单的词语堆砌模式,并不考虑词语之间的关系,而且也丢失了关键词之间的顺序。向量维度一般由词典中关键词个数所决定,通常是数万或十几万量级,这也会带来维度灾难问题。因此,特征选择往往也被视为构建文本特征向量的重要环节。关于特征选择将在 5.4.3 节做进一步叙述。

近年来,神经网络技术开始逐渐应用到文本特征提取方面,并且取得较好效果。通过多层神经网络的映射可以将文本中的词、短语、句子等多层结构映射到低维向量空间中,从而形成特征向量。例如,Kalchbrenner 等人利用卷积神经网络(CNN)构建句式模型;Hu 等人构建卷积网络架构来实现文本句子的匹配;Hamid Palangi 等人利用循环神经网络(RNN)实现句式嵌入;Lee 等人综合了 RNN 和 CNN 来进行文本特征提取。从自然语言处理领域来看,利用神经网络来进行文本特征提取属于当前研究热点。

2) 音频数据分析中的特征提取方法

在音频识别或相似音频检索的应用中,音频数据往往需要转换为相应的特征来作为相应算法的输入。当前很多专家认为音频数据具有两种属性:一种是音频的物理属性,由于音频数据常被视为一个正弦波,因此包含声强、频率、相位等与波形相关的物理属性。一种是音频的心理属性,是根据人类对音频的感知来体现,包括音强、音调、音色等与感官相关的心理属性。由此可见，音频的特征提取需要根据不同应用需求，对信号进行分析量化来获取表达相应属性的特征。

从当前众多研究工作中可以看出，根据音频表示形式不同，常用的音频特征提取方法包括了时域信号分析、频域信号分析和倒谱信号分析。时域信号分析一般是针对以时间为自变量的时域信号进行分析，如可以用短时能量、短时平均过零率作为特征；频域信号分析一般是对频谱进行分析，可以利用滤波器组、傅里叶变换等方法来获得特征；还有一些研究工作中提出的倒谱信号分析，是对频谱数据取对数再进行反傅里叶变换获取特征。

除了基本的音频特征分析方法之外，针对音频特征提取方法的研究工作层出不穷。例如，基于时域、频域和倒谱的组合特征；基于能量、过零率、基频和谱峰轨迹的组合特征；基于稀疏表示的系数向量特征；基于深度卷积网络来音频特征表示学习等。

3）图像数据分析中的特征提取方法

图像数据分析在大数据、人工智能、机器视觉等领域一直属于被关注的焦点。图像识别、图像分类、图像检索等技术也被广泛应用到安防、教育、医疗、金融等各行各业，以及人们的日常生活中。图像特征提取是这些技术及应用所面临的首要问题，也被视为图像数据分析的首要步骤。图像特征往往是从视觉角度出发对图像内容进行描述与刻画，一般也称为视觉特征。常用的图像特征主要有颜色特征、纹理特征、形状特征、角点特征等。下面将对各种常用特征的现有研究工作进行简单的概述。

(1) 颜色特征一般是通过对图像像素点的颜色值进行统计来计算的，如早期最为常用的颜色直方图就是刻画了像素点颜色值的分布特征。简单来说，该特征提取方法就是将像素点颜色值的取值空间进行等分，统计每个颜色值区间的像素点个数，从而形成直方图并得到相应的特征向量。为了避免像素点数量对图像特征的影响，可以对特征向量值进行归一化处理。除了经典的颜色直方图特征之外，还有众多其他颜色特征提取方法的研究工作，例如，对像素点颜色值进行层次聚类，在此基础上利用平均色值及主色值来作为图像特征。此外，为了进一步将颜色值统计信息与图像中的颜色空间分布信息进行有效结合，基于模糊区域的分块颜色矩特征、颜色关联图特征、分块颜色直方图特征等方法也被陆续提出。

(2) 纹理特征一般是指图像中同质现象的视觉特征，通常不以像素点为计算单元，而是对图像区域信息进行统计。纹理特征也可被视为是刻画像素邻域灰度空间的分布。一般常用的纹理特征提取方法包括基于统计的方法、基于频谱的方法、基于结构的方法和基于模型的方法等。灰度共生矩阵纹理特征描述和自相关函数纹理特征描述是典型的基于统计的纹理特征提取方法。灰度共生矩阵一般是通过统计图像上保持某个固定距离的像素点的灰度信息来得到的，可以用来表示能量、惯量、熵、相关性等关键特征。基于频谱的纹理特征提取方法通常是在频域上来分析图像的频谱特征从而实现纹理分析。例如，基于 Fourier 变换的纹理分析，基于 Gabor 滤波的纹理分析，基于塔式小波分解的纹理分析，基于小波分解与共生矩阵相结合的纹理分析等。基于结构的纹理特征提取方法是将复杂的纹理看成是纹理单元的排列组合，利用纹理单元的性质及单元间的空间关系来表示纹理特征。基于模型的纹理特征提取方法是假设纹理按某种统计模型分布，从而可以将模型中的参数作为纹理特征。

(3) 形状特征也是一种描述图像内容的基本视觉特征,更多用于描述图像内关键物体的特征,可用于物体识别、物体分类等应用。形状特征一般可分为基于轮廓的特征和基于区域的特征,前者是指从形状边界点提取的特征,后者是从形状区域内部提取的特征。早期使用的轮廓特征一般是对边界点的特征进行简单统计量化,如边界方向直方图、边界矩、内角特征等。后期所使用的轮廓特征更多是将一些简单轮廓特征进行组合来更为精确地描述图像。例如,基于外接圆采样的轮廓特征,该特征是利用质心距离直方图与外接圆半径直方图一起来描述形状的轮廓。质心距离直方图是通过计算采样边界点到质心的距离,并对距离值进行归一化而得到的,以此可以量化边界点与质心间的关系;外接圆半径直方图是计算两个相邻的边界采样点和质心,3 点决定外接圆的半径,通过对半径值进行统计和归一化而得到的,以此量化相邻边界点之间的关系。两个直方图组合起来可对轮廓进行更准确的描述。区域特征一般是采用基于矩的提取方法,如几何不变矩特征、具有正交性的 Zernike 矩特征等。但是矩特征的计算复杂度较高,为降低其计算复杂度。一些高效的矩特征提取方法往往被使用,例如,基于补偿算法的快速计算方法,面向 Zernike 矩近似误差最小化的快速计算方法等。

(4) 角点特征一般是用于描述图像的局部特征。由于局部特征往往具有较好的鲁棒性,对图像旋转、平移、缩放等变化能保持不变性,因此常被用于图像匹配等应用中。角点特征的提取一般可划分为两个步骤,第一步是提取角点或角点所在局部区域,第二步是对角点或局部区域进行特征描述。代表性方法:①Harris 角点检测,该方法基本做法是通过滑动小窗口来观察图像灰度的变化,从而检测出角点。因为对于角点而言,窗口的移动会导致灰度值明显变化。②基于边缘曲率的角点检测,该方法是通过计算边界点曲率的局部极值点,再根据事先给出的阈值来判断角点。③SIFT 角点检测,通过该方法可以获得 SIFT 特征或称为 SIFT 描述算子,该特征是基于尺度空间的,对图像缩放、旋转等变化具有不变性,同时对视角变化、仿射变换和噪声等影响也具有稳定性,因此该特征是一种最为常用的局部特征。

以上颜色、纹理、形状、角点这几种特征均可以看成是通过人为设计量化方法而获得的特征。近年来图像特征的提取更偏重于通过特征学习,由算法来生成更好的特征。这样可以针对具体应用需求,利用大规模数据来训练出更适合的特征。与人为提取的特征相比,学习训练出的特征能进一步提升应用的性能。因此基于学习的图像特征提取方法已成为近年的热门研究领域。图像特征的学习方法一般被分为单层特征学习方法和多层特征学习方法。单层特征学习方法也可看作是特征编码,如基于矢量(向量)量化的方法、基于稀疏编码的方法、基于局部坐标编码的方法等。多层特征学习方法可以简单地看成是用多个层次的深度网络来加强特征学习能力,从而得到更能表现数据本质的特征。近年来,深度学习在图像识别中的广泛应用推动了多层特征学习方法的发展。代表性工作包括 Hinton 教授等人提出的基于深度置信网的特征学习,Bengio 教授等人提出的基于层叠自动编码机的特征学习,以及在 ImageNet 图像分类比赛中大放异彩的基于深度卷积网络的特征学习等。

5.4.3 特征预处理

1. 特征预处理概述

现实世界中的数据一般都存在不完整性、不一致性等缺陷，业界将其称为脏数据。脏数据是无法直接作为数据挖掘或机器学习模型的输入。特征预处理技术一般是为了提高输入特征数据的质量。

从统计学角度来看，特征预处理是指在对特征数据进行统计分析之前所做的审核、筛选、排序等必要处理。特征预处理也常被视为数据挖掘的重要环节，在数据挖掘之前使用，从而提高数据挖掘模式的质量，降低数据挖掘所耗费的时间。

当前特征预处理常见方法包括特征数据清理、特征数据集成、特征数据变换等。特征数据清理往往是通过缺失值处理、噪声数据处理等手段来解决特征数据的不一致性问题；特征数据集成往往是将多个特征数据源中的数据进行统一化处理并进行结合；特征数据变换一般是通过数据平滑、数据规范化等手段将特征数据转换为机器学习或数据挖掘算法的输入。

2. 特征缺失值处理

特征值缺失一般是指样本集合中，某个样本的一个或多个特征属性值是不完全的。产生这种情形的原因较多，如数据存储失败、存储器故障或其他硬件故障等导致数据未能完全收集从而造成数据缺失。再例如，统计数据负责人的失误，漏录数据；历史数据本身已丢失，较难找回；出于隐私或安全性考虑，故意隐瞒数据等。

当所需要处理的数据中存在特征值缺失，需要对其进行一定处理。大部分数据挖掘及机器学习算法并不能很好地处理特征值缺失数据，因此为了不影响数据挖掘及机器学习的性能，特征缺失值处理往往被视为数据预处理阶段中的一个重要环节，采用一些缺失值处理方法来应对这一问题。

特征缺失值处理方法一般可分为两大类别：一类是删除处理，另一类是填补处理。删除处理又可以分为两种情形，一种是直接删除具有特征缺失的样本；另一种是，若某一个属性特征中的缺失值较多，直接删除该属性。填补处理是指采用某种方法将缺失值进行修复，给出一个新值填补空缺。这两类方法各有利弊，删除处理较为简单，不会加入噪声，但往往会带来信息丢失。填补处理虽然不会造成信息丢失，但往往会因为所填补的数据不准确而成为噪声数据，影响后续处理。因此，在对特征缺失值进行处理时，需要针对具体应用情况来进行选择。由于删除处理较为简单，本书将不进行过多介绍。下面将具体介绍一些填补处理的做法。

特征缺失值的填补处理一般可基于统计学原理，根据样本集合中其余样本对象相应特征的取值分布情况来预估出一个新值对缺失位进行填充。一般可以采用两种方式进行预估：①利用平均数、中位数、众数、最大值、最小值、固定值、插值等作为预估值。②建立相应模型来预估特征缺失值。下面将介绍几种具体的特征缺失值处理方法。

1）均值或众数填充

首先将样本的属性特征分为数值型特征和非数值型特征，两种类型特征将分别对应均值填充和众数填充。如果缺失属性值是数值型的，直接根据其他样本在该属性上的取值来计算平均值，用该平均值来填充所缺失的特征值。如果缺失属性值是非数值型的，需要根据众数原理，统计其他样本在该属性上的取值，找出出现次数最多的那个取值，也就是出现频率最高的取值，用该值来填充所缺失的特征值。这些做法都希望以最大概率可能的取值来填充缺失特征值。

2）回归法填充

回归法填充是将缺失属性值看作因变量，而其他属性值都作为自变量，通过建立回归模型来预测缺失属性值。假设属性 $\boldsymbol{A}$ 中有缺失值，用 $\boldsymbol{A}^+$ 表示该属性中未缺失的值所构成的向量，$\boldsymbol{W}^+$ 表示由相对应的其他属性值所构成的自变量；$\boldsymbol{A}^-$ 表示缺失值向量，$\boldsymbol{W}^-$ 表示缺失值所对应的自变量。假设 β 表示估计参数，δ^+ 和 δ^- 表示误差项，为此可建立模型：$\boldsymbol{A}^+ = \boldsymbol{W}^+\beta + \delta^+$。通过最小二乘法即可估计出 β 取值。再通过计算：$\boldsymbol{A}^- = \boldsymbol{W}^-\beta + \delta^-$ 来得到缺失值，其中 δ^- 可以随机赋值，来表示随机误差。回归法填充就是利用属性之间的关系来推出缺失属性值。

3）聚类法填充

聚类法填充的基本思想是通过聚类分析对已有样本数据进行划分，之后计算特征缺失样本所属类别，用类别中其他样本的值对缺失值进行估计。这里常使用 k-means 等聚类算法来处理缺失值。基本过程分为 3 个步骤：首先，对完整样本数据进行聚类分析。其次，计算具有特征缺失的样本与各类别的隶属关系，找到隶属度最大的那个类别。最后，通过该类别中其他样本值的加权平均来估计缺失特征值。

4）特征离散化

由于现实世界中许多属性特征数据属于连续值，如人的身高属性、体重属性等。然而，很多数据挖掘及机器学习算法并不适用于连续属性值，如贝叶斯分类器、决策树算法等只能对离散属性值进行有效处理。为此需要预先对连续的属性特征值进行离散化处理。这个过程称为特征离散化。

特征离散化基本想法是要在最小化信息丢失的情况下，将连续特征值转换成有限个区间，每个区间对应一个离散值，最终可以提高数据挖掘及机器学习算法的精度。特征离散化结果的好坏将直接影响后续数据挖掘及机器学习算法的效率及准确性。

典型特征离散化方法的基本流程可以分为 4 个步骤：①对所要进行离散化的连续特征属性值进行排序。②设立初始断点划分区间。一般将排序后相邻的两个属性值的均值作为一个断点，两个断点之间为一个区间。③根据给定的离散化评价标准对断点和区间进行评价。再根据评价结果，将相邻区间进行分割或合并。④判断是否满足算法的停止规则，若不满足返回③执行；若满足则算法结束，输出离散化结果。由此可见，特征离散化过程是一个反复递归迭代的过程。

经典特征离散化方法一般可分为自底向上式和自顶向下式。自底向上式的特征离散化方法属于迭代合并的方法。首先，在初始化阶段，将每一个特征属性值作为一个独立区间。其次，迭代合并相邻区间，直至最终满足算法停止条件。自顶向下式的特征离散化方法属于迭代分割式。首先,在初始化阶段,将整个特征属性值取值空间作为一个区间。然后递归式地加入断点,对区间进行分割,直至满足算法停止条件。下面将具体介绍几种常用的特征离散化方法。

(1) ChiMerge 和 Chi2 离散化方法。

这两种离散化方法属于自底向上式的方法,核心思想均是基于统计独立性来实现特征的离散化,二者可以看成一个系列,其中 ChiMerge 方法是 1992 年提出的,Chi2 方法是它的一个改进,于 1997 年提出。

在 ChiMerge 方法中,首先,将需要离散化的连续特征属性值进行升序排序,然后将每一个值对应的集合作为一个区间。其次,计算所有相邻区间对的卡方统计值χ^2,将具有最小卡方统计值的相邻区间进行合并。然后,判断所有相邻区间对的χ^2值是否大于给定的阈值 α,若所有χ^2值都大于 α,则停止离散化,否则重复迭代合并的过程。

Chi2 方法的提出是为了解决 ChiMerge 方法认为给定阈值 α 的不足。提出一个面向数据不一致率判断的标准。方法中迭代合并相邻区间,直至数据中出现不一致率停止。后续还有改进的 Chi2 方法提出,引入粗糙集理论中的一致性水平来取代不一致率。

(2) 基于信息熵的离散化方法。

基于信息熵的离散化方法属于自顶向下式的方法,其核心思想是从信息熵角度出发寻找断点。在这类方法中,基于熵和最小描述长度理论(Minimum Description Length Principle,MDLP)的离散化方法属于早期经典方法。该方法通过最小化模型的信息量来递归地选择断点,希望选择那些能够使得类之间形成边界的断点。同时进一步利用 MDLP 理论来决定合适的离散区间数。此外,D2 方法也属于该类别的代表性方法。该方法是利用信息熵衡量标准来选择断点对整个连续空间区域进行分割。之后,再递归地选择潜在断点对区域进行不断分割,直至满足终止标准为止。

5.4.4 特征选择

1. 特征选择概述

特征选择是特征工程的重要组成部分,也是模型建立之前至关重要的一步。特征选择是指在现有特征中选择比较好的特征用于后续的建模或再次处理,在业界有这样一个说法,特征工程相当于确定最优值的范围,而特征选择是通过算法进行最优值的寻找,可以看出特征选择是特征工程的重要的一步。这里需要强调的是,特征选择与特征提取是完全不同的两件事情。特征选择可以看作是在一个大的特征集合中选择子集,这个子集是现有存在的。而特征提取是指产生新的特征,是当前没有的特征。特征选择的主要作用体现在以下 4 方面:缩短训练时间,避免过于稀疏的矩阵出现,在某种程度上减少过拟合现象的出现,有效提高重要特征的权重。

2. 特征选择方法

以下将对当前最为常用的三大类特征选择方法进行简要描述。

1) Filter 式方法

这种方法主要思想是对每一个特征给定一个评测分数(score),这个分数对应着特征的重要性或是不重要性。主要特征测评方法如下。

(1) 卡方检验(chi-square test):该方法使用的是统计学的假设检验。首先给出 H0,皮尔森的假设一般是离散型的变量对要检验的离散型变量无关系,也就是没有影响。然后再去证明 H0 是否正确,如果正确则两个特征不相关,如果错误则说明连个特征是相关的。卡方检验引进了检验统计量卡方分布。

(2) 信息增益法(information gain):想要了解信息增益,首先说明信息熵。熵是衡量一个事物的混乱程度,是物理热力学的概念。1948 年,香农把这个概念引入信息工程,提出了信息熵。信息熵可以描述当前系统的不确定性。而信息增益是指当引入一个特征时,可以衡量这个特征能给当前状态带来多少信息,当带来的信息多时,当前状态就会更明确(信息熵越小),所以就会得到研究对象的分类程度更好。

(3) 相关系数(correlation coefficient):相关系数是统计学家卡尔·皮尔逊(Karl Pearson)教授设计的一项统计指标。该指标标定两个研究的变量(特征)之间的先行关联性,较为常用的是 Pearson 和 Spearman 指标。在应用中需要求出各个特征和所要研究的标签的先行关系,相关系数高的特征会选定为选定特征。

2) Wrapper 式方法

Wrapper 式方法的主要思想是使用一个寻优的方法来对最优的特征子集进行查找。当前许多相关工作均涉及使用运筹学的优化算法,如退火算法、基因算法、贪婪算法等。在众多 Wrapper 式方法中一项具有代表性的工作是基于交叉认证的递归特征消除方法。交叉认证是使用一部分数据构建模型或运行算法,使用另一部分数据进行算法验证,从而选出最好的组合方式。为了实现特征选择,在交叉认证中可以直接对特征数据进行分割,也就是使用各种特征组合进行训练并且用相应的方法进行验证,从而选出最好的特征组合。可以看出这种方法属于暴力破解,所以为了提高效率可以引进运筹学的方法进行优化。运筹学中的相关理论及优化算法的介绍并不在本书范围之内,请感兴趣的读者自行查阅相关书籍进行学习与理解。

3) Embedded 式方法

Embedded 式方法的主要思想是使用既定模型进行特征选择,将特征选择作为模型的一部分。比较常用的方法有正则化,例如,利用 Lasso 回归,得到相应回归系数,回归系数大的特征就保留。Lasso 回归就是在线性回归中加入惩罚项,Lasso 为 L1 惩罚,由于其在线性上的规律如图 5.24 所示,图 5.24 中为二维的示意图。可以看出先行方程的在 Lasso 下是倾向于使某个特征的权重为 0,如图 5.24 中交点所示,那么对于权重为 0 或是极小的特征可以删掉,这样就能达到特征选择的目的。

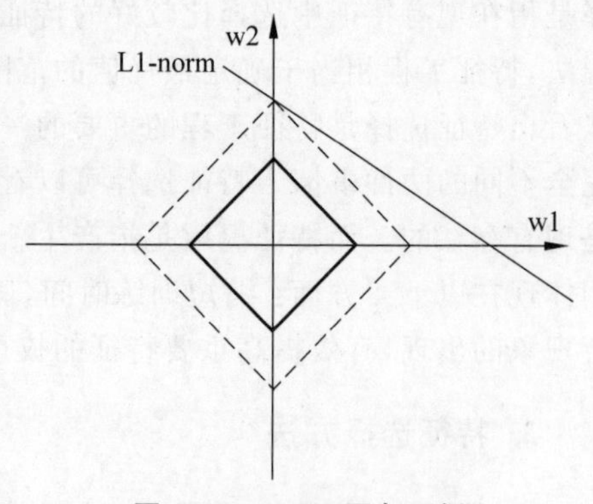

图 5.24 Lasso 回归示例

5.4.5 特征降维

1. 特征降维概述

在大数据分析与处理中,特征数据的维度对数据挖掘及机器学习算法有着直接的影响。当维度过高时,会产生维度灾难问题。文章 *The Curse of Dimensionality in Classification* 中指出,在构建分类器时,特征数据的维度越高,将会产生过拟合的现象。也就是说所构建的分类器对于训练样本而言分类精度很好,但对于新数据的分类表现并不好,缺乏了泛化性。究其原因,可以发现当特征数据维度越高时,训练样本在特征空间中的分布就会越稀疏,从而可以得到能把训练样本精确划分的分类器,但这样的分类器就融入了太多来自训练样本的个性特征,或者说受一些异常点的影响较大,对于训练集之外的新样本将很难进行区分。此外,对于高维度的特征数据而言,算法的计算量也会有所提升,这会大大降低算法的时间效率。

在对高维度特征数据进行数据挖掘或机器学习时,特征降维往往被视为特征工程中的一个重要手段或技巧。简单来说,特征降维就是将原始的 N 维特征空间映射到一个新的 M 维特征空间($M<<N$),一个 N 维特征数据点就对应一个 M 维特征数据点。特征降维的本质也可以理解为学习一个映射函数 $\boldsymbol{y}=f(\boldsymbol{x})$,其中 $\boldsymbol{x}$ 是原始高维特征空间中的向量,$\boldsymbol{y}$ 是新的低维特征空间中的向量。

由于特征选择是在原始特征空间中找出更为有效的特征子空间,因此也会被视为特征降维的一种。但特征选择与特征降维是并列的两个分支,虽然特征空间的维度都从高变低,但前者只是选择一个子空间,特征值并未发生变化;而后者是通过映射得到一个新的低维空间,特征值完全发生变化。因此,本书中提到的特征降维是指高维至低维的映射,并不包括特征选择在内。

当前特征降维算法可以分为线性映射和非线性映射两类。其中线性映射的代表算法有主成分分析(Principal Component Analysis,PCA)、线性判别分析(Linear Discriminant Analysis,LDA)。非线性映射算法包括了基于核的非线性降维,如KPCA(Kernel PCA),以及流形学习算法,如等距映射(ISOMAP)、局部线性嵌入(LLE)。

2. 常用特征降维方法

1) PCA

PCA降维算法的基本思想:把原先的 N 维特征用新的 M 维特征取代,新特征一般是原先特征的线性组合,这些线性组合能保证样本方差的最大化,并且尽量使新的 M 维特征各维度间互不相关。

假设在原始的 N 维特征空间中有 K 个样本,若使用PCA算法进行降维处理,其基本流程一般被分为4个步骤:①构建一个 $K\times N$ 的矩阵 $\boldsymbol{A}$,矩阵中的每一行对应一个样本。对该矩阵进行零均值化,即将 $\boldsymbol{A}$ 的每一列上各个元素减去该列所有元素的均值,得到矩阵 $\boldsymbol{A}^*$。②求协方差矩阵:$\boldsymbol{C}=\frac{1}{K}\boldsymbol{A}^{*\mathrm{T}}\boldsymbol{A}^*$,$\boldsymbol{C}$ 为 $N\times N$ 的协方差矩阵。③求协方差矩

阵 $\boldsymbol{C}$ 的特征值与特征向量，得到 $\boldsymbol{C}=\boldsymbol{V}\boldsymbol{\lambda}\boldsymbol{V}^{-1}$，其中 $\boldsymbol{\lambda}$ 为特征值落在主对角线上的对角矩阵，$\boldsymbol{V}$ 为 N 个特征向量构成的矩阵。④选取最大的 M 个特征值，这些特征值对应的特征向量构成一个 $N\times M$ 的矩阵 $\boldsymbol{P}$，用矩阵 $\boldsymbol{A}$ 乘以矩阵 $\boldsymbol{P}$，便得到降维后的样本矩阵 $\boldsymbol{B}=\boldsymbol{AP}$，即 $\boldsymbol{B}$ 由 K 个 M 维样本构成。

2）LDA

LDA 有时也被称为 Fisher 线性判别(Fisher Linear Discriminant，FLD)。其基本思想是将高维的样本投影到最佳判别的空间，从而使得提取分类信息和压缩特征空间维数的效果更好。投影后保证样本在新的子空间有最大的类间距离和最小的类内距离，即样本在新空间中有最佳的可分离性。LDA 与 PCA 区别：PCA 是从特征的协方差角度出发，寻找好的投影方式；LDA 则需要考虑标注，希望投影后不同类别之间样本点的距离能更大，同一类别的样本点更为紧凑。

3）流形学习

流形并不被看作一个形状，而是一个维度空间。例如，直线或者曲线对应一维流形，平面或者曲面对应二维流形等。最具代表性的流形学习算法主要有 ISOMAP 和 LLE。

ISOMAP 的核心是构造点之间的距离，其基本流程分为 3 个步骤：①通过 kNN(k-Nearest Neighbor)算法找到给定点的 k 个最近邻点，通过连接近邻点可以构造一张图。②计算图中各点之间的最短路径，得到距离矩阵 $\boldsymbol{D}$。③将 $\boldsymbol{D}$ 传给经典的 MDS 算法，最终获得降维的结果。

LLE 算法是用局部的线性来反映全局的非线性，并能够使降维的数据保持原有数据的拓扑结构。LLE 算法认为每一个样本点都可以由其近邻点的线性加权组合进行构造而得。整个算法的主要步骤分为三步：①寻找每个样本点的 k 个近邻点；②由每个样本点的近邻点计算出该样本点的局部重建权值矩阵；③由该样本点的局部重建权值矩阵和其近邻点计算出该样本点的输出值。

习 题 5

1. 在 MapReduce 中，Map 和 Reduce 的过程分别是什么？
2. 简述 Hadoop Shuffle 的过程。
3. Hive 的外部表是什么？分区和桶的区别是什么？
4. Tez 相比 MapReduce 做了哪些优化？
5. 特征提取的方法有哪些？

第6章 Spark和机器学习

6.1 Spark

2009年,Apache Spark诞生于加州大学伯克利分校AMPLab的集群计算平台,之后在2014年成为Apache顶级项目。从此Spark进入一个高速发展期,短短几年时间已经成为大数据分析的主流技术框架,支持多种广泛使用的编程语言(Python、Java、Scala和R),以及用于各种计算任务的库(SQL、流计算、机器学习)。

6.1.1 Spark设计理念

1. Spark是统一的平台

一般的,一个真实世界的大数据分析任务包括数据的预处理、结构化查询和建模分析。在Spark出现之前,这些任务往往由多个大数据组件合作完成,例如,使用Hadoop进行数据的批量预处理,接着可以导入Hive使用SQL进行结构化数据的查询和计算,或者下载到本地目录构建机器学习模型。Spark的出现使这些任务的实现更加简单和高效。

Spark提供了统一的API,用户可以根据不同业务需求使用不同API构建应用程序。例如,使用Spark Streaming搭建流式数据处理引擎,使用Spark MLlib构建机器学习模型,使用Spark GraphX进行图计算,以及使用Spark SQL进行结构化数据查询和分析。Spark计算引擎可以把这些不同应用合并到一系列任务当中,并通过引擎的优化高效地执行这些任务。

2. Spark专注于计算

Spark支持从不同数据存储系统中读取数据进行计算,但Spark并没有设计自己的存储系统,而是使自己兼容HDFS、Hive、HBase、Kafka等其他大数据组件。这样用户在使用Spark的时候并不需要把数据进行移动。同时,Spark友好的API接口使这些存储系统看起来几乎一致,用户在编写程序的时候不必担心数据来自的位置。

3. Spark 提供了丰富的函数库

Spark 以统一的计算引擎为基础，为结构化查询、机器学习、图分析等数据分析任务提供了一致的 API。用户可以方便地使用 Spark 提供的内置标准库，也可以在开源社区发布的第三方函数库中找到适合自己任务的函数。

6.1.2 Spark RDD

Spark 在设计之初就解决了 MapReduce 最大的 I/O 瓶颈问题。具体来说，多轮 MapReduce 执行时的 I/O 瓶颈如图 6.1 所示。

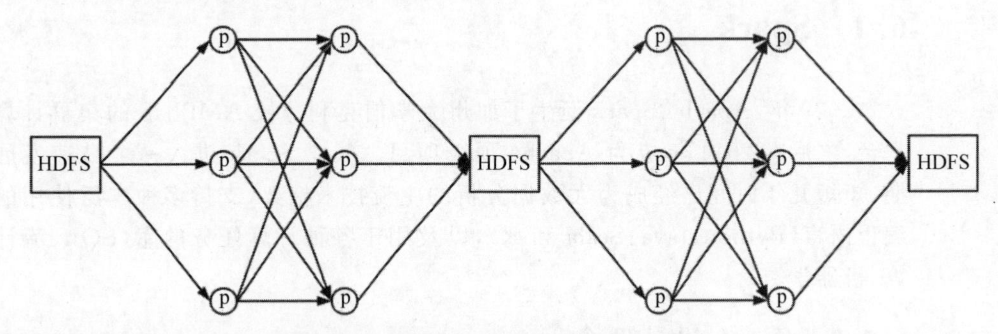

图 6.1 多轮 MapReduce 执行的 I/O 瓶颈

这种方式下，每轮 MapReduce 都要进行数据的读取、Map 结果的保存、数据 Shuffle 和排序以及 Reduce 结果的保存。以上每一个子步骤都需要消耗磁盘 I/O 和网络 I/O，因此性能开销很大，进行迭代计算时速度极慢。

针对 MapReduce 频繁消耗磁盘 I/O 和网络 I/O 的问题，Spark 提出了弹性分布式数据集(Resilient Distributed Dataset，RDD)模型。具体来说，RDD 在逻辑上可以看作是一个不可变的分布式集合，集合中的每个元素是用户定义的数据结构。物理上，RDD 的数据也是由多个分布在不同机器上的分区构成的，但 RDD 还包含每个分区的依赖分区，以及一个函数(算子)指出如何计算出该分区。这种 RDD 间的依赖关系帮助 Spark 把任务切分成不同的阶段，按照有向无环图形式的工作流进行调度。

有向无环图的调度方式使 Spark 的分布式计算框架只有在需要 Shuffle 的时候 Spark 才把数据写到磁盘，从而利用本地缓存大大提高了计算效率。而决定是否 Shuffle 的过程由 Spark 算子是宽依赖关系还是窄依赖关系决定。窄依赖为每个分区只依赖父 RDD 中的一个分区。宽依赖为每个分区依赖父 RDD 中的多个分区。宽依赖和窄依赖 RDD 生成方式如图 6.2 所示。

图 6.2 中每个节点代表一个 RDD 逻辑单元；右图中白色节点表示生成 RDD 逻辑单元时没有进行 Shuffle 操作，黑色节点表示生成 RDD 逻辑单元时进行 Shuffle 操作。可以看到，Spark 通过对依赖关系的分析优化了整个数据处理的流程。

6.1.3 Spark 应用架构

一个 Spark 应用由一个 Driver 进程和多个 Executor 进程组成。driver 进程位于集

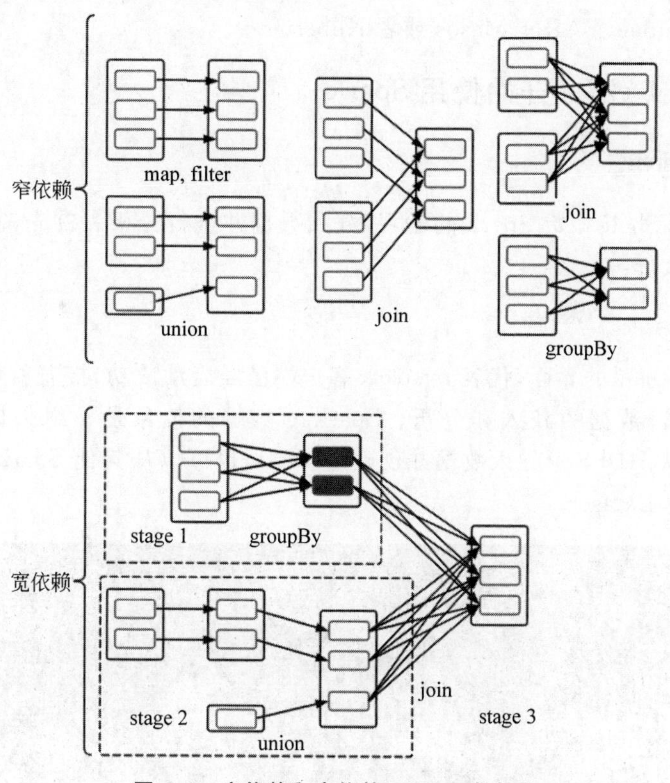

图 6.2 宽依赖和窄依赖 RDD 生成方式

群中某一个节点之上,主要负责运行用户的 main()函数,包括维护 Spark 应用程序的参数和其他信息,响应用户提交的程序或输入的信息,调度 Executor 的工作。Driver 进程是 Spark 应用程序的核心,在应用程序的生命周期内维护所有相关信息。

Executors 进程实际执行 Driver 分配给它们的工作。这意味着每个 Executor 主要负责两件事情:一是把 Driver 进程分配给它的代码进行执行;二是把执行的计算状态报告给 Driver 进行。图 6.3 展示了 Spark 应用的架构。位于架构图底部的集群管理器可以

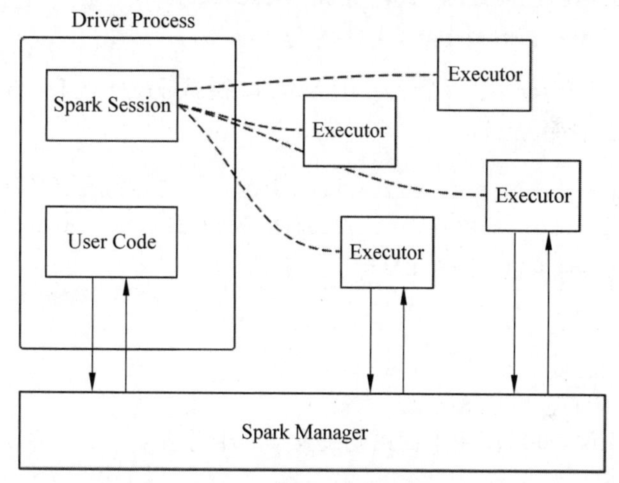

图 6.3 Spark 应用的架构

是 Spark Standalone、YARN、Mesos 或者 Kubernetes。

6.1.4 项目实践 9：开始使用 Spark

1. Spark Shell

先从 Spark Shell 开始 Spark 的学习，载入数据并进行分析。首先，需要进入 Spark 的 Home 目录执行：

```
./bin/pyspark
```

看到图 6.4 所示的界面，代表 pyspark 客户端已经启动成功，接着就可以使用 Spark 提供的 API 进行数据的载入和分析。Spark 对数据的抽象是一组数据集合，被称为 Dataset。可以从 HDFS 上导入数据并创建 Dataset，也可以从其他 Spark 支持的数据来源读取数据创建 Dataset。

图 6.4 欢迎界面

```
1. textFile=spark.read.text("README.md")
```

接着，可以使用 Spark 的一些内置 API 进行数据的统计和查询：

```
1. textFile.count()  #Number of rows in this DataFrame
2. #126
3. textFile.first()  #First row in this DataFrame
4. #Row(value=u'#Apache Spark')
```

最后，可以使用 filter 把一个 DataFrame 转换成另一个 DataFrame，并在新的 DataFrame 上进行统计分析。

```
1. linesWithSpark=textFile.filter(textFile.value.contains("Spark"))
2. textFile.filter(textFile.value.contains("Spark")).count()
   #How many lines contain "Spark"?
3. #15
```

2. 提交 Spark 任务

对于 Python 来说，可以使用下面语句提交 Spark 作业：

```
./bin/spark-submit examples/src/main/python/wordcount.py
```

3. 关键代码解析

```
1.  from __future__ import print_function
2.
3.  import sys
4.  from operator import add
5.
6.  from pyspark.sql import SparkSession
7.
8.
9.  if __name__=="__main__":
10.     if len(sys.argv) !=2:
11.         print("Usage: wordcount <file>", file=sys.stderr)
12.         exit(-1)
13.
14.     spark=SparkSession\
15.         .builder\
16.         .appName("PythonWordCount")\
17.         .getOrCreate()
18.
19.     lines=spark.read.text(sys.argv[1]).rdd.map(lambda r: r[0])
20.     counts=lines.flatMap(lambda x: x.split(' ')) \
21.                 .map(lambda x: (x, 1)) \
22.                 .reduceByKey(add)
23.     output=counts.collect()
24.     for (word, count) in output:
25.         print("%s: %i" % (word, count))
26.
27.     spark.stop()
```

1）SparkSession

如果熟悉 Spark Shell 会发现程序在第 14 行创建了一个 SparkSession 对象，而不是 SparkContext 对象。SparkSession 是 Spark 2.0 引入的新概念，目的是为用户提供统一的切入点，这符合 Spark 哲学中的统一。

从图 6.5 可以看到 SparkContext 起到的是一个环境中介的作用，通过它来使用 Spark 其他的功能。每一个 JVM 都有一个对应的 SparkContext，Driver Program 通过 SparkContext 连接到集群管理器来实现对集群中任务的控制。Spark 配置参数的设置以及对 SQLContext、HiveContext 和 StreamingContext 的控制也要通过 SparkContext 进行。

不过在 Spark 2.0 中上述的一切功能都是通过 SparkSession 来完成的，同时 SparkSession 也简化了 DataFrame/Dataset API 的使用和对数据的操作。

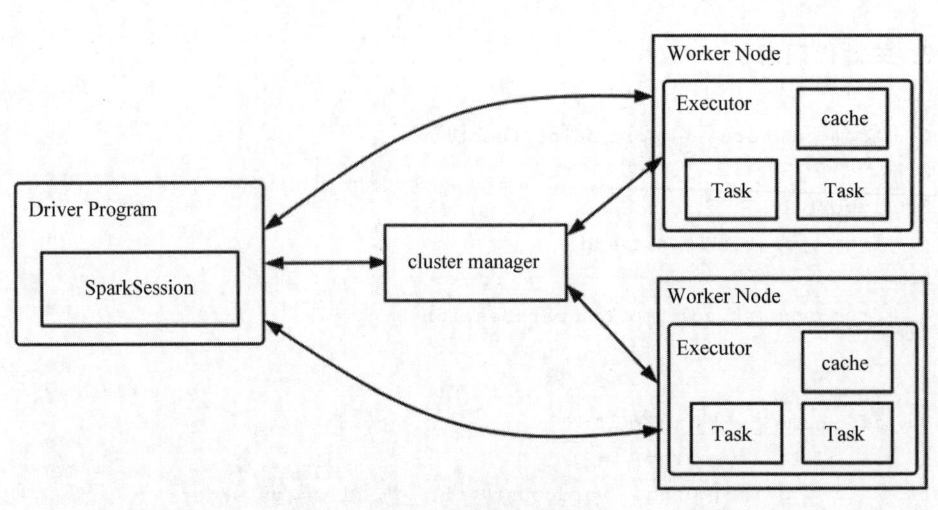

图 6.5 SparkContext

2）Map 和 FlatMap

Spark 官方对 Map 和 FlatMap 的定义分别如下。

map(func)：将原数据的每个元素传给函数 func 进行格式化，返回一个新的分布式数据集。

flatMap(func)：与 map(func)类似，但是每个输入项和成为 0 个或多个输出项(所以 func 函数应该返回的是一个序列化的数据而不是单个数据项)。

这个定义可能比较晦涩，具体如图 6.6 所示。

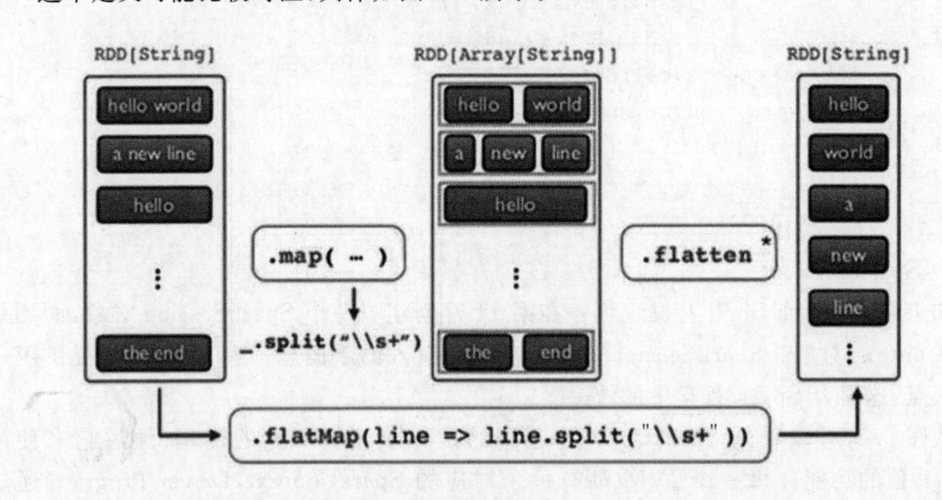

图 6.6 Map 和 FlatMap 函数区别

map(func)函数会对每一条输入进行指定的 func 操作，然后为每一条输入返回一个对象；而 flatMap(func)也会对每一条输入进行执行的 func 操作，然后每一条输入返回一个相对的，但最后会将所有的对象再合成为一个对象；从返回结果的数量上来讲，map 返回的数据对象的个数和原来的输入数据是相同的，而 flatMap 返回的个数则是不同的。flatMap 其实比 map 多的就是 flatten 操作。

4. 使用 DataFrame 进行 WordCount

在最新的 Spark 设计理念中，逐步会使用结构化的 API 代替 RDD 操作完成数据计算和分析的过程。如果使用 DataFrame API，那么 WordCount 的任务就可以转换成如下代码：

```
1.  from pyspark.sql import SparkSession
2.  from pyspark.sql.functions import split, explode, col
3.
4.  spark=SparkSession.builder.appName("wordcount").getOrCreate()
5.  lines=spark.read.text("README.md")
6.
7.  words=lines.select(explode(split(lines.value, ",")).alias("words"))
8.
9.  words.withColumn('word', explode(split(col('words'), ' ')))\
10.     .groupBy('word')\
11.     .count()\
12.     .sort('count', ascending=False)\
13.     .show()
```

上面代码中，已经看不到显示的 Map 和 Reduce 调用，而变成 groupBy 和 count 这样的 API 调用。

6.1.5　DataFrame、Dataset、Schema

Spark DataFrame 是一个列数据组成的分布式数据集合。与 RDD 不同，Spark DataFrame 参考了 R 和 Python 中的 DataFrame 概念，把数据按照列的名字进行了组织，并提供了丰富的 API 进行操作。不要小看 DataFrame 和 RDD 的这点区别，当 Spark 被广泛应用在数据分析领域之后，DataFrame 不但提供了更好的数据抽象，同时丰富的 API 帮助开发人员省去了编写统计分析的函数，如数据过滤、拼接、按照 key 进行聚合等。同时，Spark 的开发者通过 Spark SQL Catalyst 优化器提供最先进的优化和代码生成，提升了 DataFrame 进行统计分析的效率。就像数据库表由每一行（row）组成一样，DataFrames 和 Dataset 也由一些行组成而且每一行包含若干列（column），列名和类型由 Schema 进行定义。用户可以手动定义 Schema，或者从数据源中自行推测 Schema（schema-on-read）。

需要注意的是，schema-on-read 虽然节省了手动定义 Schema 的过程，但是有可能会导致精度问题，如 Long 类型会被错误的设置成 Integer 类型。而且 schema-on-read 通常会比手动设置 Schema 在数据读取时慢一些。

6.1.6　项目实践 10：使用 Spark DataFrame 了解数据

程序代码如下：

```
1. from pyspark.sql import SparkSession
2. from pyspark.sql.functions import split, explode, col
3.
4. spark=SparkSession.builder.appName("wordcount").getOrCreate()
5. datas=spark.read.csv("/home/shizifan/sample", inferSchema=True, header
   =True)
6. datas.show()
7.
8. datas.printSchema()
9.
10. datas.columns
11. datas.count()
12.
13. datas.describe('C1').show()
14.
15. datas.select('site_domain', 'site_id').distinct().show()
16.
17. datas.filter(datas.click==1).show()
18. datas.filter(datas.click==1).count()
19.
20. datas.orderBy('site_domain')
```

6.1.7 Spark SQL

在介绍 Hive 的时候讲到，Hive 的诞生是为了帮助不了解编程语言的分析师进行大数据统计分析使用，但是 Hive 本身依赖 MapReduce 的计算框架制约了其进行复杂查询的能力。Spark 在解决了 MapReduce 本身 I/O 问题的同时，也考虑到 SQL 的易用性而推出了 Shark。但是 Shark 底层依赖了 Hive 的语法解析器、查询优化器等组件，而这些组件当初并不是为 Spark 的计算框架设计的，因此对性能的进一步提升造成了制约。之后，Spark 开发团队决定放弃 Shark，推出全新的 Spark SQL 并在性能上做了很多的优化工作。

Spark SQL 是用于结构化数据处理的 Spark 模块。与基本的 Spark RDD API 不同，Spark SQL 接口为 Spark 提供了有关数据结构和正在执行任务的更多信息。Spark SQL 使用此额外信息来执行额外的优化。有几种与 Spark SQL 交互的方法，包括 SQL 和 Dataset API。在计算结果时，使用相同的执行引擎，与用于表达计算的 API/语言无关。这种统一意味着开发人员可以轻松地在不同的 API 之间来回切换，从而提供表达给定转换最自然的方式。

1. Spark SQL 数据源

Spark SQL 支持通过 DataFrame 接口对各种数据源进行操作。DataFrame 可以使用关系转换进行操作，也可以用于创建临时视图。将 DataFrame 注册为临时视图允许用户对其数据运行 SQL 查询。本节介绍使用 Spark 数据源加载和保存数据的一般方法,然后介绍可用于内置数据源的特定配置。

1）手动指定数据来源

Spark 用户还可以手动指定将要使用的数据源以及要传递给数据源的任何其他选项。数据源由其完全限定名称(即 org. apache. spark. sql. parquet)指定,但对于内置源还可以使用其短名称：json、parquet、jdbc、orc、libsvm、csv、text。从任何数据源类型加载的 DataFrame 都可以使用此语法转换为其他类型。其中,下载 CSV 文件可以使用如下方法：

```
1. datas=spark.read.load("/home/shizifan/sample",
2.                      format="csv", sep=",", inferSchema=True, header=True)
```

2）直接在文件上运行 SQL

Spark 用户可以直接使用 SQL 查询该文件,而不是使用读取 API 将文件加载到 DataFrame 并进行查询：

```
1. df=spark.sql("SELECT * FROM parquet.'examples/src/main/resources/users.
   parquet'")
```

3）保存模式

保存操作可以选择使用 SaveMode,它指定如何处理现有存在的数据,如表 6.1 所示。重要的是这些保存模式不使用任何锁定并且不是原子的。此外,执行覆盖时,将在写出新数据之前删除数据。

表 6.1　Spark SQL 的保存模型(SaveMode)

Scala/Java	代　码	说　明
SaveMode. ErrorIfExists (default)	"error" or "errorifexists" (default)	将 DataFrame 保存到数据源,如果数据已存在,则会引发异常
SaveMode. Append	"append"	将 DataFrame 保存到数据源,如果数据/表已存在,则 DataFrame 的内容应附加到现有数据
SaveMode. Overwrite	"overwrite"	DataFrame 保存到数据源,如果数据/表已经存在,则预期现有数据将被 DataFrame 的内容覆盖
SaveMode. Ignore	"ignore"	DataFrame 保存到数据源,如果数据已存在,则预期保存操作不会保存 DataFrame 的内容而不会更改现有数据

4）Parquet 文件

Parquet 是一种柱状格式,许多其他数据处理系统都支持它。Spark SQL 支持读取和写入 Parquet 文件,这些文件自动保留原始数据的模式。Parquet 格式数据的读取方式如下：

```
1.  peopleDF=spark.read.json("examples/src/main/resources/people.json")
```

```
2.
3.  #DataFrames can be saved as Parquet files, maintaining the schema
    information.
4.  peopleDF.write.parquet("people.parquet")
5.
6.  #Read in the Parquet file created above.
7.  #Parquet files are self-describing so the schema is preserved.
8.  #The result of loading a parquet file is also a DataFrame.
9.  parquetFile=spark.read.parquet("people.parquet")
10.
11. #Parquet files can also be used to create a temporary view and then used in
    SQL statements.
12. parquetFile.createOrReplaceTempView("parquetFile")
13. teenagers=spark.sql("SELECT name FROM parquetFile WHERE age >=13 AND age
    <=19")
14. teenagers.show()
15. #+------+
16. #|  name|
17. #+------+
18. #|Justin|
19. #+------+
```

5）JSON Files

Spark SQL 可以自动推断 JSON 数据集的架构并将其作为 DataFrame 加载。可以使用 JSON 文件上的 SparkSession. read. json 完成此转换。JSON 格式数据读取实例如下：

```
1.  #spark is from the previous example.
2.  sc=spark.sparkContext
3.
4.  #A JSON dataset is pointed to by path.
5.  #The path can be either a single text file or a directory storing text files
6.  path="examples/src/main/resources/people.json"
7.  peopleDF=spark.read.json(path)
8.
9.  #The inferred schema can be visualized using the printSchema() method
10. peopleDF.printSchema()
11. #root
12. #  |--age: long (nullable=true)
13. #  |--name: string (nullable=true)
14.
15. #Creates a temporary view using the DataFrame
16. peopleDF.createOrReplaceTempView("people")
17.
18. #SQL statements can be run by using the sql methods provided by spark
19. teenagerNamesDF=spark.sql("SELECT name FROM people WHERE age BETWEEN 13
```

```
    AND 19")
20. teenagerNamesDF.show()
21. #+------+
22. #|  name|
23. #+------+
24. #|Justin|
25. #+------+
26.
27. #Alternatively, a DataFrame can be created for a JSON dataset represented by
28. #an RDD[String] storing one JSON object per string
29. jsonStrings=['{"name":"Yin","address":{"city":"Columbus","state":"Ohio"}}']
30. otherPeopleRDD=sc.parallelize(jsonStrings)
31. otherPeople=spark.read.json(otherPeopleRDD)
32. otherPeople.show()
33. #+---------------+----+
34. #|        address|name|
35. #+---------------+----+
36. #|[Columbus,Ohio]| Yin|
37. #+---------------+----+
```

6）使用 JDBC 连接数据库

Spark SQL 还包括一个可以使用 JDBC 从其他数据库读取数据的数据源。与使用 JdbcRDD 相比，此功能应该更受欢迎。这是因为结果作为 DataFrame 返回，可以在 Spark SQL 中轻松处理，也可以与其他数据源连接。JDBC 数据源也更易于使用 Java 或 Python，因为它不需要用户提供 ClassTag。须注意，这与 Spark SQL JDBC 服务器不同，后者允许其他应用程序使用 Spark SQL 运行查询。首先，需要在 Spark 类路径中包含特定数据库的 JDBC 驱动程序。例如，要从 Spark Shell 连接到 postgres，您将运行以下命令：

```
>bin/spark-shell --driver-class-path postgresql-9.4.1207.jar --jars
postgresql-9.4.1207.jar
```

可以使用 Data Sources API 将远程数据库中的表加载为 DataFrame 或 Spark SQL 临时视图。用户可以在数据源选项中指定 JDBC 连接属性。Spark SQL 支持的属性如表 6.2 所示。

表 6.2 Spark SQL 支持的属性

属性	说明
url	在 URL 中指定特定于源的连接属性
dbtable	读取或写入的 JDBC 表。在读取路径中使用它时，可以使用在 SQL 查询的 FROM 子句中有效的任何内容。例如，也可以在括号中使用子查询，而不是完整的表。不允许同时指定'dbtable'和'query'选项

续表

属　性	说　明
query	用于将数据读入 Spark 的查询。指定的查询将括起来并用作 FROM 子句中的子查询。Spark 还会为子查询子句分配别名
driver	用于连接到此 URL 的 JDBC 驱动程序的类名
partitionColumn, lowerBound, upperBound	必须同时指定这些全部选项。此外,必须指定 numPartitions。这些参数描述了在从多个工作者并行读取时如何对表进行分区。partitionColumn 必须是相关表中的数字、日期或时间戳列。注意,lowerBound 和 upperBound 仅用于决定分区步幅,而不是用于过滤表中的行。因此,表中的所有行都将被分区并返回
numPartitions	表读取和写入中可用于并行的最大分区数。这还确定了最大并发 JDBC 连接数。如果要写入的分区数超过此限制,我们通过 coalesce (numPartitions)函数将其减小到此限制
queryTimeout	驱动程序等待 Statement 对象执行到指定的秒数。零意味着没有限制。在写入路径中,此选项取决于 JDBC 驱动程序如何实现 API setQueryTimeout,例如,h2 JDBC 驱动程序检查每个查询是否超时,而不是整个 JDBC 批处理。它默认为 0
fetchsize	JDBC 提取大小,用于确定每次往返要获取的行数。这可以帮助 JDBC 驱动程序的性能,默认为低读取大小(例如,Oracle 有 10 行)
batchsize	JDBC 批处理大小,用于确定每次往返要插入的行数。这可以帮助 JDBC 驱动程序的性能。它默认为 1000
isolationLevel	事务隔离级别,适用于当前连接。它可以是 NONE、READ_ COMMITTED、READ_ UNCOMMITTED、REPEATABLE_ READ 或 SERIALIZABLE 之一,对应于 JDBC 的 Connection 对象定义的标准事务隔离级别,默认值为 READ_UNCOMMITTED
sessionInitStatement	此选项将执行自定义 SQL 语句(或 PL / SQL 块),使用它来实现会话初始化代码
truncate	JDBC 编写器相关选项。启用 SaveMode. Overwrite 时,此选项会导致 Spark 截断现有表,而不是删除并重新创建它
cascadeTruncate	JDBC 编写器相关选项。如果 JDBC 数据库(PostgreSQL 和 Oracle 目前)启用并支持,则此选项允许执行 TRUNCATE TABLE t CASCADE(在 PostgreSQL 的情况下,仅执行 TRUNCATE TABLE t CASCADE 以防止无意中截断后代表)
createTableOptions	JDBC 编写器相关选项。如果指定,则此选项允许在创建表时设置特定于数据库的表和分区选项
createTableColumnTypes	创建表时要使用的数据库列数据类型而不是默认值。应以与 CREATE TABLE 列语法相同的格式指定数据类型信息
customSchema	用于从 JDBC 连接器读取数据的自定义架构
pushDownPredicate	默认值为 true,在这种情况下,Spark 会尽可能地将过滤器下推到 JDBC 数据源。否则,如果设置为 false,则不会将过滤器下推到 JDBC 数据源,因此所有过滤器都将由 Spark 处理。当 Spark 通过比 JDBC 数据源更快地执行谓词(过滤)时,谓词下推通常会被关闭

Spark SQL 连接数据库可以指定连接是读连接或写连接，具体的连接数据库的方法见如下代码：

```
1. #Note: JDBC loading and saving can be achieved via either the load/save or
   jdbc methods
2. #Loading data from a JDBC source
3. jdbcDF=spark.read \
4.     .format("jdbc") \
5.     .option("url", "jdbc:postgresql:dbserver") \
6.     .option("dbtable", "schema.tablename") \
7.     .option("user", "username") \
8.     .option("password", "password") \
9.     .load()
10.
11. jdbcDF2=spark.read \
12.     .jdbc("jdbc:postgresql:dbserver", "schema.tablename",
13.           properties={"user": "username", "password": "password"})
14.
15. #Specifying dataframe column data types on read
16. jdbcDF3=spark.read \
17.     .format("jdbc") \
18.     .option("url", "jdbc:postgresql:dbserver") \
19.     .option("dbtable", "schema.tablename") \
20.     .option("user", "username") \
21.     .option("password", "password") \
22.     .option("customSchema", "id DECIMAL(38, 0), name STRING") \
23.     .load()
24.
25. #Saving data to a JDBC source
26. jdbcDF.write \
27.     .format("jdbc") \
28.     .option("url", "jdbc:postgresql:dbserver") \
29.     .option("dbtable", "schema.tablename") \
30.     .option("user", "username") \
31.     .option("password", "password") \
32.     .save()
33.
34. jdbcDF2.write \
35.     .jdbc("jdbc:postgresql:dbserver", "schema.tablename",
36.           properties={"user": "username", "password": "password"})
37.
38. #Specifying create table column data types on write
39. jdbcDF.write \
40.     .option("createTableColumnTypes", "name CHAR(64), comments
```

```
        VARCHAR(1024)") \
41.     .jdbc("jdbc:postgresql:dbserver", "schema.tablename",
42.             properties={"user": "username", "password": "password"})
```

2. 性能调优

对于某些工作负载,可以通过在内存中缓存数据或打开一些实验选项来提高性能。Spark SQL 可以通过调用 spark. catalog. cacheTable 或 dataFrame. cache 使用内存中来缓存表。然后,Spark SQL 将仅扫描所需的列,并自动调整压缩以最小化内存使用量。您可以调用 spark. catalog. uncacheTable 从内存中删除表。可以使用 SparkSession 上的 setConf 方法或使用 SQL 运行 set 命令来完成内存中缓存的配置。SparkSession 属性配置如表 6.3 所示。

表 6.3 SparkSession 属性配置

属　　性	默认值	说　　明
spark. sql. inMemoryColumnarStorage. compressed	true	设置为 true 时,Spark SQL 将根据数据统计信息自动为每列选择压缩编解码器
spark. sql. inMemoryColumnarStorage. batchSize	10 000	控制缓存的批次大小。较大的批处理大小可以提高内存利用率和压缩率,但在缓存数据时存在 OOM 风险

3. 分布式查询引擎

Spark SQL 还可以使用其 JDBC/ODBC 或命令行界面充当分布式查询引擎。在此模式下,最终用户或应用程序可以直接与 Spark SQL 交互以运行 SQL 查询,而无须编写任何代码。要启动 JDBC/ODBC 服务器,请在 Spark 目录中运行以下命令:

```
>./sbin/start-thriftserver.sh
```

此脚本接受所有 bin/spark-submit 命令行选项,以及"--hiveconf"选项以指定 Hive 属性。用户可以运行". /sbin/start-thriftserver. sh --help"以获取所有可用选项的完整列表,也可以通过任一环境变量覆盖此行为。

Spark SQL CLI 是一种方便的工具,可以在本地模式下运行 Hive Metastore 服务,并执行从命令行输入的查询。Spark SQL CLI 无法与 Thrift JDBC 服务器通信。要启动 Spark SQL CLI,在 Spark 目录中运行以下命令:

```
>./bin/spark-sql
```

通过将 hive-site. xml、core-site. xml 和 hdfs-site. xml 文件放在 conf 配置文件中来完成 Hive 的配置,也可以执行". /bin/spark-sql --help"以获取所有可用选项的完整列表。

4. 数据类型

Spark SQL 的所有数据类型都位于 pyspark. sql. types 的包中。用户可以通过表 6.4 提供的方法访问。

表 6.4 Spark SQL 数据类型

数据类型	值类型	API
ByteType	int，long	ByteType()
ShortType	int，long	ShortType()
IntegerType	int，long	IntegerType()
LongType	long	LongType()
FloatType	float	FloatType()
DoubleType	float	DoubleType()
DecimalType	decimal. decimal	DecimalType()
StringType	string	StringType()
BinaryType	bytearray	BinaryType()
BooleanType	bool	BooleanType()
TimestampType	datetime. datetime	TimestampType()
DateType	datetime. date	DateType()
ArrayType	list，tuple，array	ArrayType(elementType，[containsNull])
MapType	dict	MapType(keyType，valueType，[valueContainsNull])
StructType	list or tuple	StructType(fields)
StructField	The value type in Python of the data type of this field (For example，Int for a StructField with the data type IntegerType)	StructField(name，dataType，[nullable])

6.1.8 结构化 API 执行过程

Spark 优秀的性能一方面来源于对底层 RDD 依赖的分析和组织，节省了某些不必要的数据 Shuffle 过程(窄依赖)。另一方面，Spark 通过使用 Catalyst 优化器，把结构化 API 转变成代码的执行计划，进一步对执行效率进行了优化，如图 6.7 所示。

1. 逻辑计划

Catalyst 第一步执行的是把提交的代码转换成逻辑计划，如图 6.8 所示。

逻辑计划是抽象的 Spark 转换过程，这时还与 Executor 程序和 Driver 程序无关，纯粹是把用户的表达式转成更好的方式。这个转化是通过未解决逻辑计划(unresolved logical plan)来实现的。具体来说，未解决的含义是用户的代码虽然是有效的，但是代码读取的表或者列可能并不存在。之后，在分析过程，Spark 使用 Catalog 解决可能不存在

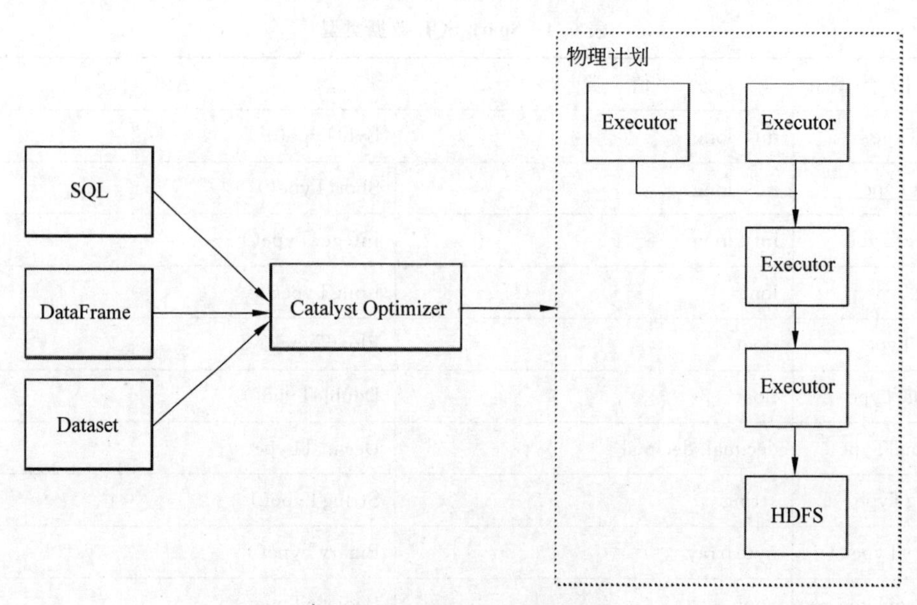

图 6.7 Spark Catalyst 优化器

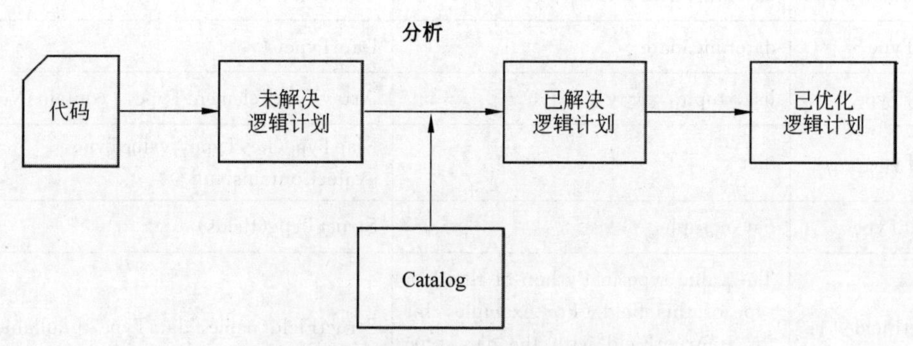

图 6.8 代码转换成逻辑计划的具体过程

的表或者列，Catalog 保存了所有表和 DataFrame 的信息。如果发现在 Catalog 中有不存在的表或者列，Catalyst 分析器就会拒绝这个未解决逻辑计划。反之，Catalyst 分析器会把未解决逻辑计划变成已解决逻辑计划(resolved logical plan)。

在逻辑优化(logical optimization)过程中，Spark 使用一组规则去优化逻辑计划，包括 pushing down predicates 和 selections。用户也可以定义自己的优化规则来针对特殊的场景进行优化。优化后，已解决逻辑计划变成已优化逻辑计划(optimized logical plan)。

2. 物理计划

得到已优化逻辑计划之后，Spark 就开始了自己的物理计划过程，该过程通过成本分析模型比较逻辑计划在不同物理环境上的执行策略，从而选择一个最优的物理计划应用到集群上执行。如图 6.9 所示，一个数据 join 的过程的优化可以通过查看表的大小和分区大小进行决定。

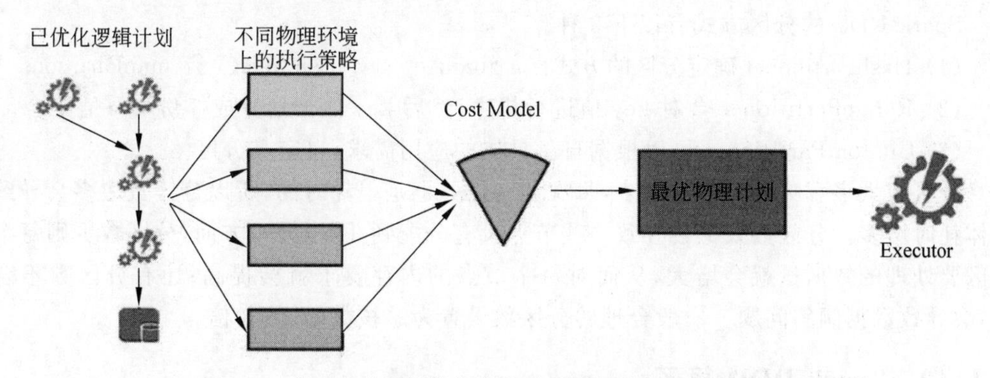

图 6.9 从已优化逻辑计划转化为可执行的物理计划的过程

物理计划的结果就是一系列的 RDD 转换,该计划可以被 Spark 执行进行计算。由此可见,Spark 的结构化 API 是通过 Catalyst 分析器编译成 RDD 转换进行执行的。下面深入介绍 RDD 及 RDD 的转换过程。

6.1.9 Spark RDD 存储结构实现原理

Spark RDD 是一种分布式的数据集,由于数据量很大,因此数据被切分并存储在各个节点的分区当中。从而当对 RDD 进行操作时,实际上是对每个分区中的数据并行操作。Spark RDD 分布式存储结构如图 6.10 所示。

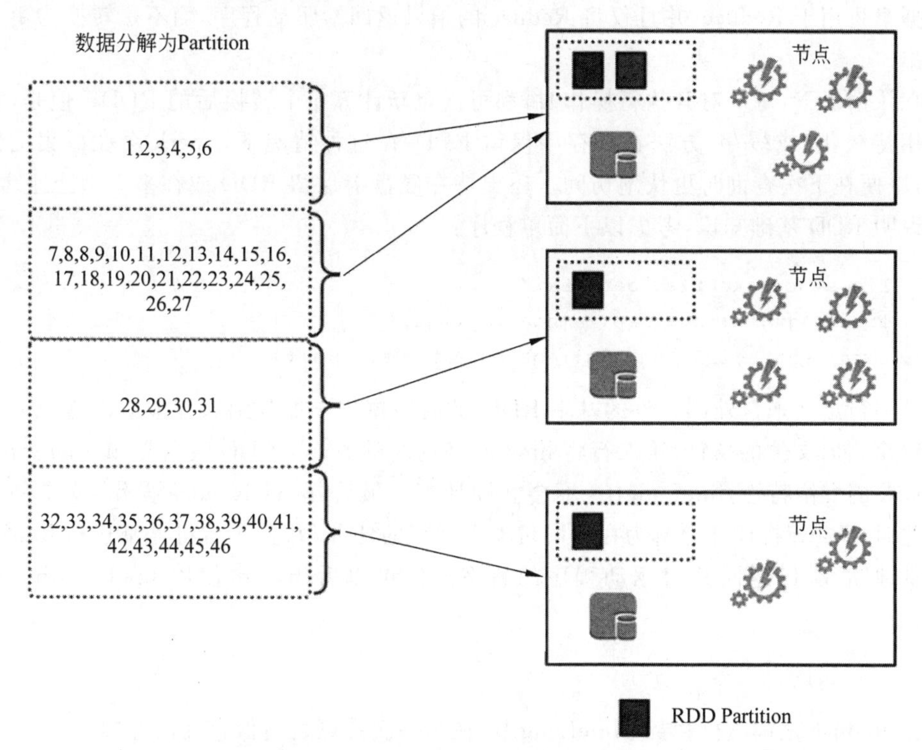

图 6.10 Spark RDD 分布式存储结构

Spark RDD 的分区方式有以下 3 种。

(1) HashPartitioner 确定分区的方式：partition = key.hashCode() % numPartitions。

(2) RangePartitioner 会对 key 值进行排序，然后 key 值被划分成 3 份 key 值集合。

(3) CustomPartitioner 可以根据自己具体的应用需求，自定义分区。

分区数太多意味着任务数太多，每次调度任务也是很耗时的，所以分区数太多会导致总体耗时增多。分区数太少会导致一些节点没有分配到任务；另一方面，分区数少则每个分区要处理的数据量就会增大，从而对每个节点的内存要求就会提高；还有分区数不合理，会导致数据倾斜问题。一般合理的分区数设置为总核数的 2～3 倍。

6.1.10 Spark RDD 算子

RDD 支持两种类型的算子：转换算子 Transformations 和行动算子 Actions。Transformations 从现有数据集创建新数据集，而 Actions 在数据集上运行计算后将值返回到驱动程序。例如，Map 转换通过一个函数传递每个数据集元素，并返回一个表示结果的新 RDD；Reduce 是一个使用某个函数聚合 RDD 的所有元素的操作，并将最终结果返回给驱动程序；reduceByKey 返回分布式数据集的并行操作。

Spark 中的所有转换都是惰性的，只记得应用于某些基础数据集（例如，文件）的转换，而不会立即计算结果。当且仅当操作需要将结果返回到驱动程序时才会计算转换。这种设计使 Spark 能够更有效地运行。例如，Spark RDD 操作能够意识到通过 Map 创建的数据集将用于 Reduce，并且仅将 Reduce 的结果返回给驱动程序，而不是转换为更大的数据集。

默认情况下，每次对其执行操作时，都可以重新计算每个转换后的 RDD。但是，也可以使用持久化（或缓存）方法在内存中保留 RDD，在这种情况下，Spark 会在群集上保留元素，以便在下次查询时更快地访问。还支持在磁盘上保留 RDD 或在多个节点上复制。为了说明 RDD 基础知识，考虑以下简单程序：

```
1. lines=sc.textFile("data.txt")
2. lineLengths=lines.map(lambda s: len(s))
3. totalLength=lineLengths.reduce(lambda a, b: a+b)
```

第一行定义来自外部文件的基本 RDD，此时数据集未加载到内存中或以其他方式执行仅仅是指向文件的指针；第二行将 lines 转换为新的 Spark RDD 数据集 lineLengths，由于 Spark 的懒惰特性，lineLengths 不会立即计算。最后，运行 Reduce 操作，这是一个动作。此时，Spark 将计算分解为在不同机器上运行的任务，并且每台机器都运行其部分映射和本地缩减，仅返回其对驱动程序的答案。如果以后想再次使用 lineLengths，可以添加：

```
1. lineLengths.persist()
```

在 Reduce 之前，这将导致 lineLengths 在第一次计算之后保存在内存中。

表 6.5 列出了 Spark 支持的一些常见的转换算子。

表 6.5　Spark 支持的一些常见的转换算子

转换算子	说　明
map(func)	通过函数 func 将每个源元素转化为目标元素，返回一个新的分布式数据集
filter(func)	通过函数 func 选择返回为 true 的源元素形成的新数据集
flatMap(func)	类似于 map，但是每个输入项都可以映射到 0 或多个输出项(因此 func 应该返回队列，而不是单个项)
mapPartitions(func)	类似于 map，但是在 RDD 的每个分区(块)上单独运行，所以函数 func 在类型为 T 的 RDD 上运行时必须是类型 Iterator＜T＞ =＞ Iterator＜U＞
mapPartitionsWithIndex(func)	类似于 mapPartitions，但也为 func 提供了一个表示分区索引的整数值，因此在类型为 T 的 RDD 上运行时，func 必须是类型(Int, Iterator＜T＞) =＞ Iterator＜U＞
sample(withReplacement, fraction, seed)	使用给定的随机数生成器种子对数据的一部分进行抽样，无论是否进行替换
union(otherDataset)	返回一个新数据集，该数据集包含源数据集中的元素和参数的联合
intersection(otherDataset)	返回一个新的 RDD，该数据集包含源数据集中的元素与参数的交集
distinct([numPartitions])	返回包含源数据集的不同元素的新数据集
groupByKey([numPartitions])	当调用(*K*, *V*)对的数据集时，返回(*K*, Iterable＜*V*＞)类型键/值对的数据集。 **注意**：①如果要对每个键执行聚合(如总和或平均值)进行分组，则使用 reduceByKey 或 aggregateByKey 将产生更好的性能。②默认情况下，输出中的并行级别取决于父 RDD 的分区数。可以传递可选的 numPartitions 参数来设置不同数量的任务
reduceByKey(func, [numPartitions])	调用(*K*,*V*)对的数据集时，返回(*K*,*V*)对的数据集，其中使用给定的 Reduce 函数 func 聚合每个键的值，该函数必须是类型(*V*,*V*)=＞ *V*。与 groupByKey 类似，Reduce 任务的数量可通过可选的第二个参数进行配置
aggregateByKey(zeroValue)(seqOp, combOp, [numPartitions])	调用(*K*,*V*)键/值对的数据集时，返回(*K*,U)键/值对的数据集，其中使用给定的组合函数和中性“零”值聚合每个键的值。允许与输入值类型不同的聚合值类型，同时避免不必要的分配。与 groupByKey 类似，Reduce 任务的数量可通过可选的第二个参数进行配置
sortByKey([ascending], [numPartitions])	调用 *K* 实现 Ordered 的(*K*,*V*)键/值对数据集，返回按键升序或降序排序的(*K*,*V*)键/值对数据集
join(otherDataset, [numPartitions])	调用类型(*K*,*V*)和(*K*,*W*)数据集，返回(*K*,(*V*,*W*))对的数据集以及每个键的所有元素对。通过 leftOuterJoin，rightOuterJoin 和 fullOuterJoin 支持外连接

续表

转换算子	说明
cogroup(otherDataset, [numPartitions])	当调用类型(K,V)和(K,W)的数据集时,返回(K,(Iterable <V>, Iterable <W>))元组的数据集。此操作也称为 groupWith
cartesian(otherDataset)	当调用类型为 T 和 U 的数据集时,返回(T,U)对的数据集(所有元素对)
pipe(command, [envVars])	通过 shell 命令(如 perl 或 bash 脚本)传输 RDD 的每个分区。RDD 元素被写入进程的标准输入,输出到标准输出,返回字符串类型的 RDD
coalesce(numPartitions)	将 RDD 中的分区数减少为 numPartitions。过滤大型数据集后,可以更有效地运行操作
repartition(numPartitions)	随机重新调整 RDD 中的数据以创建更多或更少的分区,并在它们之间进行平衡。这总是随机播放网络上的所有数据
repartitionAndSortWithinPartitions (partitioner)	根据给定的分区重新分配 RDD,并在每个生成的分区内按键对记录进行排序。这比调用重新分区然后在每个分区内排序更有效,因为它可以将排序推送到 Shuffle 机器中

表 6.6 列出了 Spark 支持的一些常见的行动算子。

表 6.6 Spark 支持的一些常见的行动算子

行动算子	说明
reduce(func)	使用函数 func(它接收两个参数并返回一个)来聚合数据集的元素。该函数应该是可交换的和关联的,以便可以并行正确计算
collect()	在驱动程序中将数据集的所有元素作为数组返回
count()	返回数据集中的元素数
first()	返回数据集的第一个元素(类似于 take(1))
take(n)	返回包含数据集的前 n 个元素的数组
takeSample(withReplacement, num, [seed])	返回一个数组,其中包含数据集的 num 个元素的随机样本,有或没有替换,可选地预先指定随机数生成器种子
takeOrdered(n, [ordering])	使用自然顺序或自定义比较器返回 RDD 的前 n 个元素
saveAsTextFile(path)	将数据集的元素作为文本文件(或文本文件集)写入本地文件系统、HDFS 或任何其他 Hadoop 支持的文件系统的给定目录中。Spark 将在每个元素上调用 toString,将其转换为文件中的一行文本
saveAsSequenceFile(path)	将数据集的元素作为 Hadoop SequenceFile 写入本地文件系统,HDFS 或任何其他 Hadoop 支持的文件系统中的给定路径中。这可以在实现 Hadoop 的 Writable 接口的键/值对的 RDD 上使用。在 Scala 中,它也可以在可隐式转换为 Writable 的类型上使用(Spark 包括基本类型的转换,如 Int、Double、String 等)

续表

行动算子	说明
saveAsObjectFile(path)	使用Java序列化以简单格式编写数据集的元素,然后可以使用SparkContext.ObjectFile()加载
countByKey()	仅适用于(K,V)键/值对类型的RDD。返回(K,Int)对的散列映射,其中包含每个键的计数
foreach(func)	在数据集的每个元素上运行函数func

Spark RDD API还公开了某些操作的异步版本,例如foreach的foreachAsync,它会立即将一个FutureAction返回给调用者,而不是在完成操作时阻塞。这可用于管理或等待操作的异步执行。

6.1.11 Shuffle

Spark中的某些操作会触发称为Shuffle的事件。Shuffle是Spark的重新分发数据的机制,因此它可以跨分区进行不同的分组。这通常涉及跨执行程序和机器复制数据,使得Shuffle成为复杂且昂贵的操作。为了理解在Shuffle期间发生的事情,可以考虑reduceByKey操作的示例。

reduceByKey操作生成一个新的RDD,其中单个键的所有值都组合成一个元组-键和对与该键关联的所有值执行Reduce函数的结果。挑战在于,并非单个key的所有值都必须位于同一个分区,甚至是同一个机器上,但它们必须位于同一位置才能计算结果。

在Spark中,数据通常不跨分区分布,以便在特定操作所需的数据在必要位置。在计算过程中,单个任务将在单个分区上运行。因此,要组织单个任务执行所有数据,Spark需要执行全部操作。它必须从所有分区读取以查找所有键的所有值,然后将分区中的值汇总在一起以计算每个键的最终结果,称为Shuffle。

尽管Shuffle之后,数据的每个分区中的元素集将是有序的,并且分区本身的排序也是确定的,但分区内部的元素并不是有序的。如果在Shuffle后需要有序的数据,则可以使用:

- mapPartitions使用例如.sorted对每个分区进行排序;
- repartitionAndSortWithinPartitions在重新分区的同时有效地对分区进行排序;
- sortBy来创建一个全局排序的RDD。

可以导致Shuffle的转换包括重新分区转换、聚集转换及联合转换。其中,重新分区包括repartition转换 和coalesce转换,聚集转换包括groupByKey转换和reduceByKey转换,联合转换包括cogroup转换和join转换。

Shuffle是一项昂贵的操作,因为它涉及磁盘I/O、数据序列化和网络I/O。为了组织用于Shuffle的数据,Spark包含了一系列的转换:映射转换用于组织数据,降维转换用于数据聚合。

在Spark内部,各个映射转化的结果会保留在内存中,直到内存中的数据无法适应操作和转换任务。然后,内存中的数据在目标分区中进行排序并写入单个文件。某些

Shuffle 操作会消耗大量的堆内存,因为它们使用内存中的数据结构来自传输记录之前或之后的数据。具体来说,reduceByKey 和 aggregateByKey 在 Map 侧创建这些结构,并且 ByKey 操作在 Reduce 侧生成这些结构。当数据不适合内存时,Spark 会将这些数据写入磁盘,从而导致磁盘 I/O 的额外开销和垃圾收集增加。

Shuffle 还会在磁盘上生成大量中间文件。从 Spark 1.3 开始,这些文件将被保留,直到不再使用相应的 RDD,并进行垃圾回收。这样做是为了在重新计算谱系时不需要重新创建 Shuffle 文件。如果应用程序保留对这些 RDD 的引用或 GC 不经常启动,则垃圾收集可能仅在很长一段时间后才会发生。这意味着长时间运行的 Spark 作业可能会占用大量磁盘空间。配置 Spark 上下文时,spark. local. dir 配置参数指定临时存储目录。Spark 可以通过调整各种配置参数来调整 Shuffle 行为。

1. 普通 SortShuffleManager 原理

图 6.11 说明了普通的 SortShuffleManager 的原理。在该模式下,数据会先写入一个内存数据结构中,此时根据不同的 Shuffle 算子,可能选用不同的数据结构。如果是 reduceByKey 这种聚合类的 Shuffle 算子,会选用 Map 数据结构,一边通过 Map 进行聚合,一边写入内存;如果是 join 这种普通的 Shuffle 算子,会选用 Array 数据结构,直接写入内存。接着,每写一条数据进入内存数据结构之后,就会判断一下,是否达到了某个临界阈值。如果达到临界阈值,就会尝试将内存数据结构中的数据溢写到磁盘,然后清空内存数据结构。

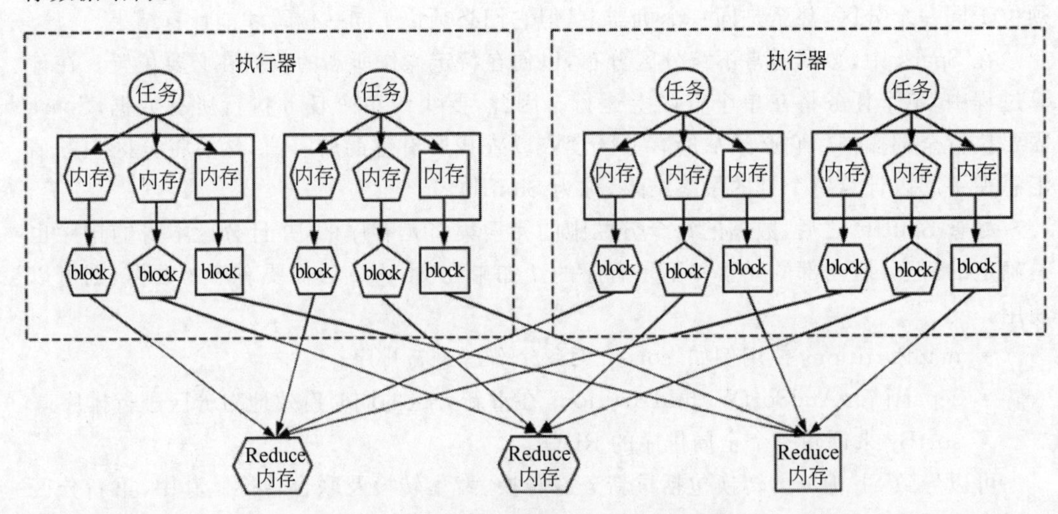

图 6.11 普通的 SortShuffleManager 的原理

在溢写到磁盘文件之前,会先根据 key 对内存数据结构中已有的数据进行排序。排序过后,会分批将数据写入磁盘文件。默认的 batch 数量是 10 000 条,也就是说,排序好的数据,会以每批 10 000 条数据的形式分批写入磁盘文件。写入磁盘文件首先会将数据缓冲在内存中,当内存缓冲满溢之后再一次写入磁盘文件中,这样可以减少磁盘 I/O 次数,提升性能。

一个 Task(任务)将所有数据写入内存数据结构的过程中,会发生多次磁盘溢写操作,也就会产生多个临时文件。最后会将之前所有的临时磁盘文件都进行合并,这就是 Merge 过程,此时会将之前所有临时磁盘文件中的数据读取出来,然后依次写入最终的磁盘文件中。此外,由于一个 Task 就只对应一个磁盘文件,也就意味着该 Task 为下游 stage 的 Task 准备的数据都在这一个文件中,因此还会单独写一份索引文件,其中标识了下游各个 Task 的数据在文件中的 start offset 与 end offset。

2. bypass 运行机制

图 6.12 说明了 bypass SortShuffleManager 的原理,其触发条件如下。

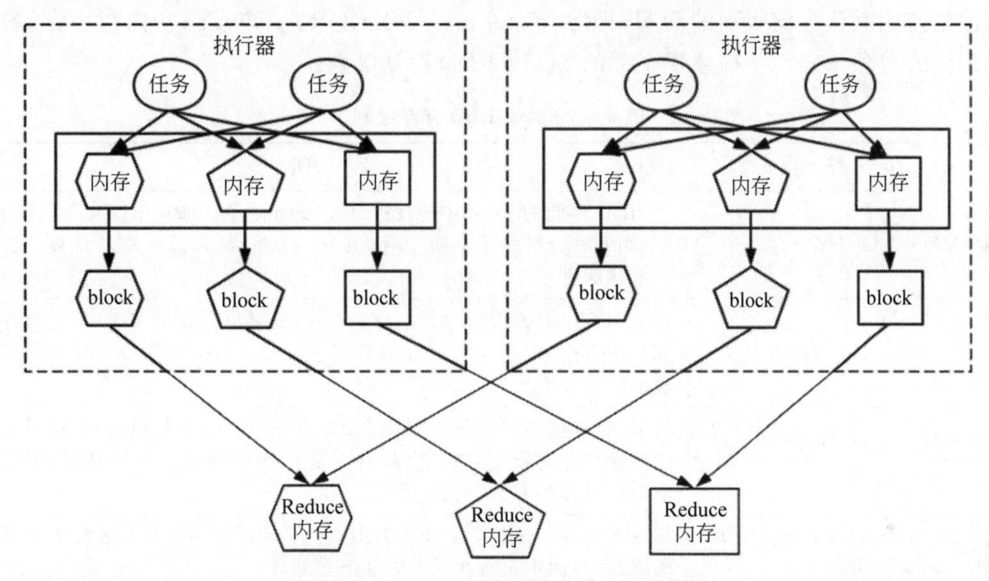

图 6.12　bypass SortShuffleManager 的原理

(1) Shuffle Map Task 数量小于 spark. shuffle. sort. bypassMergeThreshold 参数的值(默认为 200)。

(2) 不是聚合类的 Shuffle 算子(如 reduceByKey)。

此时 Task 会为每个下游 Task 都创建一个临时磁盘文件,并将数据按 key 进行 Hash 然后根据 key 的 Hash 值,将 key 写入对应的磁盘文件中。当然,写入磁盘文件时也是先写入内存缓冲,缓冲写满之后再溢写到磁盘文件。最后,同样会将所有临时磁盘文件都合并成一个磁盘文件,并创建一个单独的索引文件。

该过程的磁盘写机制要创建数量惊人的磁盘文件,只是在最后会做一个磁盘文件的合并。而该机制与普通 SortShuffleManager 运行机制的不同: ①磁盘写机制不同; ②不会进行排序。也就是说,启用该机制的最大好处在于,Shuffle write 过程中,不需要进行数据的排序操作,节省掉了这部分的性能开销。

6.1.12　RDD Persistence

Spark 中最重要的功能之一是能跨操作的在内存中持久化(或缓存)数据集。当持久保存 RDD 时，每个节点都会存储它在内存中的分区数据，并在该数据集的其他操作中重新使用它们。这使得未来的行动更快(通常超过 10 倍)。缓存是迭代算法和快速交互使用的关键工具。

可以使用 persist 方法或 cache 方法标记要持久化的 RDD 数据。RDD 数据首次在 Action 中计算它，它将保留在节点的内存中。Spark 的缓存是容错的：如果丢失了 RDD 的任何分区数据，它将使用最初创建它的转换自动重新计算。

此外，每个持久化 RDD 可以使用不同的存储方式进行存储，允许将数据集以作为序列化 Java 对象(以节省空间)的形式保留在磁盘上或者内存中，并可以跨节点复制它。通过将 StorageLevel 对象(Scala、Java、Python)传递给 persist 方法来设置这些级别。cache 方法是使用默认存储级别的简写，即 StorageLevel. MEMORY_ONLY(在内存中存储反序列化的对象)，表 6.7 描述了全部的 Spark RDD 存储级别。

表 6.7 Spark RDD 存储级别

存储级别	说明
MEMORY_ONLY	将 RDD 存储为 JVM 中的反序列化 Java 对象。如果 RDD 不适合内存，则某些分区将不会被缓存，并且每次需要时都会重新计算。这是默认级别
MEMORY_AND_DISK	将 RDD 存储为 JVM 中的反序列化 Java 对象。如果 RDD 不适合存储在内存中，则存储不适合的数据进入磁盘中，并在需要时从那里读取它们
MEMORY_ONLY_SER (Java and Scala)	将 RDD 存储为序列化 Java 对象(每个分区一个字节数组)。这通常比反序列化对象更节省空间，特别是在使用快速序列化器时，但读取消耗更多的 CPU 资源
MEMORY_AND_DISK_SER (Java and Scala)	与 MEMORY_ONLY_SER 类似，但将不适合内存的分区数据存储到磁盘中，而不是每次需要时动态重新计算它们
DISK_ONLY	只在磁盘上存储 RDD 分区
MEMORY_ONLY_2,	与 DISK_ONLY 相同，但复制两个群集节点上的每个分区
MEMORY_AND_DISK_2	与 MEMORY_AND_DISK 相同，但复制两个群集节点上的每个分区
OFF_HEAP (experimental)	与 MEMORY_ONLY_SER 类似，但将数据存储在堆外内存中。这需要启用堆外内存

注意：在 Python 中，存储的对象将始终使用 Pickle 库进行序列化，因此是否选择序列化级别并不重要。Python 中的可用存储级别包括 MEMORY_ONLY、MEMORY_ONLY_2、MEMORY_AND_DISK、MEMORY_AND_DISK_2、DISK_ONLY 和 DISK_ONLY_2。

即使没有用户调用持久性，Spark 也会在 Shuffle 操作(例如 reduceByKey)中，自动保留一些中间数据。这样做是为了避免在 Shuffle 期间节点发生故障时重新计算整个输入。仍然建议用户在生成的 RDD 上调用 persist 方法。

6.1.13 Spark 失败重试

在 Spark 程序中，Task 有失败重试机制(根据 spark. task. maxFailures 配置，默认为 4 次)，当 Task 执行失败时，并不会直接导致整个应用程序 down 掉，只有在重试了 spark. task. maxFailures 次后仍然失败的情况下才会使程序 down 掉。另外，spark on yarn 模式还会受 yarn 的重试机制去重启这个 Spark 程序，根据 yarn. resourcemanager . am. max-attempts 配置(默认为 2 次)。

即使 Spark 程序 Task 失败 4 次后，受 YARN 控制重启后在第 4 次执行成功了，一切都好像没有发生，我们只有通过 Spark 的监控 UI 看是否有失败的 Task，若有需要查找看是哪个 Task 由于什么原因失败了。基于以上原因，需要做个 Task 失败的监控，只要失败就带上错误原因通知，及时发现问题。

6.1.14 闭包——变量的范围和生命周期

Spark 的一个难点是在跨集群执行代码时，理解变量和方法的范围和生命周期。修改其范围之外的变量的 RDD 操作可能经常引起混淆。在下面的示例中，将查看使用 foreach 函数递增计数器的代码，但同样的问题也可能发生在其他操作中。

考虑下面的天真 RDD 元素总和，根据执行是否在同一 JVM 中发生，它可能表现不同。一个常见的例子是在本地模式下运行 Spark(--master=local[n])而不是将 Spark 应用程序部署到集群(如通过 spark-submit to YARN)：

```
1.  counter=0
2.  rdd=sc.parallelize(data)
3.
4.  #Wrong: Don't do this!!
5.  def increment_counter(x):
6.      global counter
7.      counter +=x
8.  rdd.foreach(increment_counter)
9.
10. print("Counter value: ", counter)
```

由于 main 函数和 RDD 对象的 foreach 函数属于不同闭包，所以 foreach 函数的 counter 是一个副本，初始值都为 0。foreach 中叠加的是 counter 的副本，不管副本如何变化，都不会影响 main 函数中的 counter，所以最终结果还是 0。

上述代码的行为未定义，可能无法按预期工作。为了执行作业，Spark 将 RDD 操作的处理分解为任务，每个任务都由程序执行。在执行之前，Spark 计算任务的闭包。闭包是那些必须可见的执行器在 RDD 上执行计算的变量和方法(在本例中为 foreach 函数)。该闭包被序列化并发送给每个执行者。

发送给每个执行程序的闭包内的变量现在是副本，因此，当在 foreach 函数中引用计数器时，它不再是驱动程序节点上的计数器。驱动程序节点的内存中仍然有一个计数器，但驱动器以外节点的执行程序不再可见，执行程序只能看到序列化闭包中的副本。因此，计数器的最终值仍然为零，因为计数器上的所有操作都引用了序列化闭包内的值。

在本地模式的某些情况下，foreach 函数实际上将在与驱动程序相同的 JVM 中执行，并将引用相同的原始计数器，并且可能实际更新它。为了确保在这些场景中程序准确执行，应该使用累加器。Spark 中的累加器专门用于提供一种机制，在跨集群中的工作节点拆分执行时安全地更新变量。通常，闭包在循环或本地定义的方法的构造不应该用于改变某些全局状态。Spark 没有保证从闭包外部引用的对象。执行此操作的某些代码可能在本地模式下工作，但这只是偶然的，并且此类代码在分布式模式下不会按预期运行。如果需要某些全局聚合，应使用累加器。

1. 解决闭包带来的局部变量问题——Shared Variables

在远程集群节点上执行函数并将结果传递给 Spark 操作（如 Map 操作或 Reduce 操作）时，Spark 将在函数中使用的所有变量的单独副本上工作。这些变量将复制到每台计算机，并且远程计算机上的变量的更新不会传播回驱动程序。支持跨任务的通用共享变量效率低下。但是，Spark 确实为两种常见的使用模式提供了两种有限类型的共享变量：广播变量和累加器。

2. 广播变量

广播变量允许程序员在每台机器上保留一个只读变量，而不是随副本一起发送给任务节点。Spark 还尝试使用有效的广播算法来分发广播变量，以降低通信成本。Spark 动作通过一组执行阶段，由分布式 Shuffle 操作分隔。Spark 自动广播每个阶段中任务所需的公共数据。以这种方式广播的数据以序列化形式缓存，并在运行每个任务之前反序列化。这意味着显式创建广播变量，多个任务阶段都需要相同数据或以反序列化形式缓存数据。

通过调用 SparkContext. broadcast(v)将变量 v 声明为广播变量。广播变量是 v 的包装器，可以通过调用 value 方法获取广播变量的值。下面的代码给出了这个操作：

```
1. >>>broadcastVar=sc.broadcast([1, 2, 3])
2. <pyspark.broadcast.Broadcast object at 0x102789f10>
3.
4. >>>broadcastVar.value
5. [1, 2, 3]
```

广播变量被创建后，在集群中应该使用 broadcastVar. value 代替 v 的值，这样 v 不会多次传送到节点。在广播之后不应修改对象 v，以便确保所有节点获得广播变量的相同值。

3. 累加器

累加器是只支持累加操作的全局变量，并且可以有效支持并行计算。它们可用于实现计数器(如 MapReduce)或求和操作。Spark 本身支持数值类型的累加器,程序员可以添加对新类型的支持。

用户可以创建命名或匿名的累加器。如图 6.13 所示,命名累加器(在此实例化的计数器中)的值将显示在 Web UI 中,用于修改该累加器的阶段。Spark 显示任务表中任务执行的次数。

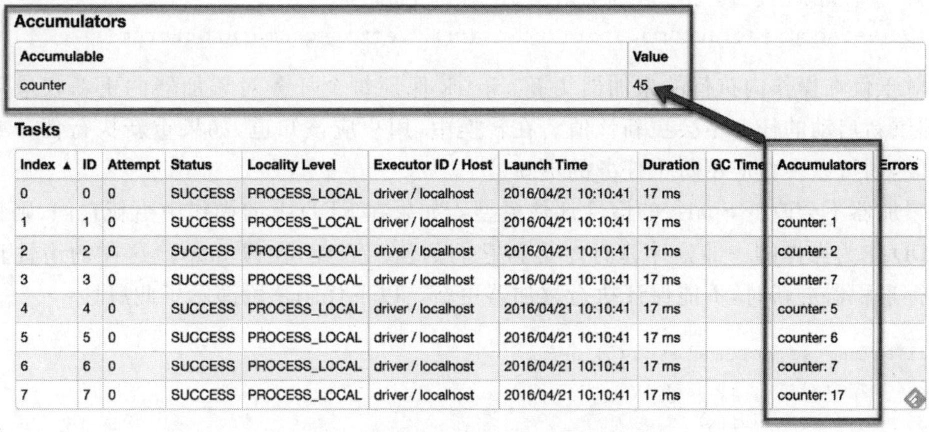

Accumulators

Accumulable	Value
counter	45

Tasks

Index ▲	ID	Attempt	Status	Locality Level	Executor ID / Host	Launch Time	Duration	GC Time	Accumulators	Errors
0	0	0	SUCCESS	PROCESS_LOCAL	driver / localhost	2016/04/21 10:10:41	17 ms			
1	1	0	SUCCESS	PROCESS_LOCAL	driver / localhost	2016/04/21 10:10:41	17 ms		counter: 1	
2	2	0	SUCCESS	PROCESS_LOCAL	driver / localhost	2016/04/21 10:10:41	17 ms		counter: 2	
3	3	0	SUCCESS	PROCESS_LOCAL	driver / localhost	2016/04/21 10:10:41	17 ms		counter: 7	
4	4	0	SUCCESS	PROCESS_LOCAL	driver / localhost	2016/04/21 10:10:41	17 ms		counter: 5	
5	5	0	SUCCESS	PROCESS_LOCAL	driver / localhost	2016/04/21 10:10:41	17 ms		counter: 6	
6	6	0	SUCCESS	PROCESS_LOCAL	driver / localhost	2016/04/21 10:10:41	17 ms		counter: 7	
7	7	0	SUCCESS	PROCESS_LOCAL	driver / localhost	2016/04/21 10:10:41	17 ms		counter: 17	

图 6.13　命名累加器在 Web UI 中显示的效果

跟踪 UI 中的累加器对于理解运行阶段的进度非常有用(注意:Python 中尚不支持)。

通过调用 SparkContext.accumulator(v)从创建初始值为 0 的累加器。然后,在群集上运行的任务可以使用 add 方法或“+=”运算符。但是,他们无法读懂累加器的值。只有驱动程序可以使用其 value 方法读取累加器的值。下面的代码显示了一个累加器用于添加数组的元素:

```
1. >>>accum=sc.accumulator(0)
2. >>>accum
3. Accumulator<id=0, value=0>
4.
5. >>>sc.parallelize([1, 2, 3, 4]).foreach(lambda x: accum.add(x))
6. ...
7. 10/09/29 18:41:08 INFO SparkContext: Tasks finished in 0.317106 s
8.
9. >>>accum.value
10. 10
```

虽然此代码使用 Int 类型的累加器的内置支持,也可以通过继承 AccumulatorParam 来创建自己的类型。AccumulatorParam 接口有两种方法:zero 用于为数据类型提供零值,addInPlace 方法用于将两个值一起添加。例如,假设有一个表示数学向量的 Vector 类,其类的定义可以如下:

```
1. class VectorAccumulatorParam(AccumulatorParam):
2.     def zero(self, initialValue):
```

```
3.          return Vector.zeros(initialValue.size)
4.
5.      def addInPlace(self, v1, v2):
6.          v1 +=v2
7.          return v1
8.
9.  #Then, create an Accumulator of this type:
10. vecAccum=sc.accumulator(Vector(…), VectorAccumulatorParam())
```

对于仅在操作内执行的累加器更新,Spark保证每个任务对累加器的更新仅应用一次,即重新启动的任务不会更新该值。在转换中,用户应该知道,如果重新执行任务或作业阶段,则可以多次应用每个任务的更新。

累加器不会改变Spark的惰性评估模型。如果在RDD上的操作中更新它们,则只有在RDD作为操作的一部分计算时才更新它们的值。因此,在像map()这样的惰性转换中进行累积器更新时,不能保证执行累加器更新。以下代码片段演示了此属性:

```
1. accum=sc.accumulator(0)
2. def g(x):
3.     accum.add(x)
4.     return f(x)
5. data.map(g)
6. # Here, accum is still 0 because no actions have caused the 'map' to be
   computed.
```

6.1.15 项目实践11:使用Spark处理实践数据

1. 理解Spark Partition

datafile目录中有经过Map/Reduce生成的特征数据集文件,将数据集分为训练集和测试集。

步骤如下。

(1) 将特征数据集拆分为多个分区(partition),限定每个分区大小不超过5MB。

(2) 过滤每个分区中的样本成为训练集和测试集,并写入磁盘中。

(3) 输出不同样本的结果到文件中。

1) Partition类

```
1.  #coding:utf-8
2.  import uuid
3.  import sys
4.
5.
6.  class Partition:
7.
8.      def __init__(self, lines, tmp_path="tmp/"):
9.          self.tmp_path=tmp_path
```

```
10.            self.partition=self.write(lines)
11.
12.        def write(self, lines):
13.            name_partition=str(uuid.uuid4())
14.            file_partition=open(self.tmp_path +name_partition, "a")
15.            file_partition.write("\n".join(lines))
16.            file_partition.close()
17.            return self.tmp_path +name_partition
18.
19.        def map(self, func):
20.            partitions=[]
21.            partition_data=open(self.partition, 'r')
22.            lines=[]
23.            for line in partition_data:
24.                if line.strip():
25.                    lines.append(func(line.strip()))
26.                if sys.getsizeof(lines) >1024 * 1024 * 5:
27.                    partitions.append(Partition(lines))
28.                    lines=[]
29.
30.            if len(lines) >0:
31.                partitions.append(Partition(lines))
32.
33.            return partitions
34.
35.        def filter(self, func):
36.            partitions=[]
37.            partition_data=open(self.partition, 'r')
38.            lines=[]
39.            for line in partition_data:
40.                if func(line.strip()):
41.                    lines.append(line.strip())
42.                if sys.getsizeof(lines) >1024 * 1024 * 5:
43.                    partitions.append(Partition(lines))
44.                    lines=[]
45.            if lines:
46.                partitions.append(Partition(lines))
47.
48.            return partitions
49.
50.        def foreach(self, func):
51.            partition_data=open(self.partition, 'r')
52.            for line in partition_data:
53.                func(line)
```

2) RDD 类

```
1.  class RDD:
2.
3.      def copy(self):
4.          self.partitions=[]
5.
6.      def map(self, func):
7.          tmp_partitions=self.partitions.copy()
8.          self.partitions=[]
9.          for partition in tmp_partitions:
10.             self.partitions.extend(partition.map(func))
11.             os.remove(partition.partition)
12.         return self
13.
14.     def filter(self, func):
15.         tmp_partitions=self.partitions.copy()
16.         self.partitions=[]
17.         for partition in tmp_partitions:
18.             self.partitions.extend(partition.filter(func))
19.             os.remove(partition.partition)
20.         return self
21.
22.     def foreach(self, func):
23.         for partition in self.partitions:
24.             partition.foreach(func)
25.             os.remove(partition.partition)
```

2. 理解 Spark lazy

datafile 目录中有经过 Map/Reduce 生成的特征数据集文件,利用 lazy 统计特征数据集中负样本的数量(垃圾广告的数量)。

步骤如下。

(1) 将特征数据集拆分为多个分区,限定每个分区大小不超过 5MB。

(2) 通过 lazy 操作省去中间文件写入磁盘的过程,直接对每个特征块的负样本进行统计。

(3) 合并每个特征块中负样本的统计结果进行输出。

1) Partition 类

```
1.  class Partition:
2.
3.      def iter(self):
4.          iter_data=[]
5.          for file in self.partition_path:
6.              partition_data=open(file, 'r')
```

```
7.             for datum in partition_data:
8.                 iter_data.append(datum.strip())
9.         return iter_data
10.
11.     def clear(self):
12.         self.iterators=[]
13.         self.partition_data=[]
14.         for path in self.partition_path:
15.             os.remove(path)
16.
17.     def write(self):
18.         name_partition=str(uuid.uuid4())
19.         file_partition=open(os.path.join(self.tmp_dir, name_partition), "a")
20.         file_partition.write("\n".join(self.partition_data))
21.         file_partition.close()
22.         self.partition_path.append(os.path.join(self.tmp_dir, name_
        partition))
23.         self.partition_data=[]
24.
25.     def map(self, func):
26.         reduce_partitions=[]
27.         data=[]
28.         for datum in self.iter():
29.             if datum:
30.                 data.append(func(datum))
31.             if sys.getsizeof(data) >1024 * 1024 * 5:
32.                 reduce_partitions.extend(Partition(data, copy.copy(self
                .lazy)).action())
33.                 data=[]
34.         if data:
35.             reduce_partitions.extend(Partition(data, copy.copy(self
            .lazy)).action())
36.         return reduce_partitions
37.
38.     def filter(self, func):
39.         reduce_partitions=[]
40.         data=[]
41.         for datum in self.iter():
42.             if func(datum):
43.                 data.append(datum)
44.             if sys.getsizeof(data) >1024 * 1024 * 5:
45.                 reduce_partitions.extend(Partition(data, copy.copy(self
                .lazy)).action())
46.         if data:
```

```
47.             reduce_partitions.extend(Partition(data, copy.copy(self
                .lazy)).action())
48.         return reduce_partitions
49.
50.     def reduce(self, value, func):
51.         for datum in self.iter():
52.             value=func(value, datum)
53.         self.clear()
54.         self.partition_data=[value]
55.         return str(value)
56.
57.     def action(self):
58.         if self.lazy:
59.             op=self.lazy[0]
60.             self.lazy.remove(op)
61.             if op[0] is "map":
62.                 return self.map(op[1])
63.             if op[0] is "filter":
64.                 return self.filter(op[1])
65.             raise Exception("Unsupported action %s" %op[0])
66.         self.write()
67.         return [self]
```

2）RDD类

```
1.  class RDD:
2.
3.      def __init__(self, path, tmp_dir="tmp/"):
4.          print('create RDD')
5.          self.path=path
6.          self.tmp_dir=tmp_dir
7.          self.partitions=[]
8.          self.lazy=[]
9.
10.     def map(self, func):
11.         self.lazy.append((self.MAP, func))
12.         return self
13.
14.     def filter(self, func):
15.         self.lazy.append((self.FILTER, func))
16.         return self
17.
18.     def reduce(self, value, func):
19.         reduce_partitions=self.load()
20.         for reduce_partition in reduce_partitions:
```

```
21.             value=reduce_partition.reduce(value, func)
22.         return value
```

3. 理解 Spark Shuffle 的普通运行机制

datafile 目录中有经过 Map/Reduce 生成的特征数据集文件，统计不同设备对于广告的点击率(有些人就是爱看广告)。

步骤如下。

(1) 将特征数据集拆分为多个分区，限定每个分区大小不超过 5MB。

(2) 将每个分区内部进行排序和聚类。

(3) 利用 Map 数据结构开始对多个分区进行开始聚类，当内存溢出是将文件写入磁盘中。

(4) 对磁盘的文件进行合并，输出统计结果。

1) Partition 类

```
1.  class Partition:
2.
3.      def iter(self):
4.          iter_data=[]
5.          for file in self.partition_path:
6.              partition_data=pickle.load(open(file, 'rb'))
7.              for datum in partition_data:
8.                  iter_data.append(datum)
9.          return iter_data
10.
11.     def clear(self):
12.         self.iterators=[]
13.         self.partition_data=[]
14.         for path in self.partition_path:
15.             os.remove(path)
16.
17.     def write(self):
18.         name_partition=str(uuid.uuid4())
19.         file_partition=open(os.path.join(self.tmp_dir, name_partition), "wb")
20.         pickle.dump(self.partition_data, file_partition)
21.         file_partition.close()
22.         self.partition_path.append(os.path.join(self.tmp_dir, name_
            partition))
23.         self.partition_data=[]
24.
25.     def map(self, func):
26.         reduce_partitions=[]
27.         data=[]
28.         for datum in self.iter():
```

```
29.             if datum:
30.                 data.append(func(datum))
31.             if sys.getsizeof(data) >1024:
32.                 reduce_partitions.extend(Partition(data, copy.copy(self
                    .lazy)).action())
33.                 data=[]
34.         if data:
35.             reduce_partitions.extend(Partition(data, copy.copy(self
                .lazy)).action())
36.         return reduce_partitions
37.
38.     def filter(self, func):
39.         reduce_partitions=[]
40.         data=[]
41.         for datum in self.iter():
42.             if func(datum):
43.                 data.append(datum)
44.             if sys.getsizeof(data) >1024 * 1024 * 5:
45.                 reduce_partitions.extend(Partition(data, copy.copy(self
                    .lazy)).action())
46.         if data:
47.             reduce_partitions.extend(Partition(data, copy.copy(self
                .lazy)).action())
48.         return reduce_partitions
49.
50.     def reduce(self, init_value, func):
51.         value=init_value
52.         for datum in self.iter():
53.             value=func(value, datum)
54.         self.clear()
55.         self.partition_data=[value]
56.         return str(value)
57.
58.     def reduceByKey(self, init_value, func):
59.         values={}
60.         for datum in self.iter():
61.             value=values.get(datum[0], init_value)
62.             value=func(value, datum[1])
63.             values[datum[0]]=value
64.         return values
65.
66.     def action(self):
67.         if self.lazy:
68.             op=self.lazy[0]
```

```
69.             self.lazy.remove(op)
70.             if op[0] is "map":
71.                 return self.map(op[1])
72.             if op[0] is "filter":
73.                 return self.filter(op[1])
74.             raise Exception("Unsupported action %s" %op[0])
75.         self.write()
76.         return [self]
```

2）RDD 类

```
1.  class RDD:
2.
3.      def clear(self):
4.          self.partitions=[]
5.
6.      def load(self):
7.          ls=os.listdir(self.tmp_dir)
8.          for name_file in ls:
9.              os.remove(os.path.join(self.tmp_dir, name_file))
10.         lines=[]
11.         file_data=open(self.path, 'r')
12.         for line in file_data:
13.             lines.append(line.strip())
14.             if sys.getsizeof(lines)>128:
15.                 self.partitions.extend(pt.Partition(lines,
                    copy.copy(self.lazy)).action())
16.                 lines=[]
17.         file_data.close()
18.         if lines:
19.             self.partitions.extend(pt.Partition(lines, copy.copy(self
                .lazy)).action())
20.         return self.partitions
21.
22.     def map(self, func):
23.         self.lazy.append((self.MAP, func))
24.         return self
25.
26.     def filter(self, func):
27.         self.lazy.append((self.FILTER, func))
28.         return self
29.
30.     def reduce(self, init_value, func):
31.         self.partitions=self.load()
32.         value=init_value
```

```
33.         for partition in self.partitions:
34.             value=partition.reduce(value, func)
35.         return value
36.
37.     def reduceByKey(self, init_value, func):
38.         self.load()
39.         values={}
40.         for partition in self.partitions:
41.             partition_values=partition.reduceByKey(init_value, func)
42.             for (key, value) in partition_values.items():
43.                 reduce_value=func(values.get(key, init_value), value)
44.                 values[key]=reduce_value
45.         self.clear()
46.         self.partitions=[pt.Partition(sorted(values.items(), reverse=
            True))]
47.         return self
48.
49.     def forEach(self, func):
50.         for partition in self.partitions:
51.             for value in partition.iter():
52.                 func(value)
53.         self.clear()
```

4. 理解 Spark Shuffle 的 bypass 运行机制

datafile 目录中有经过 Map/Reduce 生成的特征数据集文件，统计不同 app 类型对于广告的点击率(有些类型应用就是能推送客户喜欢的广告)。

步骤如下。

(1) 将特征数据集拆分为多个分区，限定每个分区大小不超过 5MB。

(2) 将每个分区内的数据根据 key 写入磁盘中。

(3) 对磁盘的文件进行合并，输出统计结果。

1) Partition 类

```
1.  class Partition:
2.
3.      def iter(self):
4.          iter_data=[]
5.          for file in self.partition_path:
6.              partition_data=pickle.load(open(file, 'rb'))
7.              for datum in partition_data:
8.                  iter_data.append(datum)
9.          return iter_data
10.
11.     def clear(self):
12.         self.iterators=[]
```

```
13.         self.partition_data=[]
14.         for path in self.partition_path:
15.             os.remove(path)
16.
17.     def write(self):
18.         name_partition=str(uuid.uuid4())
19.         file_partition=open(os.path.join(self.tmp_dir, name_partition),
            "wb")
20.         pickle.dump(self.partition_data, file_partition)
21.         file_partition.close()
22.         self.partition_path.append(os.path.join(self.tmp_dir, name_
            partition))
23.         self.partition_data=[]
24.
25.     def map(self, func):
26.         reduce_partitions=[]
27.         data=[]
28.         for datum in self.iter():
29.             if datum:
30.                 data.append(func(datum))
31.             if sys.getsizeof(data)>1024:
32.                 reduce_partitions.extend(Partition(data, copy.copy(self
                    .lazy)).action())
33.                 data=[]
34.         if data:
35.             reduce_partitions.extend(Partition(data, copy.copy(self
                .lazy)).action())
36.         return reduce_partitions
37.
38.     def filter(self, func):
39.         reduce_partitions=[]
40.         data=[]
41.         for datum in self.iter():
42.             if func(datum):
43.                 data.append(datum)
44.             if sys.getsizeof(data) >1024 * 1024 * 5:
45.                 reduce_partitions.extend(Partition(data, copy.copy(self
                    .lazy)).action())
46.         if data:
47.             reduce_partitions.extend(Partition(data, copy.copy(self
                .lazy)).action())
48.         return reduce_partitions
49.
50.     def reduce(self, init_value, func):
```

```
51.         value=init_value
52.         for datum in self.iter():
53.             value=func(value, datum)
54.         self.clear()
55.         self.partition_data=[value]
56.         return str(value)
57.
58.     def shuffle(self):
59.         values={}
60.         for datum in self.iter():
61.             file=values.get(datum[0], [])
62.             file.append(datum)
63.             values[datum[0]]=file
64.         return values
65.
66.     def action(self):
67.         if self.lazy:
68.             op=self.lazy[0]
69.             self.lazy.remove(op)
70.             if op[0] is "map":
71.                 return self.map(op[1])
72.             if op[0] is "filter":
73.                 return self.filter(op[1])
74.             raise Exception("Unsupported action %s" %op[0])
75.         self.write()
76.         return [self]
```

2) RDD类

```
1.  class RDD:
2.
3.      def clear(self):
4.          self.partitions=[]
5.
6.      def load(self):
7.          ls=os.listdir(self.tmp_dir)
8.          for name_file in ls:
9.              os.remove(os.path.join(self.tmp_dir, name_file))
10.         lines=[]
11.         file_data=open(self.path, 'r')
12.         for line in file_data:
13.             lines.append(line.strip())
14.             if sys.getsizeof(lines) >128:
15.                 self.partitions.extend(pt.Partition(lines,
                    copy.copy(self.lazy)).action())
```

```
16.                 lines=[]
17.         file_data.close()
18.         if lines:
19.             self.partitions.extend(pt.Partition(lines, copy.copy(self
                .lazy)).action())
20.         return self.partitions
21.
22.     def map(self, func):
23.         self.lazy.append((self.MAP, func))
24.         return self
25.
26.     def filter(self, func):
27.         self.lazy.append((self.FILTER, func))
28.         return self
29.
30.     def reduce(self, init_value, func):
31.         self.partitions=self.load()
32.         value=init_value
33.         for partition in self.partitions:
34.             value=partition.reduce(value, func)
35.         return value
36.
37.     def reduceByKey(self, init_value, func):
38.         self.load()
39.         values={}
40.         for partition in self.partitions:
41.             partition_files=partition.shuffle()
42.             for (key, files) in partition_files.items():
43.                 for datum in files:
44.                     reduce_value=func(values.get(key, init_value), datum[1])
45.                     values[key]=reduce_value
46.         self.clear()
47.         self.partitions=[pt.Partition(sorted(values.items(), reverse=
            True))]
48.         return self
49.
50.     def forEach(self, func):
51.         for partition in self.partitions:
52.             for value in partition.iter():
53.                 func(value)
54.         self.clear()
```

6.2 机器学习理论

机器学习致力于研究如何通过计算的手段，利用经验来改善系统自身的性能。借用周志华教授著作中对机器学习的解释：

机器学习所研究的主要内容，是关于在计算机上从数据中产生“模型”(model)的算法，即“学习算法”(learning algorithm)。有了学习算法，我们把经验数据提供给它，它就能基于这些数据产生模型；在面对新的情况时，模型会给我们提供相应的判断。

可以看到，机器学习技术提供了解决 CTR 预测问题的方法，即通过展示广告的历史点击数据学习模型，然后去预测未来展示的广告是否会被点击。

6.2.1 回归分析

在统计建模中，回归分析是一类评估变量之间关系的方法的总称。回归分析旨在运用多种数学手段通过建模和分析，找出因变量和一个或者多个自变量(或预测器)之间的关系。更进一步说，回归分析可以帮助找到当其他自变量固定的时候，任意一个自变量的变化如何影响因变量。

通常，回归分析估计了给定自变量时因变量的条件期望值，即自变量固定时因变量的平均值。不常见的是分位数回归，它利用解释变量的多个分位数(例如，四分位、十分位、百分位等)来得到被解释变量的条件分布的相应的分位数方程。在回归分析中，用概率分布描述回归函数预测的因变量的变化是很有意义的。例如，在必要条件分析(NCA)方法中，这种方法对于一个给定值的自变量预测了因变量的最大值而非因变量的平均值。为了确定一个给定的因变量，知道自变量的值是一个必要非充分条件。

回归分析的使用与机器学习很多领域都有着高度的重叠。回归分析也用来了解哪些自变量与因变量有关，并且探索这些关系的具体形式。在条件受限制的情况下，回归分析可以用来推断自变量和因变量之间的因果关系。然而，这种方法会导致自变量与因变量之间的关系预测错误，这种情况下，应该谨慎使用回归分析。

目前，许多应用回归分析的技术已经发展起来了。例如，人们熟悉的线性回归和最小二乘法都属于参数回归，能够通过训练数据得到有限并且未知的参数确定回归函数。非参数回归则指在一系列指定的函数中确定回归函数的一种技术，而这些函数可能是无限维度的。

回归算法在实际应用中的表现取决于数据的生成过程以及选择的回归方法。因为数据真正的生成过程并不知道，所以回归分析在某种程度上往往依赖于对数据生成过程的假设。在数据量充足的情况下做出的假设可以被证实是可靠的。回归模型的预测通常是有用的，即使在一定程度上违背了假设，这种回归模型的预测也通常是有效的，虽然最终的效果可能不是最佳的。

从狭义上看，回归针对的对象可能是连续的变量，而与之相对的离散变量的预测通常被认为是分类问题。为了在相关问题中把回归区分出来。

1. 线性回归

线性回归是使用线性模型对事物进行抽象，属于有监督学习，属于线性模型范畴，用于预测连续数据，属于回归算法。线性回归是以线性方程为基础的回归分析，首先给出如下的线性方程

$$\boldsymbol{y} = a_1x_1 + a_2x_2 + \cdots + a_nx_n + b$$

使用线性代数的方法进行表示得到以下公式

$$\boldsymbol{y} = \boldsymbol{AX}^{\mathrm{T}}$$

式中，$\boldsymbol{A}$ 为$[b, a_1, a_2, \cdots, a_n]$；$\boldsymbol{X}$ 为$[1, x_1, x_2, \cdots, x_n]$。可以看出线性方程表示为一些属性如 $x_1, x_2, \cdots, x_n$ 和 $\boldsymbol{y}$ 之间的关系，其中关系的大小分别用 $b, a_1, a_2, \cdots, a_n$ 来衡量，若只有一个 x 则称为一元线性方程，若有多个 x 则称为多元线性方程。

线性回归是得到上面的线性方程，也就是要求导 $\boldsymbol{A}$(即 $b, a_1, a_2, \cdots, a_n$)。求导 $b, a_1, a_2, \cdots, a_n$ 最著名的方法是使用最小二乘法，对于超定方程(即未知数小于方程个数)其推导过程为

$$\sum_{j=1}^{n}(a_j x_{ij}) = y_i \quad (i = 1, 2, \cdots, m)$$

式中，i 为第 i 个数据；j 为第 j 个属性。使用线性代数方法向量化之后得到

$$\boldsymbol{AX} = \boldsymbol{y}$$

$$\boldsymbol{X}^{\mathrm{T}} = \begin{bmatrix} x_{11} & x_{12} & \cdots & x_{1n} \\ x_{21} & x_{22} & \cdots & x_{2n} \\ \vdots & \vdots & & \vdots \\ x_{m1} & x_{m2} & \cdots & x_{mn} \end{bmatrix}$$

$$\boldsymbol{A} = \begin{bmatrix} a_1 \\ a_2 \\ \vdots \\ a_n \end{bmatrix}$$

$$\boldsymbol{y} = \begin{bmatrix} y_1 \\ y_2 \\ \vdots \\ y_n \end{bmatrix}$$

通过公式知道要想得到一个 $\boldsymbol{A}$ 适用于每一等式不太可能，所以定义一个损失函数，使损失函数最小即可。定义的损失函数为

$$\mathrm{S}(\boldsymbol{\alpha}) = \| \boldsymbol{AX} - \boldsymbol{y} \|^2$$

通过把上面的函数变为最小得到 A 的值，得到如下方程

$$\hat{\boldsymbol{\alpha}} = \mathrm{argmin}(\mathrm{S}(\boldsymbol{\alpha}))$$

通过微分方程能够得到

$$\hat{\boldsymbol{\alpha}}\boldsymbol{XX}^{\mathrm{T}} = \boldsymbol{yX}^{\mathrm{T}}$$

$$\hat{\boldsymbol{\alpha}} = \boldsymbol{y}\boldsymbol{X}^{\mathrm{T}}(\boldsymbol{X}\boldsymbol{X}^{\mathrm{T}})^{-1}$$

上述最小二乘法是可以计算出准确值的方程,但是最小二乘法有很多问题,例如当矩阵不为满秩时,即未知数大于方程数,方程没有解,还有最小二乘法由于涉及的计算量比较大,如很多属性,建议当 n 大于 100 000 时不要使用最小二乘法。除最小二乘法之外,还可以利用迭代法、梯度下降法及牛顿法等进行求解。

迭代法也称为辗转法,是一种不断用变量的旧值递推新值的过程,与迭代法相对应的是直接法,即一次性解决问题。迭代法又分为精确迭代和近似迭代。二分法和牛顿迭代法属于近似迭代法。迭代法是用计算机解决问题的一种基本方法。它利用计算机运算速度快、适合做重复性操作的特点,让计算机对一组指令(或一定步骤)进行重复执行,在每次执行这组指令(或这些步骤)时,都从变量的原值推出它的一个新值。

梯度下降法是一个最优化算法,通常也称为最速下降法。最速下降法是求解无约束优化问题最简单和最古老的方法之一,虽然现在已经不具有实用性,但是许多有效算法都是以它为基础进行改进和修正后得到的。最速下降法是用负梯度方向为搜索方向的,最速下降法越接近目标值,步长越小,前进越慢。使用梯度下降法来寻找最优解,首先随机选取一个 $\boldsymbol{\alpha}_0$,然后来求最终的 $\boldsymbol{\alpha}$。对损失函数求偏导数就会得到斜率,选择斜率最大的下降方向进行梯度下降迭代,其中 β 为学习率步长,即

$$\boldsymbol{\alpha}_j = \boldsymbol{\alpha}_{j-1} - \beta \frac{\partial}{\partial \boldsymbol{\alpha}_{j-1}} S(\boldsymbol{\alpha})$$

梯度下降法能够解决最小二乘法的问题,但是需要提前知道学习率。对于学习率没有固定的经验或是任何公式求出,对于局部最优的执迷也使梯度下降法容易找到局部最优但是很可能不能找到全局最优,在下降到底部时容易产生振荡的现象。

牛顿法的产生就是要解决上面说的问题,基本想法是不仅看一阶偏导,也看二阶偏导,用二阶偏导来衡量要下降的方向,相比最速下降法,牛顿法带有一定对全局的预测性,收敛性质也更优良。牛顿法使用的是 Hesse 矩阵进行运算,由于 Hesse 矩阵有时不可逆或求出逆太困难,那么拟牛顿法就是近似求出牛顿法的方法。

在线性回归求解时,往往会产生过拟合现象。过拟合是由于数据量比较小,所以对特定的数据训练出的模型正确率奇高,而对其他数据训练出的模型正确率又非常低。所以当寻找最优解就是使损失函数最小的过程中,在损失函数上增加一个惩罚系数防止过拟合,惩罚系数有两种,分别为 L1 惩罚和 L2 惩罚,使用 L1 惩罚的回归又称为 Lasso 回归,使用 L2 惩罚的回归又称为 Ridge 回归。L1 惩罚倾向于是某个属性(特征)的影响降到最低,而 L2 惩罚倾向于保留所有属性(特征)的影响。

2. 广义线性回归

在统计学中,广义线性模型(GLM)是一种普通线性回归的灵活推广,它允许具有非正态分布的误差分布模型的响应变量。GLM 允许线性模型通过连接函数与响应变量相关,并且通过允许每个测量方差的大小是其预测值的函数来推广线性回归。

广义线性模型通过允许具有任意分布(而不是简单的正态分布)的响应变量覆盖所有这些情况,并且响应变量的任意函数(连接函数)与预测值线性变化(而不是假设响应本身

必须线性变化)。例如,想要预测海滩晚会的出席者数量可以使用泊松分布和日志链接建模,而预测的海滩晚会的出现概率则可以用伯努利分布(或二项分布)和一个 log-odds(或者 logit)连接函数来解决。

广义线性模式包含了以下主要部分:①来自指数族的分布函数 f;②线性预测子 $\eta=\boldsymbol{X}\beta$;③连接函数 g,使得 $E(y)=\mu=g^{-1}(\eta)$。

1) 指数族

指数族随机变数指其参数 θ 与 τ 的概率密度函数,f(在论离散型随机变数时,则为概率质量函数)可表示为

$$f_Y(y;\theta;\tau) = \exp\left(\frac{a(y)b(\theta)+c(\theta)}{h(\tau)}\right)+d(y,\tau)$$

式中,τ 为变异参数,通常用于解释方差。函数 a、b、c、d 及 h 为已知。许多(不包含全部)形态的随机变数可归类为指数族。θ 与该随机变数的期望值有关。若 a 为恒等函数,则称该分布属于正则形式。另外,若 b 为恒等而 τ 已知,则 θ 称为正则参数,其与期望值的关系可表示为

$$\mu = E(Y) = -c'(\theta)$$

一般情况下,该分布的方差可表示为

$$\mathrm{Var}(Y) = -c''(\theta)h(\tau)$$

2) 线性预测子

线性预测子是将独立变数通过线性组合来近似估计目标变量的算子。符号 η 通常用来表示线性预测子。它与资料的期望值的连接函数值有关(故称为预测子)。

η 表示未知参数 β 的线性组合(故称为线性)。$\boldsymbol{X}$ 则为独立变数所组合而成的观测矩阵。因此,η 可表示为

$$\eta = \boldsymbol{X}\beta$$

$\boldsymbol{X}$ 的元素通常为模式设计时可观测的资料或为实验时所得的数据。

3) 连接函数

连接函数解释了线性预测子与分布期望值的关系。连接函数的选择可视情形而定。通常只要符合连接函数的值域又包含分布期望值的条件即可。

当使用正则参数 θ 的分布时,连接函数需符合 $\boldsymbol{X}^{\mathrm{T}}Y$ 为 β 的充分统计量此一条件。这在 θ 与线性预测子的连接函数值相等时成立。

在指数分布与 Gamma 分布中,其典则连接函数的值域并不包含分布均值,另外其线性预测子亦可能出现负值,此两种分布绝无均值为负的可能。当进行极大似然估计计算时须避免上述情形出现,这时便需要使用非典则连接函数。

6.2.2 聚类分析

聚类分析往往是指将大量样本按照它们自身特性进行合理划分,且划分是在没有先验知识的情况下进行的。聚类分析起源于分类学,在古老的分类学中,人们主要依靠经验和专业知识来实现分类,很少利用数学工具进行定量的分类。随着人类科学技术的发展,对分类的要求越来越高,以致有时仅凭经验和专业知识难以确切地进行分类,于是人们逐

渐地把数学工具引用到了分类学中，形成了数值分类学，之后又将多元分析的技术引入数值分类学形成了聚类分析。

聚类分析可以看成是将数据分类到不同的类或者簇的过程，所以同一个簇中的对象有很大的相似性，而不同簇间的对象有很大的相异性。聚类分析的目标就是在相似的基础上收集数据来分类。聚类源于很多领域，包括数学、计算机科学、统计学、生物学和经济学。在不同的应用领域，很多聚类技术都得到了发展，这些技术方法被用作描述数据，衡量不同数据源间的相似性，以及把数据源分类到不同的簇中。

从机器学习的角度，簇相当于隐藏模式。聚类是搜索簇的无监督学习过程。与分类不同，无监督学习不依赖预先定义的类或带类标记的训练实例，需要由聚类学习算法自动确定标记，而分类学习的实例或数据对象有类别标记。聚类是观察式学习，而不是示例式学习。

从实际应用的角度，聚类分析是数据挖掘的主要任务之一。而且聚类能够作为一个独立的工具获得数据的分布状况，观察每一簇数据的特征，集中对特定的聚簇集合做进一步的分析。聚类分析还可以作为其他算法(如分类和定性归纳算法)的预处理步骤。

1. 聚类算法分类

当前聚类算法一般包括 5 种类别：基于层次的聚类、基于划分的聚类、基于密度的聚类、基于网格的聚类和基于模型的聚类。

1）基于层次的聚类

基于层次的聚类是聚类算法的一种，通过计算不同类别数据点间的相似度来创建一棵有层次的嵌套聚类树。在聚类树中，不同类别的原始数据点是树的最底层，树的顶层是一个聚类的根结点。创建聚类树有自下而上合并和自上而下分裂两种方法。

自下而上合并的聚类过程是把每个样本归为一类，计算每两个类之间的距离，也就是样本与样本之间的相似度。之后寻找各个类之间最近的两个类，把它们归为一类。再重新计算新生成的这个类与各个旧类之间的相似度。最后直到所有样本点都归为一类。

自上而下分裂的聚类过程恰好是相反的，一开始把所有的样本都归为一类，然后逐步将它们划分为更小的单元，直到最后每个样本都成为一类。在这个迭代的过程中定义一个松散度，当松散度最小的那个类的结果都小于阈值时，可以终止分裂。

2）基于划分的聚类

基于划分的聚类原理简单来说就是，如果要对一堆散点进行聚类，希望得到的效果是“类内的点都足够近，类间的点都足够远”。首先确定聚类数目，然后挑选初始中心点，接着依据预先订好的启发式算法给数据点做迭代重置，直到最后到达“类内的点都足够近，类间的点都足够远”的目标效果。

简单而言，针对样本集合，首先创建 k 个划分，k 为聚类个数。然后利用一个循环定位技术通过将对象从一个划分移到另一个划分来帮助改善聚类质量。

3）基于密度的聚类

基于密度的聚类是通过不断生长足够高密度区域来进行聚类，它能从含有噪声的空间数据库中发现任意形状的聚类。它也可以看成是根据样本对象周围的密度不断增长来进行聚类。

在密度聚类过程中，对于空间中的一个样本，如果在给定半径 r 的邻域中包含的其他样本个数大于密度阈值 δ，则该样本被称为核心对象，否则称为边界对象。如果样本 P 是一个核心对象，样本 Q 在样本 P 的邻域内，那么称 P 直接密度可达 Q。密度聚类所期望得到的是由每个核心对象和其密度可达的所有对象构成的一个个类簇。

4）基于网格的聚类

基于网格的聚类一般是采用不同的网格划分方法，将数据空间划分成为有限个单元网格结构，在此基础上做进一步处理。一般核心步骤：首先，采用一定方式进行网格划分；其次，统计网格内的数据信息，根据统计信息判断高密度网格；最后，合并相连的高密度网格单元形成聚类簇。简而言之，是将样本空间划分为有限个单元以构成网格结构，然后利用网格结构完成聚类过程。

基于网格的聚类算法主要包括 STING 算法、CLIQUE 算法、WaveCluster 算法等。这些算法中都存在两个关键参数：网格划分参数 k 和密度阈值 δ。k 表示样本空间的每一维被划分的段数，δ 用于判断一个网格单元是不是高密度网格单元。由于这类算法一般都是在网格单元上进行操作的，因此算法处理时间与数据点数目一般无关，而与网格单元个数相关，具有较好的可伸缩性，能处理大规模数据集。但输入参数对聚类结果往往影响较大，很难给出较为合理有效的参数设置。

5）基于模型的聚类

基于模型的聚类算法主要是采用概率模型或神经网络模型来实现聚类。聚类过程中每个簇对应一个模型，需要找出样本数据对给定模型的最佳拟合，可以通过构建样本空间分布密度函数来实现。算法中可以基于统计来确定聚类数目，从而增强算法的健壮性。

由于基于模型的聚类希望优化样本数据和给定概率模型之间的适应性。因此，算法中常常假设样本数据是根据某种潜在的概率分布生成的。假定样本数据空间属于某种概率分布，可以使用相应的概率密度函数进行表示。样本空间中隐藏的类别可称为概率簇。假设通过聚类分析找出 k 个概率簇 $C_1, C_2, \cdots, C_k$。对于包含 n 个对象的样本数据集 D，可以被认为是由这 k 个概率簇产生的。基于概率模型的聚类分析就是推导出最可能产生数据集 D 的 k 个簇。度量 k 个簇的集合和它们的概率所产生的观测数据集的似然函数。最终目标是找出 k 个簇的参数集合来使得似然函数最大。

2. 代表性聚类算法——*k*-means 算法

k-means 聚类也称为 k 均值聚类，是众多聚类算法中最简单且最常用的一种。从算法基本思想来看，它属于基于划分的聚类。k-means 聚类的核心思想是使同类别样本之间的距离尽可能小，同时保证不同类样本之间距离较大。假设样本集合为 $D=\{x^1, x^2, \cdots, x^n\}$，利用 k-means 聚类可以将集合中的样本聚类形成 k 个簇，k-means 聚类算法流程如下。

1）输入

（1）聚类样本集合 $D=\{x^1, x^2, \cdots, x^n\}$。

（2）分簇数目 k。

2）输出

k 个簇中心：$c^1, c^2, \cdots, c^k$。

3）步骤

(1) 从集合 D 中随机选取 k 个点 $c_0^1, c_0^2, \cdots, c_0^k$，作为 k 个初始的簇中心，$c^1 = c_0^1, c^2 = c_0^2, \cdots, c^k = c_0^k$。

(2) 通过式(6-1)，计算 D 中每个样本到各个簇中心的距离，由此确定该样本所属的簇 j，即

$$j = \operatorname{argmin}_j \| x^i - c^j \|^2 \tag{6-1}$$

(3) 确定所有样本所属的分簇之后，通过式(6-2)重新计算每个簇中心，记录 k 个新的簇中心。

$$c^j = \frac{\sum_{x^i \in j} x^i}{\sum_{x^i \in j} 1} \tag{6-2}$$

(4) 检查是否满足收敛条件，若满足算法终止；若不满足，重复步骤(2)和(3)。

上述算法的收敛条件判断一般是指簇中心不再发生变化或者变化很小。有时也通过设置迭代次数来控制算法的收敛。

虽然 k-means 聚类算法简单且运行速度快，但还存在两个缺点：①初始中心的选择对算法的影响较大，直接影响了最终的聚类结果。②簇的数目 k 要作为输入参数给出，而在很多情况下，一般不知道样本聚成多少个类别较好。k 值较大可能将本身属于同类的样本分裂开来，而 k 值较小可能会将不同类样本归为同一类别。

6.2.3 分类分析

从名词解释来看，分类一般是指按照种类、等级或性质分别归类。也可以理解为是按照特点及性质来划分事物，建立一个分类体系，从而对事物的认知也有规律可循。在计算机领域，分类往往被视为机器学习、数据挖掘的重要分支。计算机对事物的认知也可通过建立分类体系来实现。这种分类也常被称为模式分类。

在机器学习或数据挖掘领域，模式分类一般是用于判断所给定的未知样本属于哪个已知的目标类别。实现模式分类的基本思路是在给定的训练样本集合基础上进行学习与训练，从而得到一个分类器，再利用分类器对未知样本进行分类。例如，在图像识别应用中，人们希望计算机能准确识别出一幅给定图像中的物体。首先需要收集大量图像并对图像中的物体进行人工标注。这些带有标注的图像则作为训练样本集合，基于这些图像的特征与标签可以训练出合理的分类器。之后，将未知图像的特征作为该分类器的输入，分类器可将该图像归为某个已知类别，从而达到物体识别的目的。

随着大数据时代的到来，分类分析也逐渐成为重要的大数据分析策略。从现实应用来看，除了模式分类任务之外，还可以通过数据分类来实现预测任务，用于提取隐藏在数据背后的重要信息。例如，在商品推荐的应用中，是否将商品 A 推荐给用户甲？这个问题可以看成是个二值分类问题。解决该问题时，可以针对用户甲构建一个分类器，也可称为预测模型。该分类器以商品的特征数据作为输入，以 0 和 1 作为输出值，分别代表不推

荐或推荐。由此可见,构建合理高效的分类器是解决分类问题的关键所在。

分类器的构造一般是从统计学角度或机器学习角度出发,由此诞生众多经典的分类算法,如朴素贝叶斯、决策树、随机森林、支持向量机(Support Vector Machine, SVM)、k 近邻、神经网络等。这些算法各有优缺点,适用范围各有不同。它们的共同点在于都可看成是一种有监督的学习方式,也就是通过在带有标签的训练数据上进行学习,由此建立分类器,用于对未知数据进行分类。

1. 朴素贝叶斯

朴素贝叶斯分类算法来源于统计学,其基本思想是利用概率统计的知识来实现分类,即利用贝叶斯公式根据先验概率计算出对象所属类别的后验概率从而实现分类,属于较为经典且常用的分类算法。

朴素贝叶斯分类器是最简单的贝叶斯分类模型,它假定数据样本的各个属性值是相对独立的,其具体流程可简单划分为训练和分类两个阶段。在训练阶段,需要基于训练样本集合计算所需的先验概率及条件概率(似然概率)值;在分类阶段,针对给定的未知样本,基于先验概率及条件概率值分别计算出该样本所属于每个类别的后验概率,由此推断该样本所属类别。

例如,待分类的未知样本是一个包含 d 个属性特征的向量,即 $\boldsymbol{x}=(a_1,a_2,\cdots,a_d)$。已知类别集合 $C=\{c_1,c_2,\cdots,c_m\}$,可分别计算出概率:$P(c_1|\boldsymbol{x}),P(c_2|\boldsymbol{x}),\cdots,P(c_m|\boldsymbol{x})$,若 $P(c_k|\boldsymbol{x})=\max\{P(c_1|\boldsymbol{x}),P(c_2|\boldsymbol{x}),\cdots,P(c_m|\boldsymbol{x})\}$,则该未知样本属于 c_k 类别。这里 $P(c_i|\boldsymbol{x})$ $(1\leqslant i\leqslant m)$ 均为后验概率,当假设各个属性特征是相对独立的,根据贝叶斯定理,后验概率计算过程为

$$P(c_i \mid \boldsymbol{x}) = \frac{P(\boldsymbol{x} \mid c_i)P(c_i)}{P(\boldsymbol{x})} = \frac{P(c_i)}{P(\boldsymbol{x})}\prod_{j=1}^{d} P(a_j \mid c_i)$$

式中,$P(c_i)$ 以及 $P(a_k|c_i)$ $(1\leqslant k\leqslant d)$ 的值均可通过在训练样本集合上进行统计计算而获得。因此,朴素贝叶斯分类器可直接由以下表达式进行表示,即

$$c_k = \underset{c_k \in C}{\operatorname{argmax}}\, P(c_k)\prod_{j=1}^{d} P(a_j \mid c_k)$$

由于其简易性,朴素贝叶斯分类器的应用较为广泛。这里以简化型的基于词语识别的垃圾邮件分类应用为例,来进一步说明朴素贝叶斯分类器的作用。在垃圾邮件识别中,每封电子邮件被视为由多个词语构建的一个文档。通过处理作为训练样本的大量电子邮件,可以获得一个称为词典的词语集合,即 Dictionary $=\{\text{word}_1,\text{word}_2,\cdots,\text{word}_n\}$。同时,所有作为训练样本的电子邮件已被分为两类,即正常邮件(normal)和垃圾邮件(spam)。通过统计方法可以计算出如下的条件概率表:

假设需要进行分类的电子邮件 e 由词汇表中的 $\text{word}_{i1},\text{word}_{i2},\cdots,\text{word}_{ik}$ 构成,则可利用朴素贝叶斯分类器的下述公式,来计算该邮件是正常邮件或垃圾邮件的后验概率,即

$$P(\text{normal} \mid e) = \frac{P(\text{normal})}{P(e)}\prod_{j=1}^{k} P(\text{word}_{ij} \mid \text{normal})$$

$$P(\text{spam} \mid e) = \frac{P(\text{spam})}{P(e)}\prod_{j=1}^{k} P(\text{word}_{ij} \mid \text{spam})$$

上式中的条件概率可通过查表获得。若最终属于垃圾邮件的概率较大,可判断该邮件是垃圾邮件。或者,若属于垃圾邮件的概率大于某一预设的阈值也可以断定该邮件为垃圾邮件。

通过上述介绍及举例可以看出,使用朴素贝叶斯分类器的一个前提是,需要假设样本的各个属性值是相对独立的。然而现实中这一假设条件往往很难成立。为此,需要对朴素贝叶斯分类器进行改进。

树增强朴素贝叶斯网络(Tree Augment Naive Bayes Network,TAN)是一种典型的改进模型。它保留了原始朴素贝叶斯分类器的结构特点,同时放松了独立性假设,使属性之间可以存在简单的依赖关系。其基本思想是用构造树来表示类别与属性值,以及属性值之间的关系。将类别结点作为树的根结点,所有属性为该根结点的孩子结点,由此构建一棵树。若属性之间有依赖关系,则在属性结点之间加入相应的边。但需要注意的是,每个属性最多与另外一个属性之间存在关联。因此可以看出,TAN 算法考虑了两两属性之间的关联性,从而一定程度上降低了属性的独立性假设,但是仍没有考虑属性之间可能存在更多的关联性。除此之外,还有其他多种贝叶斯理论衍生的分类算法,如半朴素贝叶斯模型、贝叶斯信念网络分类模型等。

2. 决策树

在机器学习中,决策树一般被视为一个预测模型,代表了样本属性与样本类别之间的一种映射关系。决策树也是典型的分类方法之一,可称为分类决策树模型。该模型是由结点和边组成的树状结构,这里需要注意的是决策树中的边均为有向边。决策树中的结点一般包括内部结点和叶子结点两种类型,其中内部结点一般表示一个特征属性或一个特征属性集合,叶子结点一般表示样本的类别。树中的边一般表示属性的取值。在使用决策树模型进行分类的时候,从根结点开始,对样本的某一个特征取值进行判断,根据判断结果遍历其子结点。再依次向下遍历,直至达到最终的叶子结点,即得到该样本的类别。

基于决策树模型的分类可以看成是一种归纳分类的过程,主要包含两个步骤:①在训练样本集合基础上,挖掘出分类规则,从而可以对新样本的类别进行预测,这个过程为训练阶段,也称为决策树构建阶段。②分类阶段针对给定的未知样本,从根结点开始,按照各层的属性及判断规则向下遍历,直到叶子结点为止,从而获得该样本对应的类别。

同样以垃圾邮件分类应用为例,来阐述分类决策树模型的工作原理。假设通过特征提取,每封邮件都可以由一个 n 维特征向量来表示,换言之,每封邮件都有 n 个属性特征值,表示为 $A_1, A_2, \cdots, A_n$。通过在训练样本集合上进行学习与挖掘,可构建如图 6.14 所示的一棵决策树。当对新邮件进行分类时,取新邮件的相应属性值,从决策树根结点起依次进行遍历与判断,直到某个叶子结点为止。从图 6.14 中可以看出,在对新电子邮件 e 进行分类时,依次比较了属性 A_{15}, A_2, A_{33}, A_1,最终判断出该邮件为垃圾邮件。

通过上述示例可以看出,决策树的构建属于分类决策树模型的核心。而且也看出在决策树构建时,一般需要实现特征的选择,找出那些具有良好分类特性的特征。因此,特征选择往往也是决策树构建算法的重要组成部分。当前最具代表性的决策树构建方法有 ID3 算法和 C4.5 算法两种,它们一般也被直接称为决策树算法。

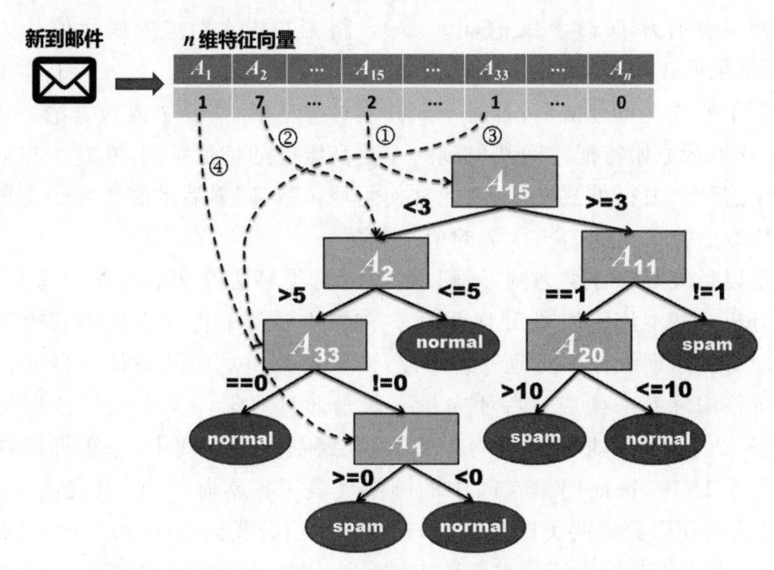

图 6.14　基于分类决策树模型的垃圾邮件分类应用示例

ID3 算法是以信息论为基础的，该算法通过计算信息熵和信息增益作为选择特征的衡量标准，从而实现对训练样本集的归纳分类。在 ID3 算法中，每次选择信息增益最大的特征来对训练样本集进行划分，直至划分结束。这里需要解决的问题是如何判断划分的结束。一般可分为两种情况：第一种情况是划分出来的所有样本属于同一个类，第二种情况是当前已没有属性可供再分了。在这两种情况下，都可视为算法结束。

C4.5 算法的目标也是要找到从属性值到类别的映射关系，并且能用于对新样本进行分类。它是在 ID3 算法基础上提出的，也是通过不断选择特征来构建决策树。C4.5 算法与 ID3 算法最显著的不同在于二者选择特征的基准有差别：C4.5 算法是用信息增益率来选择特征，而 ID3 是用信息增益来选择特征。

3. 支持向量机

支持向量机（Support Vector Machine，SVM）一般被视为一种二类分类模型。该模型是在特征空间上找到一个能最大化不同类别样本间隔的线性分类器。如图 6.15 所示，五角星和圆点两类点分别代表两类样本，SVM 模型就是找到图 6.15 中实线将两类样本区分开来，并且使得它们之间的间隔最大。这条实线也被称为超平面，得到最大间隔的那些虚线上的点可以看成是支持向量，最终线性分类器由这些支持向量来确定。

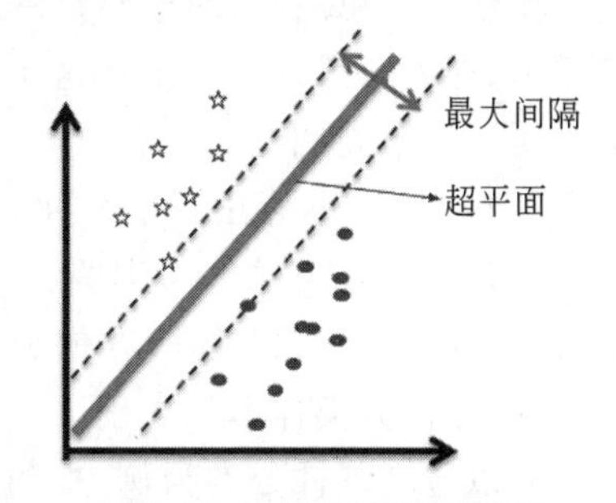

图 6.15　SVM 模型示意图

假设有 n 个训练样本点，$\boldsymbol{x}$ 表示样本点，$\boldsymbol{y}$ 表示样本类别，线性分类器的构造目标就是要在特征空间中找到一个超平面 $\boldsymbol{w}^{\mathrm{T}}-\boldsymbol{x}+\boldsymbol{b}=0$。各个样本点到超平面的距离，即几何间距，可表示为 $\boldsymbol{y}(\boldsymbol{w}^{\mathrm{T}}\boldsymbol{x}+\boldsymbol{b})/\|\boldsymbol{w}\|_2$。优化目标是使该距离最大化。通过转换与求解，可得到超平面对应参数 $\boldsymbol{w}$ 和 $\boldsymbol{b}$，以及分类决策函数。最终

分类决策函数可表示为 $f(\boldsymbol{x})=\text{sign}(\boldsymbol{w}^{\mathrm{T}}\boldsymbol{x}+\boldsymbol{b})$。将未知样本对应的属性值代入该决策函数,通过判断结果的正负,来实现未知样本的分类。

以上是简单的线性可分情形,若对于线性不可分情形,需要引入核方法。核方法的基本思想是,将样本从原始特征空间映射到一个更高维度的特征空间,在这个空间内样本线性可分。由于这种映射很难被发现,因此常使用核函数,映射后的高维特征空间内的向量点积值可以用原始特征空间内核函数的值来代替。

下面还是以垃圾邮件分类为例,来阐述 SVM 分类算法的基本流程。基于 SVM 的垃圾邮件分类分析的基本流程如图 6.16 所示。首先需要从邮件数据库中获得大量标注好的训练样本。每一条训练样本对应一封邮件,由该邮件所对应的特征向量和标识该邮件是否为垃圾邮件的标签来构成。特征向量一般是通过对邮件文本进行分析与处理来获得,可参见 5.4.2 节特征提取相关内容。其次,在特征向量空间中,基于训练样本来构建分类器。在图 6.16 中,特征向量空间中的圆圈代表了正常邮件,圆点代表了垃圾邮件。通过 SVM 算法可获得分隔两类的超平面,这里可以用分类函数 $f(\boldsymbol{x})=\boldsymbol{w}^{\mathrm{T}}\boldsymbol{x}+\boldsymbol{b}$ 来表示该超平面,其中 $\boldsymbol{x}$ 为特征向量。该分类函数也被称为分类器。最后,对于新到的邮件可进行分类判断。利用同样的特征提取方法从新邮件内容中提取出相应的特征向量 $\boldsymbol{x}'$,将该特征向量作为分类函数的输入。若 $f(\boldsymbol{x}')\geqslant 0$,即该特征向量在超平面上方,则可判断该邮件为普通正常邮件;反之,$f(\boldsymbol{x}')<0$,即该特征向量在超平面下方,则可判断该邮件为垃圾邮件。

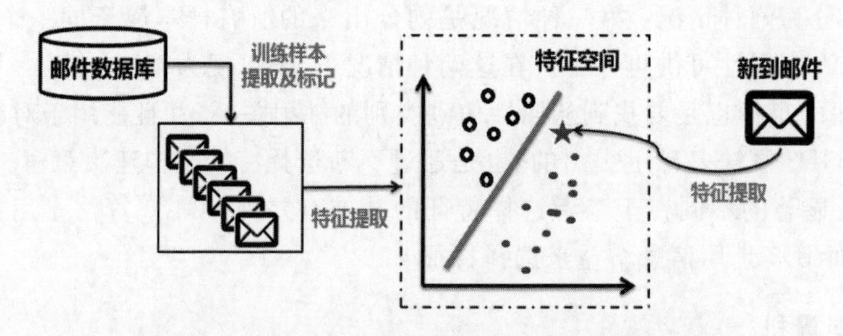

图 6.16 基于 SVM 的垃圾邮件分类分析基本流程

4. k 近邻

k 近邻也被称为 k 最近邻(k-Nearest Neighbor,kNN)算法,是一种简单有效的分类算法。算法基本思路是,对于给定的一个未知样本,在特征空间中找出与其最相似的 k 个已知样本(即 k 个最近邻),统计这 k 个已知样本中,出现频度最高的那个类别,则该未知样本也属于这个类别。

可以看出,kNN 算法属于一种 lazy-learning 算法,算法中不需要对分类器进行训练,而是直接计算待分类样本与训练样本之间的距离,通过对距离值排序得到 k 个最近邻。之后,再采取一种投票(vote)类的机制,统计出在 k 个最近邻中出现次数最多的那个类别,以此作为待分类样本的类别。

下面以垃圾邮件分类为例,来阐述 kNN 分类算法的基本流程。如图 6.17 所示,每个训练样本对应特征空间中的一个向量点，其中圆圈为正常邮件，圆点为垃圾邮件。对于新收到的邮件，同样对应到特征空间中的一个点，用五角星表示。在 kNN 分类中 $k=3$ 时，可以看出五角星的 3 个最近邻中圆点有 2 个，圆圈有 1 个，由此可以判断新收到的邮件为垃圾邮件。

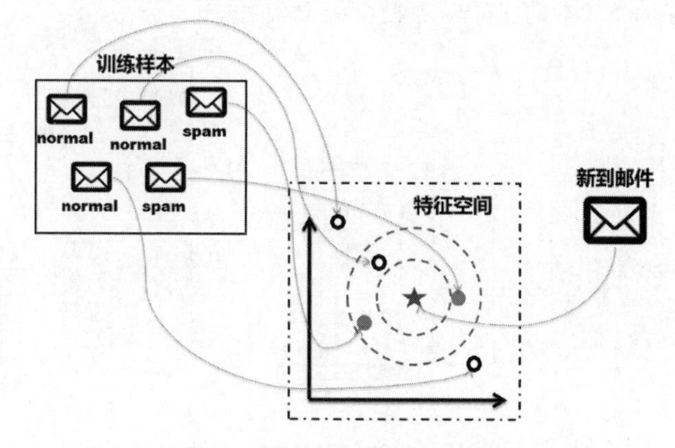

图 6.17　kNN 分类算法的基本流程

从上述例子可以看出，在整个 kNN 算法过程中存在三个关键环节。第一个环节是距离度量，特征空间中样本之间的距离可以看成是点与点之间的距离，最为常用的是欧氏距离计算。

若 $\boldsymbol{x}_i$ 和 $\boldsymbol{x}_j$ 分别为两个样本对应的 n 维特征向量，二者的欧氏距离为

$$L_2(\boldsymbol{x}_i, \boldsymbol{x}_j) = \left(\sum_{l=1}^{n} (\boldsymbol{x}_i^l - \boldsymbol{x}_j^l)^2\right)^{\frac{1}{2}}$$

有时 L_1 范式距离（曼哈顿距离）也常被使用，即

$$L_1(\boldsymbol{x}_i, \boldsymbol{x}_j) = \sum_{l=1}^{n} \mid \boldsymbol{x}_i^l - \boldsymbol{x}_j^l \mid$$

除此之外，还有汉明距离、夹角余弦距离等，需要针对不同应用情形来决定采用哪种距离度量方法。第二个环节是 k 的选择问题，当 $k=1$ 时，kNN 变为 NN，直接用最近邻的类别标签作为所分类样本的标签。在一些场景下这种方法也是可行的。更多的时候，如何选择一个较好的 k 值对分类是有较大影响的。当 k 值较小时，近似误差会减小产生过度拟合，噪声点或错误类别点对结果将产生影响，估计误差会变大。当 k 值较大时，估计误差会变小，但近似误差又会增大。因此 k 值的选择会对方法造成影响。第三个环节是用于分类决策的投票机制。投票机制是一种简单的多数规则，也就是在 k 个近邻中，哪个标签数目最多，就把未知样本归为哪一类。但这往往会存在一定误差，尤其是当 k 值选择不当时，误差可能更为明显。而且，如果没有找出数目最多的那个类，而是多个类标签数目相等，则较难给出合理判断。

6.2.4　机器学习测试

为了验证机器学习的效果，需要算法工程师给出一种衡量实际输出与预期输出之间的审核或者比较的过程，其中预期输出由测试人员和开发人员根据模块或接口需求预先

决定并记录在测试用例当中。例如,作为一个产品推销的网站的员工,测试人员需要向老板(决策人员)说明算法工程师给出的广告推荐算法的效果是否优于已有的广告推荐算法的效果,测试人员需要在设计测试用例时给出一些原始模拟数据和预期的输出结果,然后实际调用接口去看返回的结果和预先给定的期望结果的接近程度。图 6.18 是按照软件工程测试时设想的一个基本的机器学习模型测试流程。

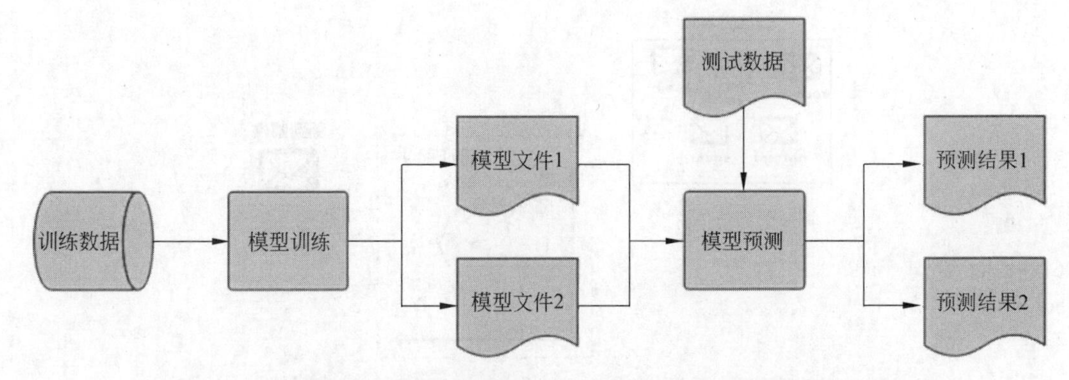

图 6.18 按照软件工程测试时设想的一个基本的机器学习模型测试流程

如图 6.18 所示,该模型功能有两段程序:模型训练和模型预测(圆角矩形表示)。

(1) 模型训练程序输入训练数据,输出模型文件。

(2) 模型预测程序输入模型文件和测试数据,输出预测结果。

如果按照软件工程设想的方法进行测试,则开发人员会先走上面的分支得到模型文件 1 和预测结果 1 作为接口测试期望输出,测试人员会走下面的分支得到模型文件 2 和预测结果 2 作为接口测试实际输出,这时测试人员往往会发现期望输出和实际输出是有一定偏差的,而对于这个偏差是否允许存在,即使允许存在差距多少是合适的,开发和测试有不同的理解。因此,该功能是否能够通过测试,两边就会产生分歧,造成软件工程管理上的冲突,影响软件开发的效率和质量。同时,随着机器学习模型在软件系统中应用越来越广泛,这个矛盾逐渐凸显出来,因此开发和测试亟须对机器学习模型的测试方法的理论和实践达成共识。

1. 训练集和测试集划分

在完成机器学习模型设计之后,需要将已有数据集分为训练集(training set)和测试集(test set)。其中,训练集是用于训练模型的子集,测试集是用于测试训练后模型的子集。

当把数据集划分为训练集和测试集的时候,模型训练的流程:在每一次迭代的过程中,先通过训练集的数据对模型进行训练,而后通过测试集来对该模型进行测试,并以测试结果作为指导来调整模型的各种超参数。

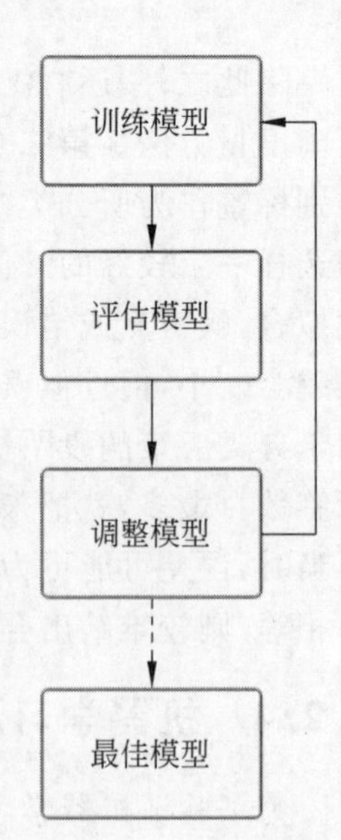

图 6.19 测试流程

根据图 6.19 所示的流程思考:该流程可能存在哪些问题? 还

有没有可以改进的空间？

对于训练集，训练集的规模越大，训练的模型的学习效果就越好；对于测试集，测试集的规模越大，对于评估指标的信息就越充足。通常，测试集与训练集的比例在 1∶9 左右。但这个比例仅提供参考，在实际应用中仍然要应变，图 6.20 为训练集和测试集的划分比例。

图 6.20　训练集和测试集的划分比例

对于测试集的选择有两点要求：规模足够大，能代表整个数据集。此外，千万不要将测试集的数据混入训练集当中，即错误地对测试集进行了训练。如果发现训练模型测试的准确度达到了 100%，请不要开始庆祝，先确认训练集中是不是混入了测试集的数据。

2. 训练集、验证集和测试集

对于仅将数据集分为训练集和测试集的流程。可以发现，通过一次次地使用测试集对模型进行测试，会造成不自觉地过拟合测试集数据的风险（毕竟是以测试集的测试结果来作为参考调整模型的超参数）。一种更好的划分方法就是引入另一个名为验证集的数据集，这些数据成为验证数据。图 6.21 为训练集、验证集和测试集的划分情况。

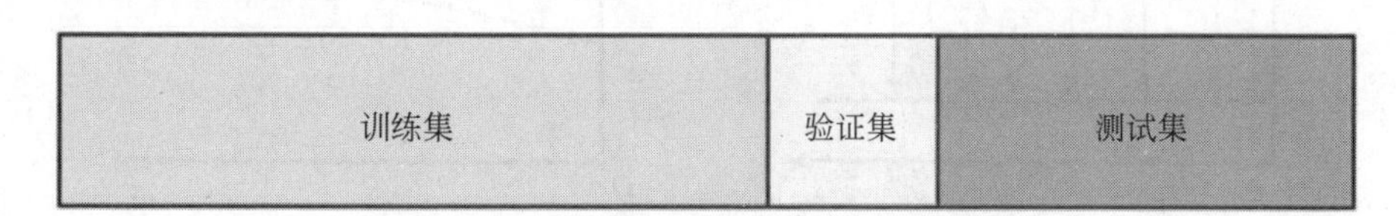

图 6.21　训练集、验证集和测试集的划分情况

在图 6.22 所示的流程中，暂且不使用任何测试数据。在每一次迭代、验证、调整超参数时仅根据验证数据来得到较好的结果。此时再根据验证集得到的模型来代入测试集的数据进行测试。如果这时模型通过了测试集的测试（与验证集测试的结果同样好），这次训练便是成功的；如果这时模型通过了验证集的测试，却没有通过测试集的测试，便可知对验证集进行了过拟合。

3. 训练与损失

简单来说，训练模型表示通过标签样本来学习（确定）所有权重和偏差的理想值。在监督式学习中，机器学习算法通过以下方式构建模型：检查多个样本并尝试找出可最大限度地减少损失的模型。这一过程称为经验风险最小化。

损失是对糟糕预测的惩罚。损失是一个数值，表示对于单个样本模型预测的准确程度。如果模型预测完全准确，则损失为零，否则损失会较大。训练模型的目标是从所有样本中找到一组平均损失较小的权重和偏差。例如，图 6.23(a)为损失较大的模型，图 6.23(b)为损失较小的模型。

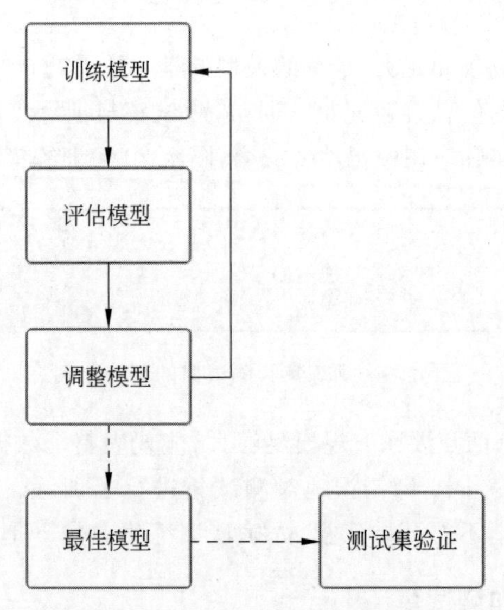

图 6.22 有了验证集后的测试流程

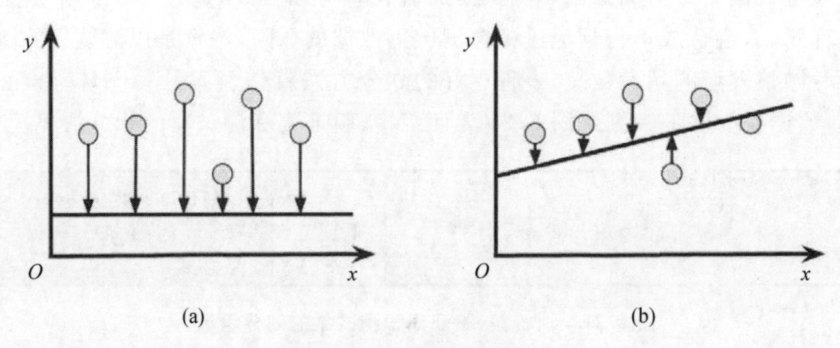

图 6.23 训练与损失

注意：图 6.23(a)中的箭头比图 6.23(b)中的对应的箭头长得多。显然，相较于图 6.23(a)中的线，图 6.23(b)中的线代表的是预测效果更好的模型。

为了能够数值化地表示各个模型预测的损失值，算法工程师设计了各种衡量损失的数值化方法：均方误差、绝对误差等。

1）均方误差

均方误差(MSE)指每个样本的平均平方损失。要计算 MSE，需求出各个样本的所有平方损失之和，然后除以样本数量，即

$$\text{MSE}=\frac{1}{N}\sum_{(x,y)\in D}(y-\text{prediction}(x))^2$$

式中，x 为进行预测时使用的特征集(例如，CTR 预测中的设备类型、之前是否点击类似广告等)；y 为样本标签(例如，CTR 预测中的用户是否点击广告)；prediction(x)为权重和偏差与特征集 x 作为输入的函数；N 为数据集中样本数量。

2）绝对误差

绝对误差指每个样本的平均绝对值损失。要计算绝对误差，需求出各个样本的所有

损失绝对值之和，然后除以样本数量，即

$$\text{MSE} = \frac{1}{N}\sum_{(x,y)\in D} |\ y - \text{prediction}(x)\ |$$

4. 实践方法

作为机器学习测试工程师，重点应该关注测试集是否和真正要解决的问题一致。具体来说，如果机器学习模型目标是预测用户对于某类广告的点击情况，同时实际待预测数据中为此类广告的样本，那么测试集也应该以此类广告的数据为主。这样才能保证机器学习模型评估效果和线上用户使用的真实效果一致，而线上数据的真实情况往往是开发人员容易忽视的。

另外在机器学习中，如果模型的训练集中包含了全部或部分测试集数据，或者机器学习模型在训练过程中使用了线上不能提前得到的数据，那么机器学习模型的评估往往是比真实情况偏高的。所以测试工程师需要控制测试集的构造和维护，尽量做到与训练集互斥，并保证实际测试集所用的数据都是线上可以提前拿到的，并部分或完全对开发人员保密。另外，还需要注意的是线上数据会随着时间在一定程度上发生变化，因此测试集需要定期进行维护和更新，这点也需要依赖有着完整规范的测试流程。

同时，需要结合具体问题选择测试指标，如果只关注整体分类情况可以使用准确率进行衡量，如果更关注正样本的效果则可以使用查准率和召回率，如果关注待预测样本的排序能力则使用 AUC。因此，测试工程师对模型评估指标适用范围的理解，是能否做好机器学习模型测试的关键。同时需要注意的是，机器学习的指标通常不够直观，测试人员可以借助一些可视化的方法进行对比。

6.3　从图像分类上详解机器学习技术

本节介绍图像分类问题，该问题的任务是为拥有固定类别的输入图像分配一个标签。这是计算机视觉中的核心问题之一，尽管其简单，但具有解决各种各样实际应用问题的能力。此外，许多其他看似不同的计算机视觉任务（例如，物体检测、分割）可以简化为图像分类。

例如，在图 6.24 的图像中，图像分类模型给出 4 种分类结果{cat，dog，hat，mug}的概率。如图 6.24 所示，计算机图像可以表示为一个大的三维数字数组。在该示例中，猫图像是 248（宽）×400（高）像素，并且具有红色、绿色、蓝色（或简称 RGB）3 个颜色通道。因此，图像由 248×400×3 个数字组成，或总共 297 600 个数字。每个数字都是一个整数，范围从 0（黑色）～255（白色）。图像分类模型的任务是将这个 25 万个数字转换为单个标签，如 cat。

由于识别视觉概念（例如，猫）的这项任务对于人来说是相对微不足道的。但是对于计算机视觉算法来说，图像的原始表示作为亮度值的三维数组，因此从计算机视觉算法的角度考虑是具有一定挑战的。下面给出图像分类模型面临的挑战，具体实例如图 6.25 所示。

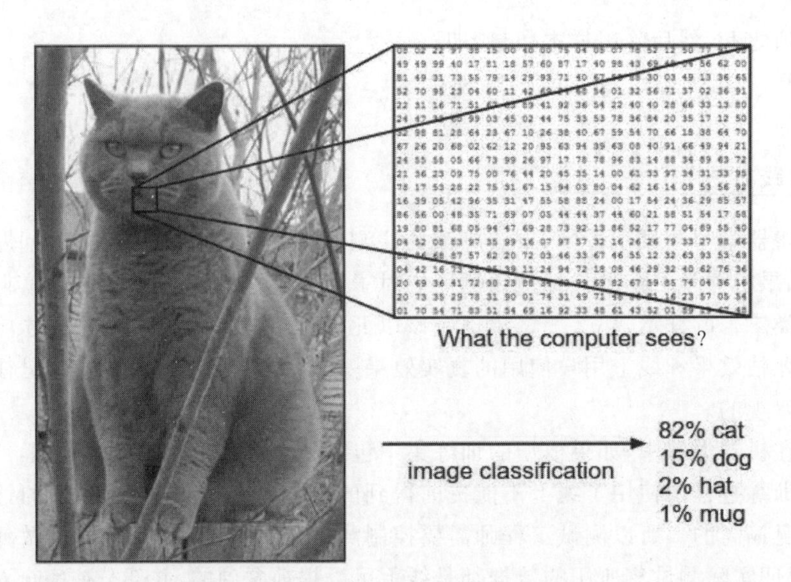

图 6.24　图像分类模型的输入及产出结果

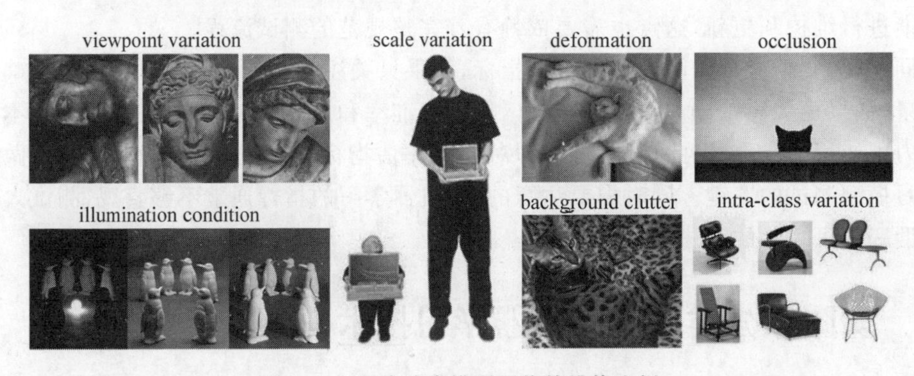

图 6.25　图像分类模型面临的挑战实例

(1) 观点变化(viewpoint variation)：对象的单个实例可以相对于照相机以多种方式定向。

(2) 规模变化(scale variation)：视觉类通常表现出其大小的变化(现实世界中的大小,不仅是它们在图像中的范围)。

(3) 形变(deformation)：许多目标物体不是刚体,并且可以以极端方式变形。

(4) 闭塞(occlusion)：目标对象可以被遮挡。有时只能看到一小部分物体(少至几个像素)。

(5) 照明条件(illumination condition)：受到照明的影响,像素级别上的变化是十分剧烈的。

(6) 背景杂乱(background clutter)：目标物体可能融入其环境中,使其难以识别。

(7) 种内变异(intra-class variation)：目标类别通常可以比较宽泛,如学校。这些对象有许多不同类型,每个对象都有自己的不同外观。

一个良好的图像分类模型必须能够应对上述所有这些变化,同时保持对类间变化的敏感性。如何编写可以将图像分类为不同类别的算法？与编写普通算法(例如，对数字列表进行排序)不同，工程师编写用于识别图像中目标物体的描述并不明确。因此，工程师不会尝试直接在代码中指定每个感兴趣类别的内容(例如，比较数值大小)，而是采用与孩子一样的方法：工程师将为计算机提供许多示例，然后开发学习算法来观察这些示例，并了解每个类的视觉外观。这种方法被称为数据驱动方法，因为它依赖于首先积累的标记图像训练数据集。图 6.26 是 4 个视觉类别的示例训练集。

图 6.26　4 个视觉类别的示例训练集

在实践中，每个类别可能拥有数千个类别和数十万个图像。已经看到图像分类中的任务是采用表示单个图像的像素数组并为其指定标签。完成的算法过程如下。

(1) 输入：输入由一组 N 个图像组成的数据集，每个图像用一种类别进行标记。将此数据称为训练集。

(2) 学习：模型的任务是使用训练集来了解每个分类的外观大体形状。将此步骤称为训练分类器或学习模型。

(3) 评估：要求分类器预测从未见过的一组新图像的标签来评估分类器模型的分类准确率。然后，比较这些图像的真实标签与分类器预测的标签。好的分类器给出的标签与真正的答案(称为基本事实)相匹配。

1. 最近邻分类

最近邻分类器与卷积神经网络无关，在实践中很少使用，但它可以让人们了解图像分类问题的基本方法。

示例图像分类数据集：CIFAR-10。CIFAR-10 数据集是一种流行玩具图像的分类数据集。该数据集由 60 000 个 32×32×3 像素图像组成。每个图像都标有 10 个类别中的一个(例如，飞机、汽车、鸟等)。这 60 000 个图像被划分为 50 000 个图像的训练集和 10 000 个图像的测试集。在图 6.27 中，可以看到 10 个类中每个类的 10 个随机示例图像。

现在假设已经获得了 50 000 张图像的 CIFAR-10 训练集(每个标签有 5000 张图像)，希望标记剩下的 10 000 张图像。最近邻分类器将拍摄测试图像与每个训练图像进

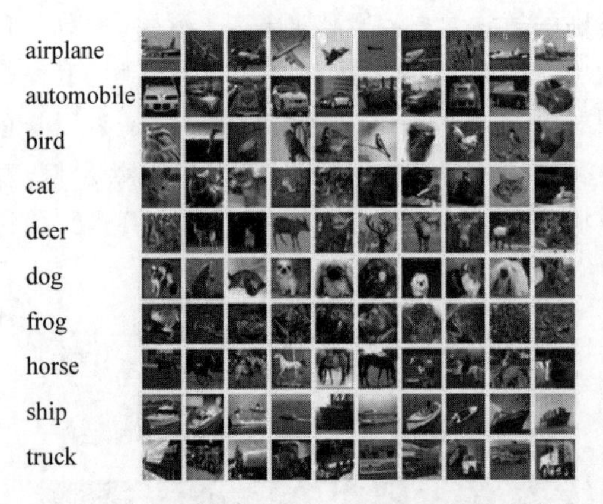

(a) CIFAR-10 数据集的图像

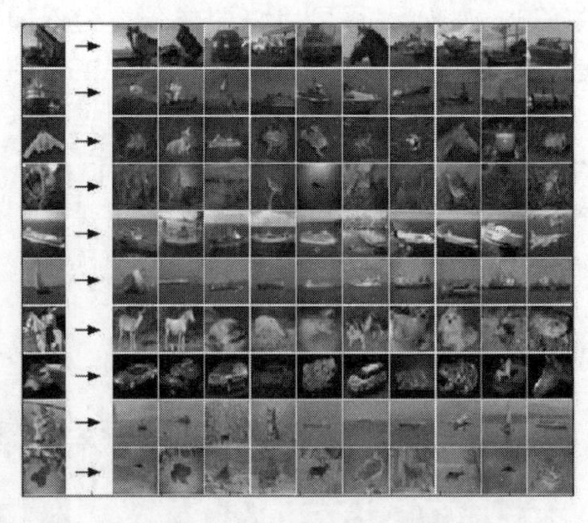

(b) 第一列显示了一些测试图像

图 6.27 CIFAR-10 数据集

行比较，并预测最接近的训练图像的标签。在图 6.27(a)中，可以看到 10 个类中每个类的 10 个随机示例图像。在图 6.27(b)中，可以看到 10 个示例测试图像的此类过程的示例结果。注意，在 10 个示例中，只有大约 3 个检索到同一类的图像。例如，在第 8 行中，距离马头最近的训练图像是第一辆汽车，可能是由于强烈的背景，结果在这种情况下，这种马的图像被错误标记为汽车。

本文没有详细说明如何比较两个图像的细节。最简单的方法是逐个像素地比较图像并将所有图像差异相加。换句话说，给定两个图像并将它们表示为矢量 $\boldsymbol{I}_1$、$\boldsymbol{I}_2$，比较它们的合理选择可能是 L_1 距离，即

$$d(\boldsymbol{I}_1,\boldsymbol{I}_2)=\sum_p \mid \boldsymbol{I}_1^p-\boldsymbol{I}_2^p \mid$$

式中，$d(\boldsymbol{I}_1,\boldsymbol{I}_2)$表示所有像素的总和。图 6.28 描述了可视化的过程，训练图像和测试图像进行矩阵的差值计算，然后将所有差异值加到一个数字上。如果两个图像相同，则结果为零；但如果两个图像差异很大，结果会很大。

test image

56	32	10	18
90	23	128	133
24	26	178	200
2	0	255	220

\-

training image

10	20	24	17
8	10	89	100
12	16	178	170
4	32	233	112

=

pixel-wise absolute value differences

46	12	14	1
82	13	39	33
12	10	0	30
2	32	22	108

→ 456

图 6.28 使用像素方差来比较具有 L_1 距离的两个图像(在该示例中为一个颜色通道)的示例

如何在代码中实现分类器。首先，将 CIFAR-10 数据作为 4 个数组加载到内存中：训练数据/标签和测试数据/标签。在下面的代码中，Xtr(大小为 50 000×32×32×3)保存训练集中的所有图像，相应的一维数组 Ytr(长度 50 000)保存训练标签(0～9)：

```
1. Xtr, Ytr, Xte, Yte=load_CIFAR10('data/cifar10/') #a magic function
```

```
   we provide
2. #flatten out all images to be one-dimensional
3. Xtr_rows=Xtr.reshape(Xtr.shape[0], 32 * 32 * 3) #Xtr_rows becomes 50000 x
   3072
4. Xte_rows=Xte.reshape(Xte.shape[0], 32 * 32 * 3) #Xte_rows becomes 10000 x
   3072
```

以下是可视化的过程：

```
1. nn=NearestNeighbor() #create a Nearest Neighbor classifier class
2. nn.train(Xtr_rows, Ytr) #train the classifier on the training images
   #and labels
3. Yte_predict=nn.predict(Xte_rows) #predict labels on the test images
4. #and now print the classification accuracy, which is the average number
5. #of examples that are correctly predicted(i.e. label matches)
6. print 'accuracy: %f' %( np.mean(Yte_predict==Yte) )
```

注意：作为评估标准，通常使用准确度，该准确度测量正确率的预测分数。构建的所有分类器都满足这一个通用 API，它们具有 train(X,y)函数，该函数可以获取数据和标签。

在内部，类应该构建某种标签模型以及如何从数据中预测它们。然后有一个预测 X 的函数，它接收新数据并预测标签。当然，本节遗漏了事情的本质——实际的分类器本身。以下是一个简单的最近邻分类器的实现，其 L_1 距离满足此模板：

如果运行此代码，会发现此分类器仅在 CIFAR-10 上达到 38.6%。这比随机猜测效果稍好一些(因为有 10 个类别可以提供 10%的准确度)，但是远没有达到人类表现(估计大约 94%)或最先进的卷积神经网络 (95%以上)的效果(参见最近在 CIFAR-10 上举办的 Kaggle 比赛的排行榜)。

计算矢量之间的距离还有许多其他方法。另一种常见的方法可能是使用 L_2 距离，其具有计算两个向量之间的欧氏距离的几何解释。

在实际的最近邻居应用程序中，可以省略平方根操作，因为平方根是单调函数。也就是说，它缩放距离的绝对大小，但它保留了排序，因此最近的邻居有或没有它是相同的。如果使用此距离在 CIFAR-10 上运行最近邻分类器，将会获得 35.4%的准确度(略低于 L_1 距离结果)。

特别地，当涉及两个矢量之间的差异时，L_2 距离比 L_1 距离效果更差。L_1 和 L_2 距离(或等效于一对图像之间差异的 L_1/L_2 范数)是 p 范数中最常用的特殊情况。

2. *k* 近邻分类算法

在最近邻算法中，仅使用最近图像的标签是存在问题的。实际上，通过使用所谓的 k 最近邻分类器，可以做得更好。这个想法非常简单：不是在训练集中找到最近的单个图像，而是找到最前面的 k 个最近的图像，并让它们在测试图像的标签上投票。特别是，当 $k=1$ 时，恢复最近邻分类器。直观地说，较高的 k 值具有平滑效应，使分类器有更好的鲁棒性。

1）参数调整

k 近邻分类器需要 k 的设置。但是，k 的值是多少能使效果最好？另外，可以使用许多不同的距离函数：L_1 范数、L_2 范数，或者其他选择（例如，点积）。这些选择被称为超参数，它们经常出现在许多从数据中学习的机器学习算法的设计中。人们应该选择哪些“值/设置”通常并不明显。

可以尝试使用许多不同的值，看哪种方法效果最好。这确实是我们将要做的，而且必须非常谨慎地完成。特别注意的是，不能使用测试集来调整超参数。无论何时设计机器学习算法，都应该将测试集视为一种非常宝贵的资源，理想情况下，直到最后一次才能触及。否则，可以调整超参数以在测试集上正常工作，并且部署模型之后可能会发现性能显著降低。另一种看待测试集合的方法是，如果在测试集上调整超参数，就可以有效地使用测试集作为训练集。但是，如果最后只使用一次测试集，那么它仍然是衡量分类器泛化的一个很好的测试方法。

幸运的是，有一种调整超参数的正确方法，它根本不会触及测试集。可以将训练集分成两部分：一个稍小的训练集，以及称为验证集的训练集。以 CIFAR-10 为例，可以使用 49 000 个训练图像进行训练，并留出 1000 个进行验证。该验证集主要用作伪测试集来调整超参数。

2）交叉验证

如果训练数据（以及验证数据）的大小很小，人们有时会使用更复杂的技术进行超参数调整，称为交叉验证。使用之前的示例，不是任意选择前 1000 个数据点作为验证集和静态训练集，而是通过迭代来获得更好且噪声更小的 k 估计值。验证集并平衡这些性能。例如，在图 6.29 所示的 5 倍交叉验证中，将训练数据分成 5 个相等的样本集，其中 4 个用于训练，1 个用于验证。然后将迭代哪个样本集是验证样本集，评估性能，最后平均不同样本集的性能。

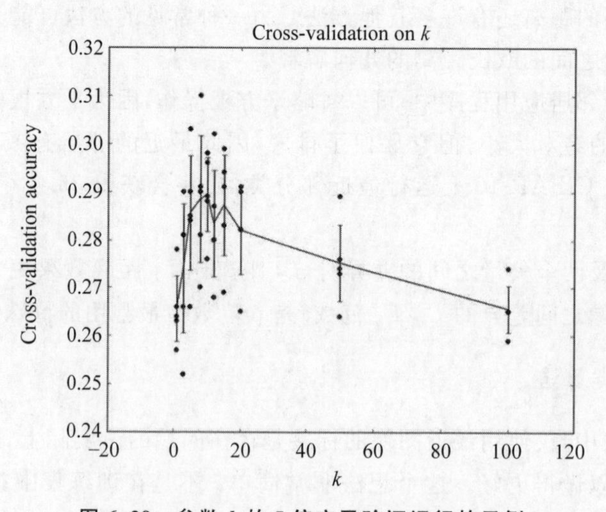

图 6.29 参数 k 的 5 倍交叉验证运行的示例

在实践中，人们更喜欢避免交叉验证而支持单个验证拆分，因为交叉验证在计算上可能是昂贵的。人们倾向于使用的分组是训练数据的 50%～90%用于训练，然后进行验证。但是，这取决于多个因素。例如，如果超参数的数量很大，可以倾向于使用更大的验证拆分；如果验证集中的示例数量很少(可能只有几百个)，则使用交叉验证会更安全。实践中可以看到的典型折叠数量是交叉验证的 3 倍、5 倍或 10 倍。

考虑最近邻分类器的一些优点和缺点。显然，一个优点是实现和理解起来非常简单。另外，最近邻分类器没有时间训练，因为所需要的只是存储训练数据的索引。但是，在测试时索引数据需要消耗一定的计算成本，因为对测试示例进行分类需要与每个训练示例进行比较。在实践中，人们经常关心测试时的效率远远超过训练时的效率。

另外，最近邻分类器的计算复杂度是研究的活跃领域，并且存在可以加速数据集(例如，FLANN)中的最近邻居查找的若干近似最近邻(ANN)算法和库。这些算法允许人们在检索期间利用其空间/时间复杂度来权衡最近邻检索的正确性，并且通常依赖于涉及构建 kdtree 或运行 k 均值算法的预处理/索引阶段。

在某些设置中，最近邻分类器有时可能是一个不错的选择(特别是如果数据是低维的)，但它很少适用于实际的图像分类设置。一个问题是图像是高维物体(即它们通常包含许多像素)，并且高维空间上的距离可能非常违反直觉。图 6.30 说明了基于像素的 L_2 相似度与感知相似度非常不同，原始图像[见图 6.30(a)]和其旁边的其他 3 个图像，基于 L_2 像素距离，它们都离它很远。显然，像素距离根本不对应于感知或语义相似性。

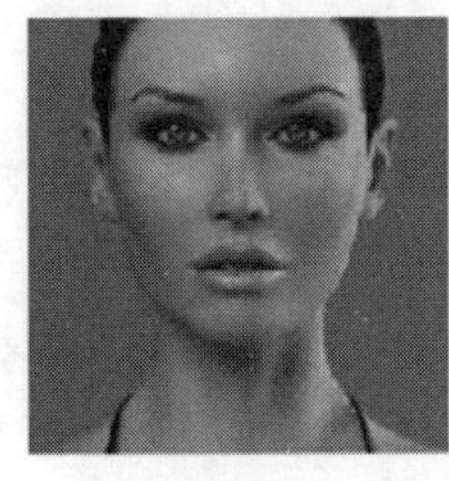
(a) original

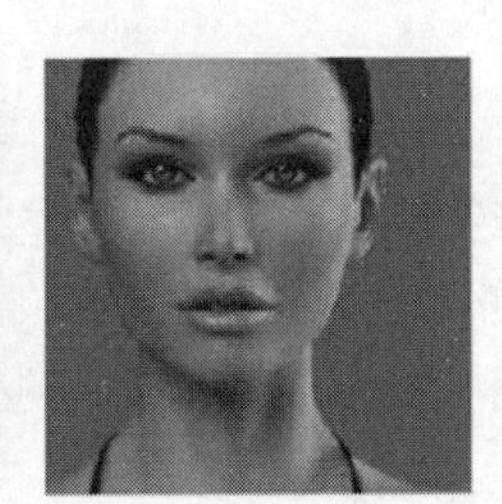
(b) shifted

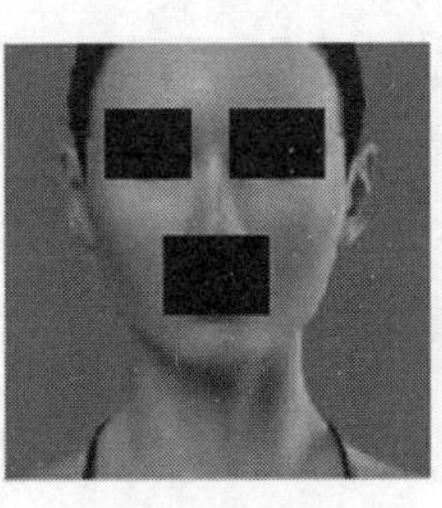
(c) messed up

(d) darkened

图 6.30 高维数据(尤其是图像)上的基于像素的距离可能非常不直观

仅使用像素差异来比较图像是不够的。可以使用一种名为 t-SNE 的可视化技术来获取 CIFAR-10 图像并将它们嵌入二维中，以便最好地保留它们的成对(局部)距离。此可视化方法基于 L_2 像素距离，附近显示的图像被认为非常接近，如图 6.31 所示。

注意背景的强烈影响而不是语义类差异。特别要注意的是，彼此相邻的图像更多的是图像的一般颜色分布，或背景的类型而不是它们的语义标识的函数。例如，可以看到一只狗非常靠近青蛙，因为两者都碰巧在白色背景上。理想情况下，希望所有 10 个类的图像形成自己的聚类，因此相同类的图像彼此相邻，而不管无关的特征和变化(例如，背景)。但是，要获得此属性，必须超越原始像素。针对 k 近邻算法的总结如下。

(1) 针对图像分类问题本书给出了一组图像，这些图像都用单个类别标记。然后，要求为一组新的测试图像预测这些类别，并测量预测的准确性。

(2) 引入简单分类器 Nearest Neighbor，有多个超参数(例如，k 的值或用于比较示例

图 6.31 使用 t-SNE 以二维嵌入的 CIFAR-10 图像

的距离类型)与此分类器相关联,并且没有明显的选择方法。

(3) 设置这些超参数的正确方法是将训练数据分成两部分：训练集和验证集。尝试不同的超参数值,并保留在验证集上获得最佳性能的值。

(4) 如果缺乏培训数据情况,可以采取交叉验证方式,它可以帮助减少噪声,估计哪些超参数最有效。

(5) 找到最佳超参数后,会修复它们并对实际测试集执行单一评估。

(6) 最近邻可以在 CIFAR-10 上获得大约 40%的准确率。它实现起来很简单,但要求存储整个训练集,并且在测试图像上进行评估是很昂贵的。

(7) 最后,可以看到在原始像素值上使用 L_1 或 L_2 距离是不够的,因为距离与图像的背景和颜色分布相比与其语义内容相关性更强。

在接下来,将着手解决这些挑战并最终达到提供 90%准确度的解决方案,在学习完成后完全丢弃训练集,并且算法将在不到 1ms 的时间内评估测试图像。如果希望在实践中应用 kNN 算法,需按以下步骤操作。

(1) 预处理数据：规范化数据中的要素(例如,图像中的一个像素),使其均值和单位方差为零。

(2) 如果数据维度非常高,可以考虑使用降维技术,如 PCA、随机投影等。

(3) 将训练数据随机分成训练/分组。根据经验,70%～90%的数据通常用于数据拆分。此设置取决于拥有多少超参数以及人们希望它们具有多大影响力。如果有很多超参数需要估算,那么应该设置更大的验证集,以便在有效地估算它们时犯错误。如果担心验证数据的大小,最好将训练数据拆分为折叠并执行交叉验证。

(4) 针对 k 的多种选择(越多越好)以及跨越不同距离类型(L_1 和 L_2 距离度量),在验证数据上训练和评估 kNN 分类器。

(5) 如果 kNN 分类器运行时间过长,考虑使用近似最近邻库(例如,FLANN)来加速检索(以某种准确度为代价)。

(6) 记下产生最佳结果的超参数。有一个问题：是否应该使用具有最佳超参数的完整训练集，因为如果要将验证数据折叠到训练集中，最佳超参数可能会改变(因为数据的大小会更大)。在实践中，不在最终分类器中使用验证数据。

3. 分类器

6.2 节介绍了图像分类的问题，即从固定的一组类别为图像分配单个标签的任务。更重要的是，本书描述了 kNN 分类器，它通过将图像与来自训练集的(注释的)图像进行比较来标记图像。kNN 有如下缺点。

(1) 分类器必须记住所有训练数据并将其存储，以备将来与测试数据进行比较。这是空间效率低下的，因为数据集的大小可能很容易为千兆字节。

(2) 对测试图像进行分类是昂贵的，因为它需要与所有训练图像进行比较。

现在介绍一种更强大的图像分类方法，该方法最终自然地扩展到整个神经网络和卷积神经网络。该方法有两个主要组成部分：将原始数据映射到类别分数的映射函数，以及量化预测分数与实况标签之间一致性的损失函数。然后将这个过程作为一个优化问题，在这个问题中将最小化关于分数函数参数的损失函数。

1) 参数化映射

该方法的第一个组成部分是定义分数函数，该分数函数将图像的像素值映射到每个类的置信度分数。本书将通过一个具体的例子来说明该方法。和以前一样，假设一个图像的训练数据集 $\boldsymbol{x}_i \in R^D$，每个都与标签 y_i 相关联。这里 $i=1,2,\cdots,N$ 和 $y_i \in 1,2,\cdots,K$。也就是说，我们有 N 个图像样本(每个都有维数 D)和 K 个不同的类别。例如，在 CIFAR-10 中，有 $N=50\ 000$ 个图像的训练集，每个图像的 $D=32\times32\times3$ 像素$=3072$ 像素，有 $K=10$ 个不同的类别(如狗、猫、汽车等)。现在定义得分函数 $f:R^D \mapsto R^K$，其将由原始图像像素映射到每个类的得分。

在本节中，从最简单的得分函数开始，即线性映射为

$$f(\boldsymbol{x}_i,\boldsymbol{W},\boldsymbol{b}) = \boldsymbol{W}\boldsymbol{x}_i + \boldsymbol{b}$$

式中，假设图像 $\boldsymbol{x}_i$ 将其所有像素平坦化为形状[$D\times1$]的单个列向量。矩阵 $\boldsymbol{W}$(大小为[$K\times D$])和 $\boldsymbol{b}$ 向量(大小为[$K\times1$])是函数的参数。在 CIFAR-10 中，$\boldsymbol{x}_i$ 包含第 i 个图像中的所有像素，扁平化为单个[3072×1]列，$\boldsymbol{W}$ 为[10×3072]，$\boldsymbol{b}$ 为[10×1]，因此 3072 个数字进入函数(原始像素值)和 10 个数字出来(类别分数)。$\boldsymbol{W}$ 中的参数通常称为权重，$\boldsymbol{b}$ 称为偏差矢量，因为它影响输出分数，但不与实际数据 $\boldsymbol{x}_i$ 相互作用。但是，会经常听到人们使用术语权重和参数。有 4 点需要注意。

(1) 单矩阵乘法 $\boldsymbol{W}\boldsymbol{x}_i$ 能够有效地评估 10 个单独的分类器(每个类一个)，其中每个分类器是 $\boldsymbol{W}$ 的一行。

(2) 考虑给定固定输入数据($\boldsymbol{x}_i$，y_i)，可以控制参数 $\boldsymbol{W}$、$\boldsymbol{b}$ 的值。参数 $\boldsymbol{W}$、$\boldsymbol{b}$ 的目标是使计算的类别得分与整个训练集中的实况标签相匹配。下面将详细介绍如何完成此操作，但直观地说，算法希望正确的类具有高于不正确类的分数。

(3) 这种方法的一个优点是训练数据用于学习参数 $\boldsymbol{W}$、$\boldsymbol{b}$，但是一旦学习完成，就可以丢弃整个训练集并且仅保留学习的参数。这是因为新的测试图像可以简单地通过该功能

转发，并基于计算的分数进行分类。

(4) 对于测试图像进行分类涉及单个矩阵乘法和加法，这比将测试图像与所有训练图像进行比较要快得多。

2) 线性分类器

线性分类器将类的分数计算为其所有 3 个颜色通道中所有像素值的加权和。根据这些权重的值，该功能具有在图像中的某些位置处喜欢或不喜欢(取决于每个权重的符号)某些颜色的能力。例如，可以想象如果图像两侧有很多蓝色(可能与海水相关)，船类可能更有可能。可能会认为船分类器在其蓝色通道权重上会有很多正权重(蓝色的存在会增加船的得分)，红色/绿色通道中的负权重(红色/绿色的存在会降低分数)，如图 6.32 所示。为了可视化，假设图像只有 4 像素(4 个单色像素，为简洁起见在此示例中不考虑颜色通道)，并且有 3 个类别[红色(猫)，绿色(狗)，蓝色(船)]。将图像像素拉伸到一列并执行矩阵乘法以获得每个类的分数。应该注意的是，这组特定的权重 $\boldsymbol{W}$ 并不是很好：权重为猫图像指定了非常低的猫得分。特别是，这组重量似乎确信它正在看着一只狗。

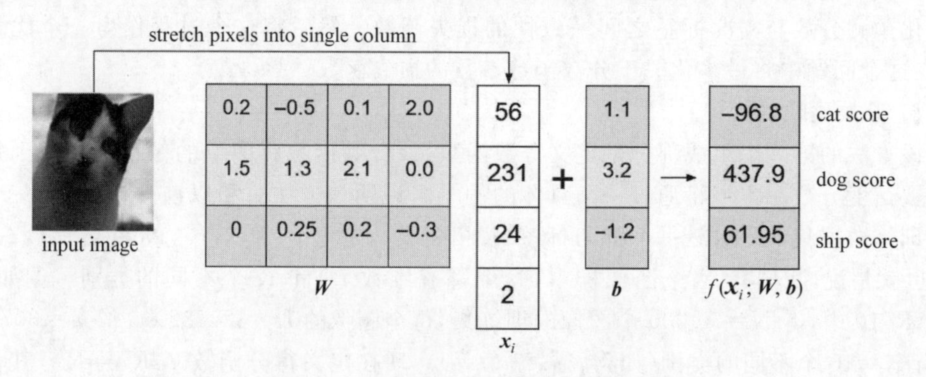

图 6.32 将图像映射到具体分数的示例

由于图像被拉伸成高维列向量，可以将每个图像解释为该空间中的单个点(例如，CIFAR-10 中的每个图像是 32×32×3 像素的 3072 维空间中的点)。类似地，整个数据集是(标记的)点集。将每个类别的得分定义为所有图像像素的加权和，因此每个类别的得分是该空间上的线性函数。人类无法想象 3072 维空间，但如果将所有这些维度压缩到只有两个维度，那么可以理解可视化分类器可能正在做什么。图 6.33 是图像的二维空间表示，其中每个图像是单个点，并且可视化 3 个分类器。使用汽车分类器的示例(car classifier 线)，car classifier 线显示空间中汽车类的得分为零的所有点。car classifier 线的箭头显示增加的方向，因此 car classifier 线右侧的所有点都有正(和线性增加)分数，左边的所有点都有负(和线性减少)分数。

如上所述，$\boldsymbol{W}$ 的每一行都是其中一个类的分类器。这些数字的几何解释是，当改变 $\boldsymbol{W}$ 的一行时，像素空间中的对应线将以不同的方向旋转。另一方面，偏差 $\boldsymbol{b}$ 允许分类器翻译线条。特别要注意的是，插入 $\boldsymbol{x}_i=0$ 时无论权重如何，总是会得分为零，因此所有线都将被迫越过原点。将线性分类器解释为模板匹配。

权重 $\boldsymbol{W}$ 的另一种解释：$\boldsymbol{W}$ 的每一行对应于其中一个类的模板(或有时也称为原型)。

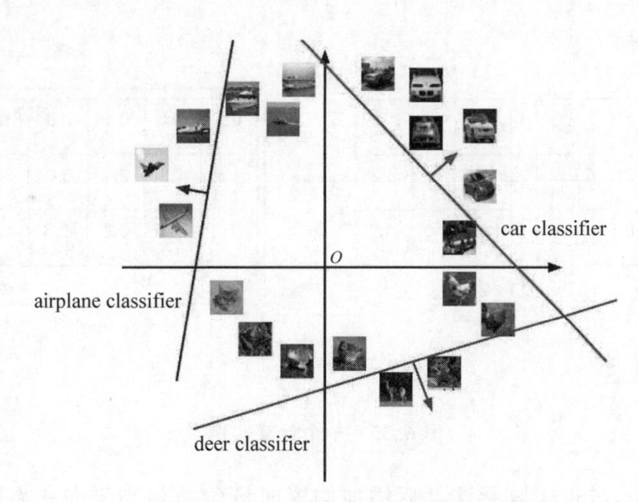

图 6.33 图像的二维空间表示

然后通过逐个地使用内积(或点积)将每个模板与图像进行比较来获得图像的每个类的得分,以找到最适合的那个。该方法仍然在计算最近邻,但是该算法只使用每个类的单个图像而不是拥有数千个训练图像(并且它不一定必须是训练集中的图像),该方法使用内(负)积作为距离而不是 L_1 或 L_2 距离。

如图 6.34 所示,船模板包含许多预期的蓝色像素。因此,一旦与海洋上的船舶图像匹配,该模板将给出高分。另外,马模板似乎包含一个双头马,这是由于数据集中左右两侧的马。线性分类器将数据中的这两种马模式合并为单个模板。同样,汽车分类器似乎已将几种模式合并为一个模板,该模板必须识别来自所有侧面和所有颜色的汽车。特别是,这个模板最终变成红色,这暗示 CIFAR-10 数据集中的红色汽车比任何其他颜色都多。线性分类器太弱而无法正确解释不同颜色的汽车,神经网络将允许执行此任务。展望未来,神经网络将能够在其隐藏层中开发中间神经元,可以检测特定的汽车类型(例如,面向左侧的绿色汽车,面向前方的蓝色汽车等),下一层的神经元可以将这些组合在一起通过各个汽车探测器的加权总和得到更准确的汽车得分。

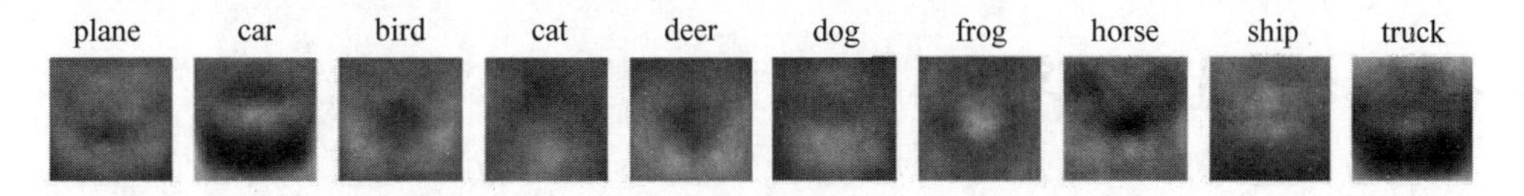

图 6.34 在学习 CIFAR-10 结束时学习的权重示例

前面提到一个常见的简化技巧,将两个参数 $\boldsymbol{W}$、$\boldsymbol{b}$ 表示为一个。回想一下,分类器中的得分函数分别跟踪两组参数(偏差 $\boldsymbol{b}$ 和权重 $\boldsymbol{W}$)有点麻烦。一个常用的技巧是将两组参数组合成一个矩阵,通过扩展矢量 $\boldsymbol{x}_i$ 来保持它们两者,其中一个额外维度保持常量 1(默认的偏差维度)。使用额外维度,新分数函数将简化为单个矩阵乘法,即

$$f(\boldsymbol{x}_i,\boldsymbol{W}) = \boldsymbol{W}\boldsymbol{x}_i$$

使用 CIFAR-10 示例,$\boldsymbol{x}_i$ 现在是[3073×1]而不是[3072×1](额外维度保持常量 1),$\boldsymbol{W}$ 现在是[10×3073]而不是[10×3072]。$\boldsymbol{W}$ 现在对应于偏差 $\boldsymbol{b}$ 的额外列。图 6.35 的实

例有助于帮助理解。

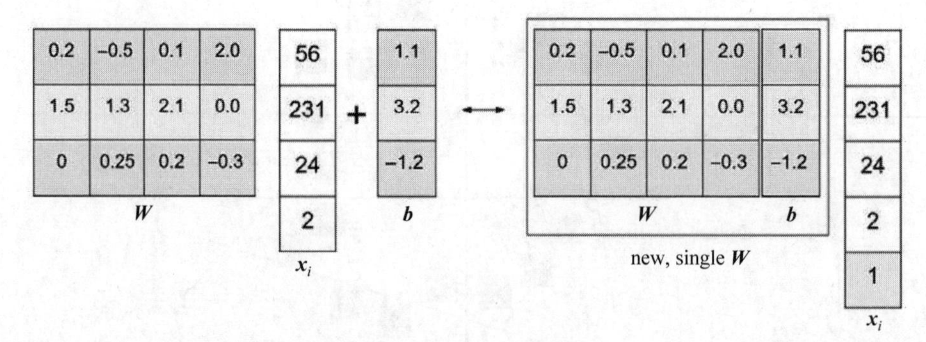

图 6.35 一个计算实例

在这个例子中,进行矩阵乘法然后添加偏置向量(左)相当于向所有输入向量添加常数为 1 的偏置维,并将权重矩阵扩展 1 列——偏置列(右)。因此,如果将数据附加到所有向量来预处理数据,只需要学习单个权重矩阵而不是两个保持权重和偏差的矩阵。这里使用了原始像素值(范围为[0,255])。在机器学习中,总是对输入要素进行规范化是非常常见的做法(在图像的情况下,每个像素都被视为一个特征)。特别是,通过从每个要素中减去平均值来居中数据非常重要。在图像的情况下,这对应于计算训练图像上的平均图像,并从每个图像中减去它,以获得像素为[−127,127]的图像。进一步常见的预处理是缩放每个输入要素,使其值的范围为[−1,1]。

3) 损失函数作用

在 6.2 节中,定义了一个从像素值到类得分的函数,它由一组权重 **W** 参数化来使预测的类别分数与实况标签一致。

例如,回到猫的示例图像及其猫、狗和船等级的分数,看到该示例中的特定权重集并不是非常好:在猫的像素中,与其他类别(狗得分 437.9 和船舶得分 61.95)相比,猫的得分非常低(−96.8)。因此,需要将直观地对训练数据的分类结果进行估计。直观地说,如果对训练数据进行分类方面做得很差,损失就会很高;如果做得很好,损失就会很低。

6.4 Spark 机器学习

在机器学习中,优化的目标往往会定义成损失函数,其中损失是衡量预测错误代价的量化指标。由于损失函数很难直接计算全局最优解,因此大多机器学习算法使用了梯度下降方法进行求解,即给定一组参数,梯度下降计算对应模型的预测损失,然后调整这些参数以减少损失。重复这一过程,直到损失不能进一步减少。可以想象,如果每一轮迭代都要通过磁盘 I/O 进行读写是多么缓慢的过程。Spark 通过提供 MLlib API,帮助开发人员完成分类、回归、聚类、协同过滤、模式发现等机器学习基础模型,屏蔽掉了对底层分布式数据处理的问题。

Spark ML(见图 6.36)对于用户来讲是透明的,它是由 ML 开发者开发完成之后直接提供给用户的分布式机器学习算法,但是当实现自己开发的算法时,还是需要对 Spark

有深入理解，因此本书提供了 mini-batch gradient descent 的实现原理。

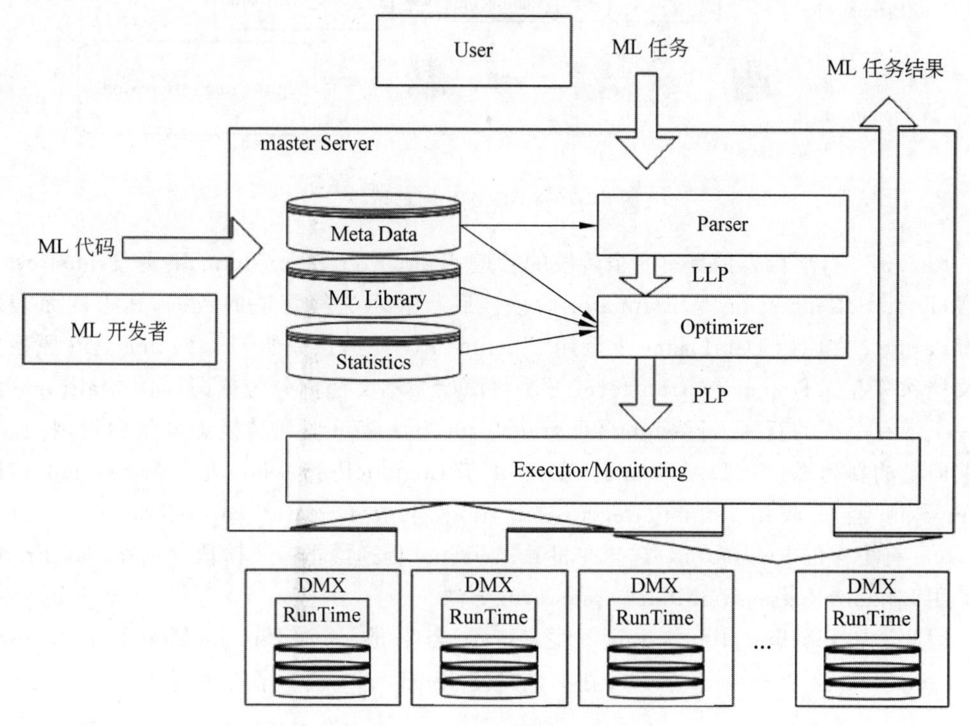

图 6.36　Spark ML 基础架构

6.4.1　Spark 机器学习流程

机器学习可以应用于各种数据类型，例如矢量、文本、图像和结构化数据。此 API 采用 Spark SQL 的 DataFrame 以支持各种数据类型。DataFrame 支持许多基本和结构化类型。除了 Spark SQL 指南中列出的类型之外，DataFrame 还可以使用 ML Vector 类型。可以从常规 RDD 隐式或显式创建 DataFrame。

在机器学习中，通常运行一系列算法来处理和学习数据。例如，简单的文本文档处理工作流程可能包括 3 个阶段。

（1）将每个文档的文本拆分为单词。

（2）将每个文档的单词转换为数字特征向量。

（3）使用特征向量和标签学习预测模型。

MLlib 将此类工作流表示为管道，其由一系列以特定顺序运行的管道阶段（Transformer 阶段和 Estimator 阶段）组成。本节中将此简单工作流用作运行示例。

管道被指定为阶段序列，并且每个阶段是变换器或估计器。这些阶段按顺序运行，输入 DataFrame 在通过每个阶段时进行转换。对于 Transformer 阶段，在 DataFrame 上调用 transform 方法；对于 Estimator 阶段，调用 fit 方法以生成 Transformer，并在 DataFrame 上调用 Transformer 的 transform 方法。

简单的文本文档工作流说明了这一点。图 6.37 说明了管道培训时间的使用情况。

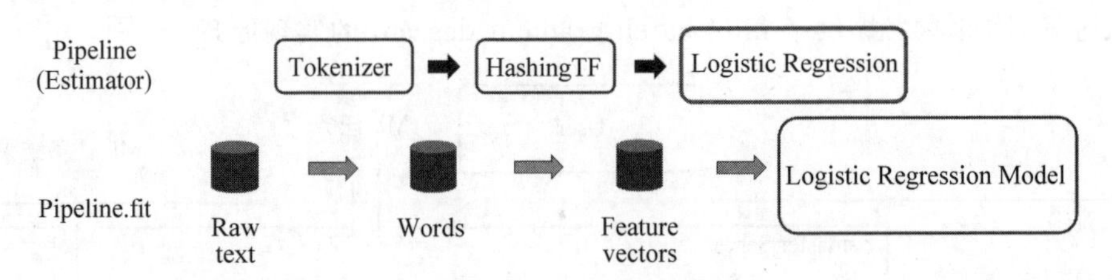

图 6.37 Spark ML 训练阶段

图 6.37 中，顶行表示具有 3 个阶段的管道，Tokenizer 和 HashingTF 是 Transformer 阶段，LogisticRegression 是 Estimator 阶段。底行表示流经管道的数据，其中柱面表示 DataFrame。在原始 DataFrame 上调用 Pipeline. fit 方法，该原始 DataFrame 具有原始文本文档和标签。Tokenizer. transform 方法将原始文本文档拆分为单词，向 DataFrame 添加一个带有单词的新列。HashingTF. transform 方法将单词列转换为要素向量，将包含这些向量的新列添加到 DataFrame。现在，由于 LogisticRegression 是一个 Estimator，因此 Pipeline 首先调用 LogisticRegression. fit 来生成 LogisticRegressionModel。如果 Pipeline 有更多的 Estimators，它会在将 DataFrame 传递给下一个阶段之前在 DataFrame 上调用 LogisticRegressionModel. transform 方法。

因此，在 Pipeline. fit 方法运行之后，它会生成一个 PipelineModel，它是一个 Transformer。这个 PipelineModel 在测试时使用，图 6.38 说明了这种用法。

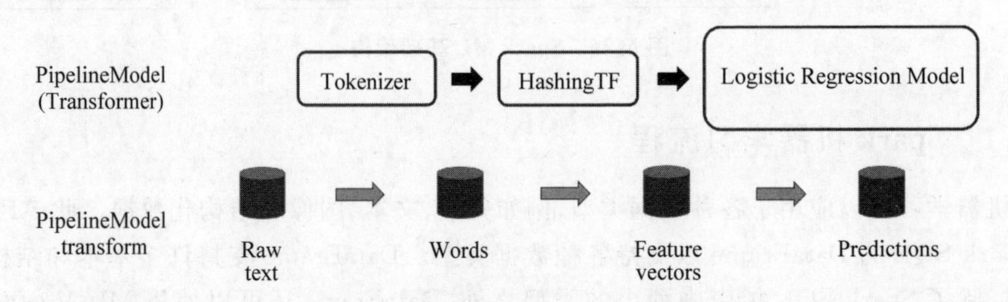

图 6.38 Spark ML 测试阶段

在图 6.38 中，PipelineModel 具有与原始 Pipeline 相同的阶段数，但原始 Pipeline 中的所有 Estimators 都变为 Transformers。当在测试数据集上调用 PipelineModel . transform 方法时，数据将按顺序通过拟合的管道传递。每个阶段的 transform 方法都会更新数据集并将其传递给下一个阶段。

MLlib Estimators 和 Transformers 使用统一的 API 来指定参数。Param 是一个带有自包含文档的命名参数。ParamMap 是一组(参数，值)对。将参数传递给算法有两种主要方法。

(1) 设置实例的参数：例如，如果 lr 是 LogisticRegression 的实例，则可以调用 lr . setMaxIter(10)使 lr. fit()最多使用 10 次迭代。此 API 类似于 spark. mllib 包中使用的 API。

(2) 通过 ParamMap 将参数传递给 fit()或 transform()：ParamMap 中的任何参数都将覆盖先前通过 setter 方法指定的参数。

参数属于 Estimators 和 Transformers 的特定实例。例如，如果有两个 LogisticRegression 实例 lr1 和 lr2，那么可以构建一个指定了两个 maxIter 参数的 ParamMap：ParamMap(lr1.maxIter -> 10,lr2.maxIter -> 20)。如果管道中有两个带有 maxIter 参数的算法，这将非常有用。

6.4.2 Spark 机器学习举例

逻辑回归是预测分类响应的常用方法。这是广义线性模型的一个特例，可以预测结果的概率。在 spark.ml 中，逻辑回归可以用于通过二项逻辑回归来预测二元结果，或者它可以用于通过使用多项逻辑回归来预测多类结果。使用 family 参数在这两个算法之间进行选择，或者保持不设置，Spark 将推断出正确的变量。

```
1.  import org.apache.spark.ml.classification.LogisticRegression
2.  import org.apache.spark.ml.linalg.{Vector, Vectors}
3.  import org.apache.spark.ml.param.ParamMap
4.  import org.apache.spark.sql.Row
5.
6.  //Prepare training data from a list of (label, features) tuples.
7.  val training=spark.createDataFrame(Seq(
8.    (1.0, Vectors.dense(0.0, 1.1, 0.1)),
9.    (0.0, Vectors.dense(2.0, 1.0, -1.0)),
10.   (0.0, Vectors.dense(2.0, 1.3, 1.0)),
11.   (1.0, Vectors.dense(0.0, 1.2, -0.5))
12. )).toDF("label", "features")
13.
14. //Create a LogisticRegression instance. This instance is an Estimator.
15. val lr=new LogisticRegression()
16. //Print out the parameters, documentation, and any default values.
17. println(s"LogisticRegression parameters:\n ${lr.explainParams()}\n")
18.
19. //We may set parameters using setter methods.
20. lr.setMaxIter(10)
21.   .setRegParam(0.01)
22.
23. //Learn a LogisticRegression model. This uses the parameters stored in lr.
24. val model1=lr.fit(training)
25. //Since model1 is a Model (i.e., a Transformer produced by an Estimator),
26. //we can view the parameters it used during fit().
27. //This prints the parameter (name: value) pairs, where names are unique
    IDs for this
28. //LogisticRegression instance.
29. println(s"Model 1 was fit using parameters: ${model1.parent.extractParamMap}")
30.
```

```
31.  //We may alternatively specify parameters using a ParamMap,
32.  //which supports several methods for specifying parameters.
33.  val paramMap=ParamMap(lr.maxIter ->20)
34.    .put(lr.maxIter, 30)//Specify 1 Param. This overwrites the original maxIter.
35.    .put(lr.regParam ->0.1, lr.threshold ->0.55)//Specify multiple Params.
36.
37.  //One can also combine ParamMaps.
38.  val paramMap2=ParamMap(lr.probabilityCol ->"myProbability")
     //Change output column name.
39.  val paramMapCombined=paramMap ++paramMap2
40.
41.  //Now learn a new model using the paramMapCombined parameters.
42.  //paramMapCombined overrides all parameters set earlier via lr.set* methods.
43.  val model2=lr.fit(training, paramMapCombined)
44.  println(s"Model 2 was fit using parameters: ${model2.parent
     .extractParamMap}")
45.
46.  //Prepare test data.
47.  val test=spark.createDataFrame(Seq(
48.    (1.0, Vectors.dense(-1.0, 1.5, 1.3)),
49.    (0.0, Vectors.dense(3.0, 2.0, -0.1)),
50.    (1.0, Vectors.dense(0.0, 2.2, -1.5))
51.  )).toDF("label", "features")
52.
53.  //Make predictions on test data using the Transformer.transform() method.
54.  //LogisticRegression.transform will only use the 'features' column.
55.  //Note that model2.transform() outputs a 'myProbability' column instead
     //of the usual
56.  //'probability' column since we renamed the lr.probabilityCol parameter
     //previously.
57.  model2.transform(test)
58.    .select("features", "label", "myProbability", "prediction")
59.    .collect()
60.    .foreach { case Row(features: Vector, label: Double, prob: Vector,
     prediction: Double)=>
61.      println(s"($features, $label) ->prob=$prob, prediction=$prediction")
62.    }
```

6.4.3 Parameter Server 的分布式计算方法

在6.3节中,本文介绍了分类任务中的两个关键部分。

(1) 参数化分数函数将原始图像像素映射到类分数(例如,线性函数)。

(2) 损失函数,根据映射分数与训练数据中的实况标签一致的程度来测量特定参数集的质量。

下面介绍第 3 个也是最后 1 个关键部分：优化。优化是找到最小化损失函数的参数集 $\boldsymbol{W}$ 的过程。

理解了这 3 个核心组件如何相互作用之后，重新审视第一个组件（参数化函数映射）并将其扩展到比线性映射复杂得多的函数：首先是整个神经网络，然后是卷积神经网络。损失函数和优化方法将保持相对不变。

1. 损失函数

前面介绍的损失函数是定义在高维空间中（例如，在 CIFAR-10 中，线性分类器权重矩阵的大小为[10×3073]，总共 30 730 个参数），这使得人类很难想象高维空间的具体形式变得困难。然而，仍然可以通过沿着光线（一维）或沿着平面（二维）切割高维空间来获得一个直觉感受。例如，可以生成随机权重矩阵 $\boldsymbol{W}$（对应于空间中的单个点），然后沿着一个方向对矩阵 $\boldsymbol{W}$ 行进平移并记录沿途损失的函数值。也就是说，对于随机方向矩阵 $\boldsymbol{W}_1$，可以通过不同的 a 值评估 $L(\boldsymbol{W}+a\boldsymbol{W}_1)$ 来计算沿方向矩阵 $\boldsymbol{W}_1$ 的损失。对此过程的可视化描述如图 6.39 所示，其中，a 值为 x 轴；b 值为 y 轴；损失函数的值为 z 轴。还可以通过评估损失 $L(\boldsymbol{W}+a\boldsymbol{W}_1+b\boldsymbol{W}_2)$ 来可视化具有两个维度的优化过程。在图 6.39 中，a、b 可以对应于 x 轴和 y 轴，并且损失函数的值可以用颜色可视化。

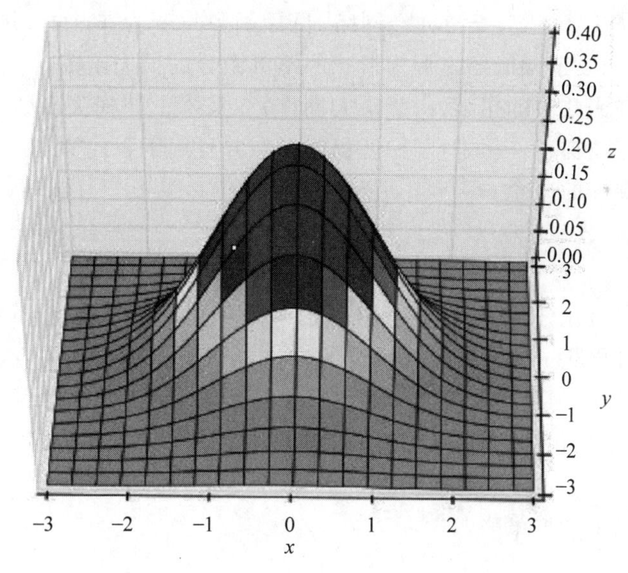

图 6.39 CIFAR-10 中的二维损失函数

下面通过分析损失函数的数学表达式来解释损失函数的分段线性结构。SVM 损失函数的数学表达式为

$$L_i = \sum_{j \neq y_i} [\max(0, \boldsymbol{w}_j^{\mathrm{T}} \boldsymbol{x}_i - \boldsymbol{w}_{y_i}^{\mathrm{T}} \boldsymbol{x}_i + 1)]$$

上式可以清楚地看出，上述例子中的 SVM 损失函数是关于 $\boldsymbol{W}$ 的线性函数（由于 max(0,−)是零阈值函数）的总和。此外，$\boldsymbol{W}$ 矩阵的每一行（即 $\boldsymbol{w}_j$）都有一个正阈值（当它

对应于一个例子的错误类时)，或者有一个负阈值(当它对应于该例子的正确类时)。为了使损失函数更加明确，考虑一个包含 3 个一维点和 3 个类的简单数据集。完整的 SVM 损失函数(没有正则化)变为

$$L_0 = \max(0, \boldsymbol{w}_1^{\mathrm{T}} x_0 - \boldsymbol{w}_0^{\mathrm{T}} x_0 + 1) + \max(0, \boldsymbol{w}_2^{\mathrm{T}} x_0 - \boldsymbol{w}_0^{\mathrm{T}} x_0 + 1)$$

$$L_1 = \max(0, \boldsymbol{w}_0^{\mathrm{T}} x_1 - \boldsymbol{w}_1^{\mathrm{T}} x_1 + 1) + \max(0, \boldsymbol{w}_2^{\mathrm{T}} x_1 - \boldsymbol{w}_1^{\mathrm{T}} x_1 + 1)$$

$$L_2 = \max(0, \boldsymbol{w}_0^{\mathrm{T}} x_2 - \boldsymbol{w}_2^{\mathrm{T}} x_2 + 1) + \max(0, \boldsymbol{w}_1^{\mathrm{T}} x_2 - \boldsymbol{w}_2^{\mathrm{T}} x_2 + 1)$$

$$L = (L_0 + L_1 + L_2)/3$$

由于示例是一维的，因此数据 $\boldsymbol{x}_i$ 和权重 $\boldsymbol{w}_j$ 是数字。例如，观察 $\boldsymbol{w}_0$，SVM 损失函数 L 是关于 $\boldsymbol{w}_0$ 的线性函数。可以将 SVM 损失函数 L 的函数值与权重 $\boldsymbol{w}_j$ 的关系想象如图 6.40 所示。

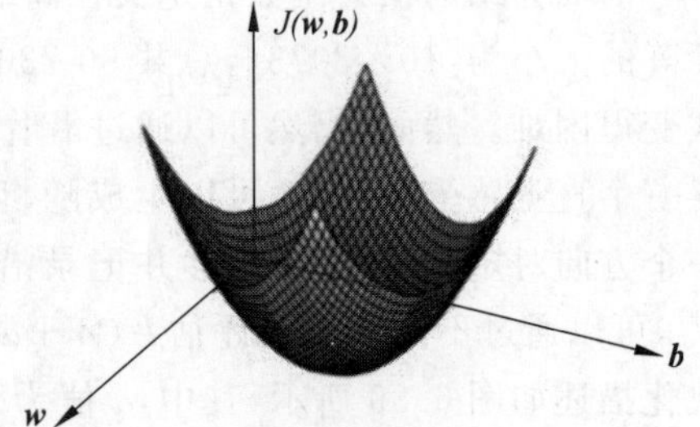

图 6.40 SVM 损失函数 L 的二维图示

图 6.40 中，$\boldsymbol{w}$ 轴是单个权重 $\boldsymbol{w}_j$，$\boldsymbol{b}$ 轴是 $\boldsymbol{w}_0$ 的权重，$J(\boldsymbol{w},\boldsymbol{b})$ 轴是 SVM 损失函数 L 的函数值。数据丢失是多个项的总和，每个项都独立于特定权重，或者是阈值为零的线性函数。完整的 SVM 数据丢失是此形状的 30 730 维度版本。

从其碗状外观中可知 SVM 损失函数是凸函数，有大量文献致力于有效最小化损失函数。当扩展了得分函数 $f: R^D \mapsto R^K$ 成为神经网络，目标函数将变为非凸的，并且上面的可视化不会是碗状，而是以复杂颠簸的地形为形状的不可微分的损失函数。

可以看到损失函数中的扭结(由于最大操作)在技术上使损失函数不可微分，因为在这些扭结处没有定义梯度。但是，子梯度仍然存在并且用于替代梯度。在这种情况下，将会混淆子梯度与梯度的概念。

2. 优化方法

损失函数可以量化任何特定权重集 $\boldsymbol{W}$ 的好坏，优化的目标是找到最小化损失函数的 $\boldsymbol{W}$。现在渐进式的开发一种优化损失函数的方法。对于那些有相关经验的读者来说，本节可能看起来很奇怪，因为使用的工作示例(SVM 损失)是一个凸问题，但目标是不使用任何凸方法(存在最优化解的方法但并不适用于大多数得分函数)的前提下优化神经网络的权重集 $\boldsymbol{W}$。

优化方法有以下 3 种策略。

1) 随机搜索

由于检查一组给定参数 $\boldsymbol{W}$ 的好坏很简单，因此可能想到的第一个(非常糟糕的)想法是简单地尝试许多不同的随机权重并跟踪最佳效果。此过程可能如下：

```
1.  #assume X_train is the data where each column is an example (e.g. 3073 x 50,000)
2.  #assume Y_train are the labels (e.g. 1D array of 50,000)
3.  #assume the function L evaluates the loss function
4.
5.  bestloss=float("inf") #Python assigns the highest possible float value
```

```
6.  for num in xrange(1000):
7.    W=np.random.randn(10, 3073) * 0.0001 #generate random parameters
8.    loss=L(X_train, Y_train, W) #get the loss over the entire training set
9.    if loss <bestloss: #keep track of the best solution
10.     bestloss=loss
11.     bestW=W
12.   print 'in attempt %d the loss was %f, best %f' % (num, loss, bestloss)
13.
14. #prints:
15. #in attempt 0 the loss was 9.401632, best 9.401632
16. #in attempt 1 the loss was 8.959668, best 8.959668
17. #in attempt 2 the loss was 9.044034, best 8.959668
18. #in attempt 3 the loss was 9.278948, best 8.959668
19. #in attempt 4 the loss was 8.857370, best 8.857370
20. #in attempt 5 the loss was 8.943151, best 8.857370
21. #in attempt 6 the loss was 8.605604, best 8.605604
22. #... (trunctated: continues for 1000 lines)
```

在上面的代码中，尝试了几个随机权重向量 $\boldsymbol{W}$，其中一些比其他向量更好。可以采用此搜索方法找到的最佳权重 $\boldsymbol{W}$ 并在测试集上进行尝试：

```
1. #Assume X_test is [3073 x 10000], Y_test [10000 x 1]
2. scores=Wbest.dot(Xte_cols) #10 x 10000, the class scores for all
                                  #test examples
3. #find the index with max score in each column (the predicted class)
4. Yte_predict=np.argmax(scores, axis=0)
5. #and calculate accuracy (fraction of predictions that are correct)
6. np.mean(Yte_predict==Yte)
7. #returns 0.1555
```

使用最好的 $\boldsymbol{W}$，这给出了大约15.5%的准确度。鉴于完全随机的猜测类只能达到10%，对于这样一个“脑死亡”的随机搜索解决方案来说，这不是一个非常糟糕的结果！当然，事实证明如果计算能力增加，算法可以做得更好。但是，找到最佳权重集 $\boldsymbol{W}$ 是一个非常困难甚至是不可能的问题(特别是一旦 $\boldsymbol{W}$ 包含整个复杂神经网络的权重)。换句话说，本节方法是从随机 $\boldsymbol{W}$ 开始，然后迭代地对其进行细化，使其每次都稍微好一些。

该方法可以比喻成被蒙住眼睛的徒步旅行者。该方法把自己想象成一个戴着眼罩的丘陵地形徒步旅行者，并试图到达底部。在CIFAR-10的例子中，山丘是30 730维，因为 $\boldsymbol{W}$ 的尺寸是[10×3073]。

2) 局部搜索

这个策略是尝试沿着一个随机方向延伸一只脚，然后只有在它下坡时才采取步骤。具体地说，从随机 $\boldsymbol{W}$ 开始，对其产生随机扰动 $\delta\boldsymbol{W}$，如果扰动之后 $\boldsymbol{W}+\delta\boldsymbol{W}$ 处的损失较低，

将执行 W 的更新。此过程的代码如下：

```
1. W=np.random.randn(10, 3073) * 0.001 #generate random starting W
2. bestloss=float("inf")
3. for i in xrange(1000):
4.   step_size=0.0001
5.   Wtry=W +np.random.randn(10, 3073) * step_size
6.   loss=L(Xtr_cols, Ytr, Wtry)
7.   if loss <bestloss:
8.     W=Wtry
9.     bestloss=loss
10. print 'iter %d loss is %f' % (i, bestloss)
```

使用与之前相同迭代次数(1000 次迭代)和损失函数进行评估，该方法实现了 21.4% 的测试集分类准确度。此策略虽然比策略一效果更好，但仍然不理想并且计算成本高(损失函数的计算成本过高)。

3）梯度计算

在 6.3 节中，本文尝试采用随机搜索方式在重量空间中找到一个可以改善权重向量的方向(并给一个更低的损失)。事实证明，不需要随机搜索一个好的方向：可以计算出应该改变权重向量的最佳方向，这在数学上保证是最陡下降的方向(极限步长趋向零)。该方向将与损失函数的梯度相关。这种方法大致相当于感觉到脚下的山坡倾斜，并沿着感觉最陡的方向走下去。

在一维函数中，斜率是函数在任何点处的瞬时变化率。在高维函数中，梯度是对于不采用单个数字而是采用数字向量的斜率的推广。另外，梯度只是输入空间中每个维度的斜率矢量(通常称为导数)。关于其输入的一维函数导数的数学表达式为

$$\frac{\mathrm{d}f(\boldsymbol{x})}{\mathrm{d}\boldsymbol{x}}=\lim_{h\to 0}\frac{f(\boldsymbol{x}+\boldsymbol{h})-f(\boldsymbol{x})}{\boldsymbol{h}}$$

当函数采用数字向量而不是单个数字时，将导数称为偏导数，并且梯度只是每个维度中偏导数的向量。

有两种计算梯度的方法：缓慢、近似但简单的数值法(数值梯度)，以及需要微积分(分析梯度)的快速、精确但更容易出错的微积分法。下面对上述两种计算梯度的方法进行介绍。

(1) 数值法计算梯度。

上面给出的梯度公式允许以数字方式计算梯度。计算梯度方法接受得分函数 f：$R^D \mapsto R^K$，向量 $\boldsymbol{x}$ 来计算渐变，并在 $\boldsymbol{x}$ 处返回得分函数 f：$R^D \mapsto R^K$ 的梯度方向：

```
1.  def eval_numerical_gradient(f, x):
2.    """
3.    a naive implementation of numerical gradient of f at x
4.    -f should be a function that takes a single argument
5.    -x is the point (numpy array) to evaluate the gradient at
6.    """
```

```
7.
8.     fx=f(x) #evaluate function value at original point
9.     grad=np.zeros(x.shape)
10.    h=0.00001
11.
12.    #iterate over all indexes in x
13.    it=np.nditer(x, flags=['multi_index'], op_flags=['readwrite'])
14.    while not it.finished:
15.
16.      #evaluate function at x+h
17.      ix=it.multi_index
18.      old_value=x[ix]
19.      x[ix]=old_value +h #increment by h
20.      fxh=f(x) #evalute f(x+h)
21.      x[ix]=old_value #restore to previous value (very important!)
22.
23.      #compute the partial derivative
24.      grad[ix]=(fxh -fx) / h #the slope
25.      it.iternext() #step to next dimension
26.      return grad
```

按照上面给出的梯度公式，上面的代码逐个迭代所有维度，沿着该维度进行小的变化$\boldsymbol{h}$，并通过查看函数的变化来计算损失函数沿该维度的偏导数。变量grad最终保持完整的梯度。

注意：在数学公式中，梯度定义为极限，因为$\boldsymbol{h}$趋向于零，但实际上，使用非常小的值(例如，示例中所示的10^{-5})通常就足够了。理想情况下，希望使用不会导致数值问题的最小步长。此外，在实践中，使用居中差异公式计算数值梯度通常更好：$[f(\boldsymbol{x}+\boldsymbol{h})-f(\boldsymbol{x}-\boldsymbol{h})]/2\boldsymbol{h}$。

可以使用上面给出的函数来计算任何点和任何函数的梯度。在权重空间的某个随机点计算CIFAR-10损失函数的梯度：

```
1. #to use the generic code above we want a function that takes a single argument
2. #(the weights in our case) so we close over X_train and Y_train
3. def CIFAR10_loss_fun(W):
4.   return L(X_train, Y_train, W)
5.
6. W=np.random.rand(10, 3073) * 0.001 #random weight vector
7. df=eval_numerical_gradient(CIFAR10_loss_fun, W) #get the gradient
```

梯度法能计算出每个维度的损失函数的斜率，可以使用它来进行矩阵$\boldsymbol{W}$的更新：

```
1.  loss_original=CIFAR10_loss_fun(W) #the original loss
2.  print 'original loss: %f' %(loss_original, )
3.
4.  #lets see the effect of multiple step sizes
```

```
5.  for step_size_log in [-10, -9, -8, -7, -6, -5,-4,-3,-2,-1]:
6.    step_size=10 * * step_size_log
7.    W_new=W -step_size * df #new position in the weight space
8.    loss_new=CIFAR10_loss_fun(W_new)
9.    print 'for step size %f new loss: %f' % (step_size, loss_new)
10.
11. #prints:
12. #original loss: 2.200718
13. #for step size 1.000000e-10 new loss: 2.200652
14. #for step size 1.000000e-09 new loss: 2.200057
15. #for step size 1.000000e-08 new loss: 2.194116
16. #for step size 1.000000e-07 new loss: 2.135493
17. #for step size 1.000000e-06 new loss: 1.647802
18. #for step size 1.000000e-05 new loss: 2.844355
19. #for step size 1.000000e-04 new loss: 25.558142
20. #for step size 1.000000e-03 new loss: 254.086573
21. #for step size 1.000000e-02 new loss: 2539.370888
22. #for step size 1.000000e-01 new loss: 25392.214036
```

在上面的代码中，为了计算新的矩阵 $\boldsymbol{W}$，在梯度负方向上进行更新，因为算法希望损失函数减少而不是增加。梯度方向具有最陡的增长率的方向，但梯度方向并没有告诉沿着这个方向走多远。选择步长(也称为学习率)将成为训练神经网络中最重要的(也是最令人头疼的)超参数设置之一。感觉脚下的山坡向某个方向倾斜，但应该采取的步长是不确定的。小心谨慎的人会迈出非常小的一步(这相当于步长很小)。相反，具有雷厉风行的人会迈出一个大而自信的一步(这相当于步长很长)，试图下降得更快，但这可能不会有回报。正如上面的代码示例中所看到的那样，在某个时刻采取更大的步长时产生更高的损失。

评估数值梯度的参数数量具有线性复杂性。在示例中，总共有 30 730 个参数，因此必须执行 30 731 个损失函数的评估，以评估梯度并仅执行单个参数更新。这个问题只会变得更糟，因为现代神经网络很容易拥有数以千万计的参数。显然，这种策略不可扩展，需要更好的计算方式。

(2) 微积分法计算梯度。

微积分法计算梯度使用数值法近似计算数值梯度是非常简单的，但缺点是它是近似的(必须选择一个小的 $\boldsymbol{h}$ 值，而真正的梯度定义为当 $\boldsymbol{h}$ 变为零时的极限)，而且计算成本非常高。微积分法是使用微积分进行分析，需要推导出梯度的直接公式(无近似值)，计算速度也非常快。但是，与数值梯度不同，微积分法计算函数梯度更容易实现。在实践中，计算分析梯度并将其与数值梯度进行比较以检查实现的正确性是很常见的。这称为渐变检查。使用 SVM 损失函数的例子来表示单个数据点，即

$$L_i = \sum_{j \neq y_i} [\max(0, \boldsymbol{w}_j^{\mathrm{T}} \boldsymbol{x}_i - \boldsymbol{w}_{y_i}^{\mathrm{T}} \boldsymbol{x}_i + \Delta)]$$

对于 $\boldsymbol{w}_{y_i}$ 求取偏导数得

$$\nabla_{w_{y_i}} L_i = -\Big(\sum_{j \neq y_i} 1(w_j^{\mathrm{T}} x_i - w_{y_i}^{\mathrm{T}} x_i + \Delta > 0)\Big) x_i$$

式中,1 是指标函数,如果条件内部为真则为 1,否则为零。虽然表达式在写出时可能看起来很可怕。这是仅对应于与正确类别对应的 W 行的梯度。对于 $j \neq y_i$ 的其他行,梯度为

$$\nabla_{w_j} L_i = 1(w_j^{\mathrm{T}} x_i - w_{y_i}^{\mathrm{T}} x_i + \Delta > 0) x_i$$

3. 梯度下降

计算损失函数的梯度,重复评估梯度然后执行参数更新的过程称为**梯度下降**。它的代码如下:

```
1. #Vanilla Gradient Descent
2.
3. while True:
4.   weights_grad=evaluate_gradient(loss_fun, data, weights)
5.   weights +=-step_size * weights_grad #perform parameter update
```

这个简单的循环是所有神经网络库的核心。存在执行优化的其他方式(例如,LBFGS),但是梯度下降是目前迄今为止优化神经网络损失函数已建立的最常见方式。本书在这个循环的细节上加上一些花里胡哨的东西(例如更新方程的确切细节),但是跟随渐变直到对结果感到满意的核心思想将保持不变。

小批量梯度下降。在大规模应用程序(例如,ILSVRC 挑战)中,训练数据可以包含数百万个示例。因此,为了仅执行单个参数更新,在整个训练集上计算全部损失函数是很浪费计算资源的。解决这一挑战的一种非常常见的方法是批量计算梯度。例如,在 ConvNets 中,每一批次包含 256 个来自 120 万个训练集的示例。然后,此批处理用于执行参数更新:

```
1. #Vanilla Minibatch Gradient Descent
2.
3. while True:
4.   data_batch=sample_training_data(data, 256) #sample 256 examples
5.   weights_grad=evaluate_gradient(loss_fun, data_batch, weights)
6.   weights +=-step_size * weights_grad #perform parameter update
```

将整个数据集分成不同批次进行训练的方法,能获取有效的参数矩阵 $\boldsymbol{W}$ 的原因是训练数据中的样本是相关的。为此,考虑极端情况,其中 ILSVRC 中的所有 120 万个图像实际上仅由 1000 个图像的副本组成(每个图像一个,或者换句话说,每个图像有 1200 个相同的副本)。然后很明显,为所有 1200 个相同副本计算的梯度都是相同的,当对所有 120 万个图像的参数矩阵 $\boldsymbol{W}$ 矩形平均时,将得到完全相同的损失,就好像只评估了一小部分图像一样。当然,在实践中,数据集不包含重复图像。因此,通过评估小批量梯度以执行更频繁的参数更新,在实践中可以实现更快的收敛。

该过程称为随机梯度下降(SGD),或者有时也称为在线梯度下降。计算 100 个示例的梯度比计算 100 次的梯度更有效。尽管 SGD 在技术上是一次使用一个示例来评估梯

度,但即使提到小批量梯度下降(即 minibatch gradient descent, batch gradient descent 等)也称为 SGD。小批量的大小是一个超参数,通常基于内存约束(如果有),或设置为某个值,例如 32,64 或 128。因为当输入的大小为 2 的幂时,许多矢量化操作工作得更快。

4. 梯度计算加速-分布式计算

对于给定的$(\boldsymbol{x},y)$数据集。权重从随机数开始,可以改变。得分函数 $f:R^D \mapsto R^K$ 计算并存储各个类别的得分。损失函数包含两部分:①数据得分函数 $f:R^D \mapsto R^K$ 和标签 y 之间的差异;②权重函数的正则化损失(避免过拟合)。在梯度下降期间,计算权重上的梯度并在梯度下降期间执行更新参数。图 6.41 为梯度下降的参数计算过程。

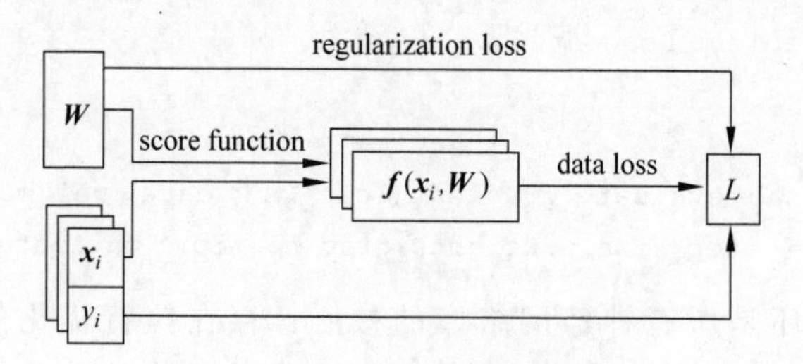

图 6.41 梯度下降的参数计算过程

图 6.41 中可以看出,在梯度下降的参数计算过程中,计算资源主要消耗在不同参数矩阵 $\boldsymbol{W}$ 对于给定的数据$(\boldsymbol{x},y)$的损失函数计算上。参数矩阵 $\boldsymbol{W}$ 对于不同维度的扰动 δw_j,可以采用分布式计算的方式来完成。在实践中,只要维护一个参数中心,用于维护和更新参数矩阵 $\boldsymbol{W}$,梯度方向可以采用分布式计算的方式来完成计算,就可以大大加速梯度下降法的运算速度。

6.4.4 项目实践 12:使用 Spark ML 库进行 CTR 预测

1. 实现 mini-batch gradient descent 算法

非分布式的机器学习算法在计算迭代梯度时,大量的时间浪费到计算各个维度的梯度方向与大小上,利用 Spark 的分布式计算框架可以将各个维度的梯度计算转化为并行计算,使算法迅速完成梯度计算加快迭代速度。

```
1.  from multiprocessing import Process
2.  import os
3.  import numpy as np
4.
5.  class F:
6.      def __init__(self, len):
7.          self.W=np.random.randn(len)
8.
9.      def function(self, x):
10.         return np.dot(self.W, x)
11.
```

```
12.
13. def eval_numerical_gradient(f, x):
14.     """
15.     a naive implementation of numerical gradient of f at x
16.     -f should be a function that takes a single argument
17.     -x is the point (numpy array) to evaluate the gradient at
18.     """
19.     fx=f.function(x) #evaluate function value at original point
20.     grad=np.zeros(x.shape)
21.     h=0.00001
22.     #iterate over all indexes in x
23.     it=np.nditer(x, flags=['multi_index'], op_flags=['readwrite'])
24.     while not it.finished:
25.         #evaluate function at x+h
26.         ix=it.multi_index
27.         old_value=x[ix]
28.         x[ix]=old_value +h #increment by h
29.         fxh=f.function(x) #evaluate f(x +h)
30.         x[ix]=old_value #restore to previous value (very important!)
31.         #compute the partial derivative
32.         grad[ix]=(fxh -fx) / h #the slope
33.         it.iternext() #step to next dimension
34.     return grad
```

2. 利用线性回归算法进行 CTR 预估

直接调用 Spark ML 的库函数，实现 CTR 预估。代码如下：

```
1.  from pyspark.ml.classification import LogisticRegression
2.
3.  #Load training data
4.  training=spark.rea.load("data/mllib/CTR.txt")
5.
6.  lr=LogisticRegression(maxIter=10, regParam=0.3, elasticNetParam=0.8)
7.
8.  #Fit the model
9.  lrModel=lr.fit(training)
10.
11. #Print the coefficients and intercept for logistic regression
12. print("Coefficients: " +str(lrModel.coefficients))
13. print("Intercept: " +str(lrModel.intercept))
14.
15. #We can also use the multinomial family for binary classification
16. mlr=LogisticRegression(maxIter=10, regParam=0.3, elasticNetParam=0.8,
    family="multinomial")
```

```
17.
18. #Fit the model
19. mlrModel=mlr.fit(training)
20.
21. #Print the coefficients and intercepts for logistic regression with
    #multinomial family
22. print("Multinomial coefficients: " +str(mlrModel.coefficientMatrix))
23. print("Multinomial intercepts: " +str(mlrModel.interceptVector))
```

习 题 6

1. Hadoop 和 Spark 都是并行计算，它们有什么异同？
2. 简述 Spark 的 Shuffle 过程。
3. Spark 的宽依赖和窄依赖是什么？
4. Spark 中的 RDD 是什么？有哪些特性？
5. Spark ML 支持哪些类型算法？简述每个类型中的一种算法。

第7章

数据可视化

7.1 数据可视化简介

数据可视化可以增强数据的表现，方便用户以更直观的方式观察数据，在数据中查找隐藏的信息。可视化具有广泛的应用领域，主要有网络数据可视化、交通数据可视化、文本数据可视化、数据挖掘可视化、生物医学数据可视化和社会数据可视化等领域。根据 CARD 可视化模型，数据可视化过程分为数据预处理、渲染、显示和这些阶段的交互。根据 Shneiderman 分类，可视数据分为一维数据、二维数据、三维数据、高维数据、时态数据、层次数据和网络数据。其中，高维数据、层次数据、网络数据和时态数据是当前可视化的热点。

高维数据已经成为计算机领域的研究热门，高维数据意味着每个样本包含 $p(p\geqslant 4)$ 维空间特征。人们对数据的理解主要集中在低维空间表征上，难以从高维数据分析的抽象数据值中获取有用的信息。相对于高维数据模拟，低维空间可视化技术更简单、直观。而且，高维空间所包含的要素比低维空间要复杂得多，容易造成分析混乱。高维数据信息经常被映射到二维或三维空间，以便于人类和高维数据进行交互，有助于对数据进行聚类和分类。高维数据的可视化研究主要包括数据变化、数据呈现两方面。

层次数据具备分层特点，它的可视化方法主要包括节点连接图和树状图。树状图（treemap）由一系列嵌套环、块来显示数据的层次。为了显示更多的节点内容，开发了一些基于 Focus＋Context 技术的交互方法，包括鱼眼技术、几何变形、语义缩放、远离节点聚类技术等。

网络数据似乎是更自由和更复杂的关系网络，分析网络数据的核心是挖掘关系网络中的重要结构特征，如节点相似性、关系传递性和网络中心主义。网络数据可视化方法应该明确表达个体之间的关系和个体之间的聚类关系，主要布局策略包括节点连接法和邻接矩阵法。

可视化是大数据分析不可或缺的手段和工具，是理解可视化本质的新方法，通过多种方式显示数据，关注大量数据的动态变化、过滤信息（包括动态查询过滤、图表显示、关闭耦合）等多种方式获取数据背后的隐藏价值。下面的一些可视化是基于不同的数据类型（海量数据、变化数据和动态数据）进行分析和分类。

(1) 树模式：基于分层数据的空间过滤可视化。

(2) 圆形填充：树状图直接替换。它使用一个圆形作为其原始形状，并引入更多高级层次结构的圆圈。

(3) 旭日：基于树状图可视化转换到极坐标系统。从宽、高到半径和弧长的可变参数之一。

(4) 平行坐标：通过视觉分析，将不同的视觉像素进行平移扩展。

(5) 蒸汽方案：一种叠加的面积图，以流动和有机形式围绕中心轴线扩展。

(6) 循环网络模式：数据排列在一个圆周上，并通过曲线按照自己的相关速率进行互连。数据对象的相关性通常用不同的线宽或颜色饱和度来衡量。

7.1.1 可视化的挑战与发展趋势

可视化系统必须与非结构化数据形式(如图表、表格、文本、树状图和其他元数据)相抗衡，而大数据通常以非结构化形式出现。由于宽带限制和能源需求，可视化应该更接近数据并有效地提取有意义的信息。可视化软件应该本地运行。由于大数据容量问题，大规模并行化对可视化过程是一个挑战。并行可视化算法的难点在于如何将问题分解为多个可以同时运行的独立任务。可视化方法满足了 4 个挑战，并将其转化为响应的机会，如表 7.1 所示。

表 7.1 可视化的挑战

挑　战	可获得的机会
体量大	使用大量数据开发，从大数据中获得意义
品种多	在开发过程中需要许多数据来源
速度快	企业可以实时处理整个数据，而不是分批处理数据
价值高	不仅为用户创造有吸引力的信息图表和热点，还通过大数据创造商业洞察力

大数据可视化(结构化、半结构化和非结构化)的多样性和异构性是一个大问题。高速度是大数据分析的一个要素。在大数据中，设计新的可视化工具并具有高效的索引是不容易的。云计算和高级图形用户界面更有利于大数据可扩展性的发展。高效的数据可视化是大数据时代的关键部分。大数据的复杂性和高维度已经催生了几种不同的降维方式。但是，它们可能并不总是适用的。高维可视化效率越高，识别潜在模式、相关性或异常值的概率就越大，大数据可视化还有如表 7.2 所示的问题。

表 7.2 大数据可视化主要面对的问题

问　题	具体内容
视觉噪声	大多数数据对象在数据集中具有强相关性，用户不能将它们分离为独立的对象来显示
信息丢失	可以减少可视数据集，但这可能会导致信息丢失
大图像感知	数据可视化并不局限于设备的高宽比和分辨率，而且也适用于现实世界

续表

问 题	具体内容
高速图像转换	用户可以观察数据,但不能响应数据强度的变化
高性能要求	由于较低的可视化速度和较低的性能要求,对静态可视化几乎没有这样的要求

对于大数据可视化来说,相互作用的感知可扩展性也是一个挑战,可视化每个数据点都可能导致透支,并降低用户通过采样或过滤数据识别异常值的能力,查询大型数据库的数据可能会导致高延迟并降低交互速度,大规模数据和高维数据也使数据可视化变得困难。随着科技的不断进步与新设备的不断涌现,数据可视化领域目前正处在飞速发展之中,趋势主要有以下几项。

在未来三年,IBM 对数据科学家和数据工程师的需求预计会上涨 39%。同时各大公司也期待他们的组织内部能整体提高对数据的熟悉感和适应度,而不仅仅是公司内的数据科学家与数据工程师。由于这种趋势,可以期待未来将有持续增多的工具和资源让数据可视化及其红利能够对每个人敞开大门。

人工智能和机器学习都是当下科技世界的热门话题,它们在数据科学以及可视化中正广泛被应用。Salesforce 公司(一家提供按需定制客户关系管理服务的知名企业)已经高度肯定了人工智能的作用,该企业正不断宣传自己的 Einstein AI 产品,该产品将帮助用户发现其自身数据的内在规律。微软将对 Excel 的功能进行提升。其 Insights 更新包括了在程序中新建的多种数据类型。例如,公司名称数据类型将使用其 Bing API 自动提取位置和人口数据等信息。微软同样引入了机器学习模型,这些模型将帮助数据处理。以上的更新将用自动增强的数据集让已经对数据可视化工具熟悉的 Excel 用户们变得更强大。

随着地理信息数据的不断增长和普及,更多的数据可视化需要一个互动式的地图来全面讲述数据故事。

未来的大数据可视化,通过专业的统计数据分析方法,理清海量数据指标与维度,按主题、成体系呈现复杂数据背后的联系;将多个视图整合,展示同一数据在不同维度下呈现的数据背后的规律,帮助用户从不同角度分析数据、缩小答案的范围、展示数据的不同影响。具备显示结果的形象化和使用过程的互动性,便于用户及时捕捉其关注的数据信息。

未来的大数据可视化,将数据图片转化为数据查询,支持每一项数据在不同维度指标下交互联动,展示数据在不同角度的走势、比例、关系,帮助使用者识别趋势,发现数据背后的知识与规律。除了原有的饼状图、柱形图、热图、地理信息图等数据展现方式,还可以通过图像的颜色、亮度、大小、形状、运动趋势等多种方式在一系列图形中对数据进行分析,帮助用户通过交互,挖掘数据之间的关联。并支持数据的上钻下探、多维并行分析,利用数据推动决策。

未来的大数据可视化,必须支持主从屏联动、多屏联动、自动翻屏等大屏展示功能,实现高达上万分辨率的超清输出,并且具备优异的显示加速性能,支持触控交互,满足用户的不同展示需求。

7.1.2 Python 可视化工具

1. Pandas

Pandas 最初被作为金融数据分析工具开发出来，因此，Pandas 为时间序列分析提供了很好的支持。Pandas 的名称来自面板数据(panel data)和 Python 数据分析(data analysis)。panel data 是经济学中关于多维数据集的一个术语，在 Pandas 中也提供了 panel 的数据类型。

2. Seaborn

Seaborn 其实是在 Matplotlib 的基础上进行了更高级的 API 封装，从而使得作图更加容易，在大多数情况下使用 Seaborn 能做出很具有吸引力的图。具体来说，默认情况下就能创建赏心悦目的图表，但默认不是 jet colormap。Seaborn 能创建具有统计意义的图，能理解 Pandas 的 DataFrame 类型，所以它们一起可以很好地工作。

3. ggplot

ggplot 是 R 语言中通用的画图工具库，其性能优良，现在 Python 库加入了 ggplot 函数包，对画图功能进行了补充和拓展。ggplot 函数定义了一个底层，可以基于这个底层往上面添加表的部件(如 x 轴、y 轴，形状、颜色等)，以较少的工作来建造复杂图表。ggplot 函数有两个参数，画图所需要的数据为 DataFrame 形式。

4. Bokeh

Bokeh 是一个专门针对 Web 浏览器呈现功能的交互式可视化 Python 库。这是 Bokeh 与其他可视化库最核心的区别。Bokeh 捆绑了多种语言(Python、R、Lua 和 Julia)。这些捆绑的语言产生了一个 JSON 文件，这个文件作为 BokehJS(一个 JavaScript 库)的一个输入，之后会将数据展示到现代 Web 浏览器上。Bokeh 可以像 D3.js 那样创建简洁、漂亮的交互式可视化效果，即使是非常大型的或是流数据集也可以进行高效互动。Bokeh 可以帮助所有人快速方便地创建互动式的图表、控制面板以及数据应用程序。

Bokeh 的优势：Bokeh 允许通过简单的指令就可以快速创建复杂的统计图；Bokeh 提供到各种媒体，如 HTML、Notebook 文档和服务器的输出；也可以将 Bokeh 可视化嵌入 Flask 和 Django 程序；Bokeh 可以转换写在其他库(如 matplotlib、Seaborn 和 ggplot)中的可视化；Bokeh 能灵活地将交互式应用、布局和不同样式选择用于可视化。

5. Pygal

Pygal 是一个 SVG 图表库。SVG 是一种矢量图格式，全称为可缩放矢量图形(Scalable Vector Graphics)。用浏览器打开 SVG，可以方便与之交互。SVG 是基于 XML，由 World Wide Web Consortium(W3C)进行开发。用户可以直接用代码来描绘图像,可以用任何文字处理工具打开SVG图像,通过改变部分代码来使图像具有交互功能,并可以随时插入HTML中通过浏览器来观看。

6. Plotly

Plotly是一个用于做分析和可视化的在线平台(目前国内应用较少)。其功能强大到不仅可与多个主流绘图软件的对接,而且还可以像Excel那样实现交互式制图,而且图表种类齐全,并可以实现在线分享以及开源,功能特点如下。

(1) 基本图表20种,统计和海运方式图12种,科学图表21种,财务图表2种,地图8种,3D图表19种,拟合工具3种,流动图表4种。

(2) 从交互性上:可以与R、Python、MATLAB等软件对接,并且是开源免费的,对于Python,Plotly与Python中Matplotlib、Numpy、Pandas等库可以无缝集成,做出很多非常丰富、互动的图表,并且文档非常健全,创建图形相对简单。另外,申请了API密钥后,可以在线一键将统计图形同步到云端。

(3) 从制图的美观上:基于现代的配色组合、图表形式,比Matplotlib、R语言的图表,更加现代、绚丽。

7.2 Matplotlib

7.2.1 Matplotlib简介

Matplotlib是一个Python的2D绘图库,它以各种硬拷贝格式和跨平台的交互式环境生成出版质量级别的图形。通过Matplotlib,开发者可以仅需要几行代码,便可以生成绘图、直方图、功率谱、条形图、错误图、散点图等。

图7.1为Matplotlib中的基本图表包括的主要元素。

- x轴(x axis)和y轴(y axis):代表水平和垂直的轴线。
- x轴和y轴的刻度(tick):标识坐标轴的分隔,包括大刻度(major tick)和小刻度(minor tick)。
- x轴和y轴刻度标签(tick label):表示特定坐标轴的值。
- 绘图区域、实际绘图的区域、网格线(grid)。
- 标题(title):表示这幅图的主要含义和目的。
- 图例(legend):用来标识图中每部分(例如,不同颜色的线条)所对应的名称。

7.2.2 项目实践13:使用Matplotlib对数据进行简单可视化

1. 在Jupyter中使用Matplotlib

1) 安装并启动Jupyter

```
>pip3 install jupyter
>jupyter notebook
```

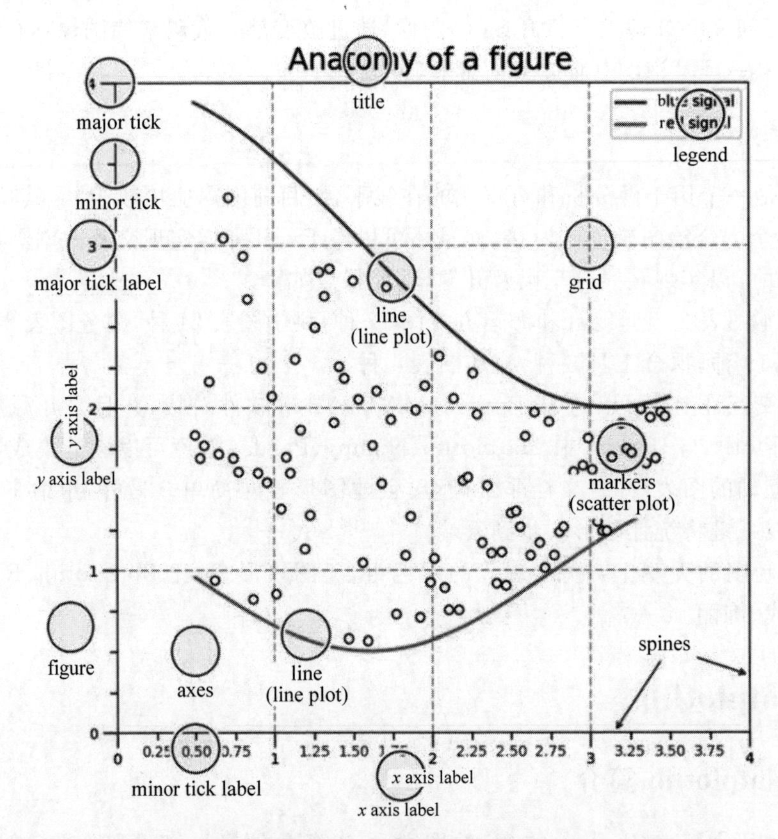

图 7.1　Matplotlib 中的基本图表包括的主要元素

2）载入 Matplotlib

在打开 Jupyter 的 Web 页面中，新建一个 Notebook，会出现图 7.2 所示的界面，在 In[ ]后面的代码框中可以写入 Python 代码，并单击“运行”进行执行。

图 7.2　Jupyter Notebook 界面

通过使用 Jupyter 的魔法命令，可以在每个代码行后面展示图表，代码如下：

```
1. import matplotlib.pyplot as plt
2. %matplotlib inline
```

2. 了解 Matplotlib

在开始使用 Matplotlib 之前，需要熟悉一下 Matplotlib 中的基本概念，其中一些概念是非常容易弄混的。

1）figure

figure 是一个基础的载体，就像一个实际的画图板。如果绘制图像，需要在这个画图板上放置图纸，其中图纸是 subplot 或者 axes。

2）subplot

subplot 是 figure 的子图，如图 7.3 所示，前两个数字代表图像要分成几乘几的表格，最后一个数字代表该子图所在的位置。

```
1. fig=plt.figure()
2. ax1=fig.add_subplot(2,2,1)
3. ax2=fig.add_subplot(2,2,2)
4. ax3=fig.add_subplot(2,2,3)
5. ax4=fig.add_subplot(2,2,4)
6. plt.show()
```

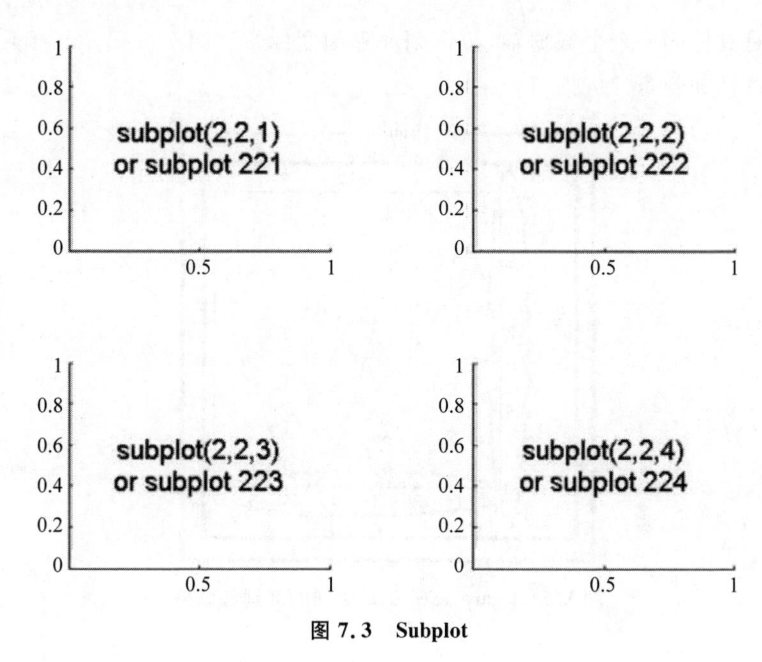

图 7.3　Subplot

3）axes 和 axis

axes 可以理解成 figure 的轴域，代表一组数据轴（axis）的集合。它可以通过 set_xlim() 和 set_ylim()设置数据轴的范围。每个 axes 都有一个标题（通过 set_title() 设置），一个 x 标签（通过 set_xlabel() 设置）和一个 y 标签（通过 set_ylabel() 设置）。

与 subplot 不同的是，add_axes 方法更加灵活，可以控制子图的显示的位置，甚至达到相互重叠的效果，如图 7.4 所示。

```
1. fig=plt.figure()
2. ax1=fig.add_axes([0.1, 0.1, 0.8, 0.8])
3. ax2=fig.add_axes([0.72, 0.72, 0.16, 0.16])
4. plt.show()
```

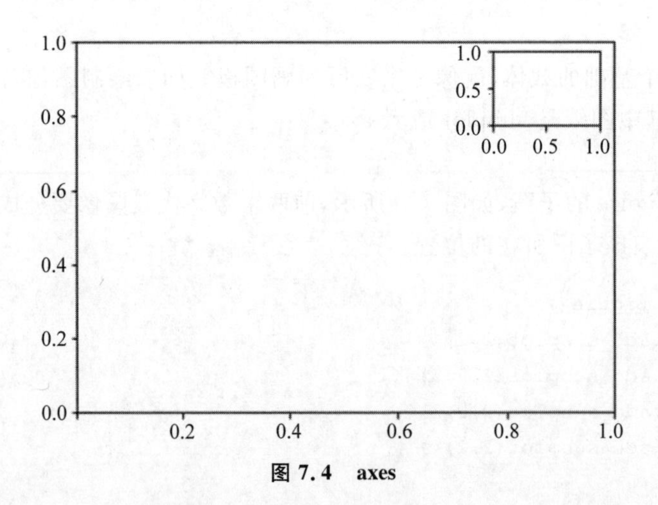

图 7.4　axes

axis 就是具体的一个个数据轴，包含刻度和刻度标签。图 7.5 显示了 figure、axes 和 axis 之间的区别和联系。

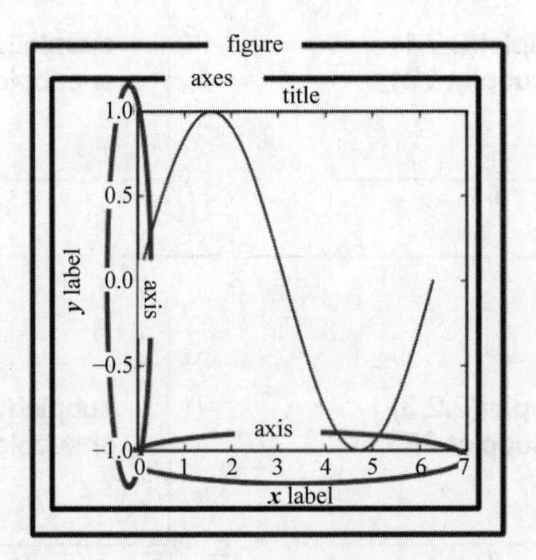

图 7.5　figure、axes、axis 之间的区别和联系

3. 绘制一个简单的图像

首先使用 Numpy 生成一些数据，然后调用上面的方法生成 figure 和 axes 对象，最后使用 axes 对象绘制图像和设置属性，展示结果如图 7.6 所示。

```
1.    import numpy as np
2.
3.    x=np.linspace(0, 2, 100)
4.
5.    fig=plt.figure()
6.    ax=fig.add_subplot(111)
7.
8.    ax.plot(x, x, label='linear')
```

```
9.  ax.plot(x, x**2, label='quadratic')
10. ax.plot(x, x**3, label='cubic')
11.
12. ax.set_xlabel('x label')
13. ax.set_ylabel('y label')
14. ax.set_title("Simple Plot")
15.
16. ax.legend()
17.
18. plt.show()
```

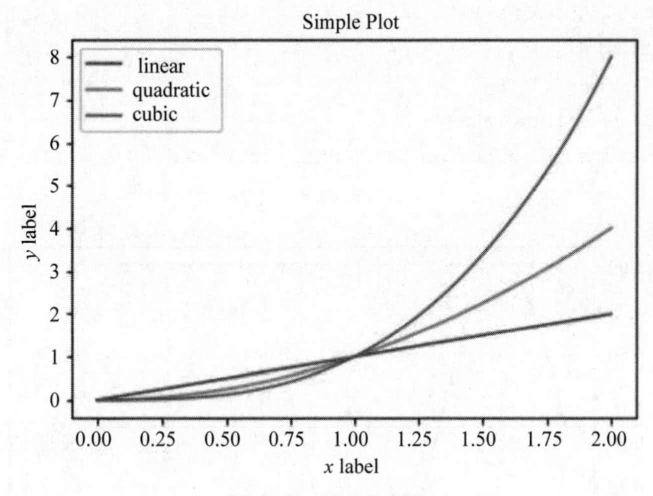

图 7.6 简单的图像

4. 理解 Matplotlib 的不同使用方法

在 Matplotlib 的官方教程中可以看到如下代码：

```
1.  x=np.linspace(0, 2, 100)
2.
3.  plt.plot(x, x, label='linear')
4.  plt.plot(x, x**2, label='quadratic')
5.  plt.plot(x, x**3, label='cubic')
6.
7.  plt.xlabel('x label')
8.  plt.ylabel('y label')
9.  plt.title("Simple Plot")
10.
11. plt.legend()
12.
13. plt.show()
```

仔细观察后可以发现官方案例中直接使用 plt(pyplot)调用函数的方式绘制图像，而本书使用创建 axes 对象绘制图像。官方案例的表达方法更简洁,但是对于初学者本书建议使用创建 axes 对象的方式。

5. 设置一些属性

当对图像进一步加工时,可以添加网络线,设置坐标轴 label 的颜色、大小及宽度,代码如下,结果如图 7.7 所示。

```
1. t=np.arange(0.0, 2.0, 0.01)
2. s=np.sin(2 * np.pi * t)
3.
4. fig, ax=plt.subplots()
5. ax.plot(t, s)
6.
7. ax.grid(True, linestyle='-.')
8. ax.tick_params(labelcolor='r', labelsize='medium', width=3)
9. plt.show()
```

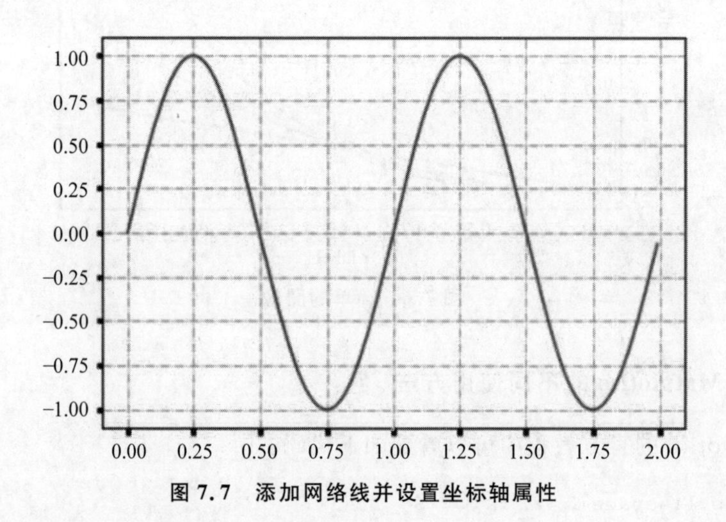

图 7.7 添加网络线并设置坐标轴属性

7.3 t-SNE 高维数据可视化

在 7.2 节中介绍了 Matplotlib 的基本使用,现在可以把数据集在二维平面上可视化出来,用于分析数据的特点,例如某一个特征在不同取值情况下的点击次数直方图。同时,在第 6 章中,也了解到二分类问题可以通过可视化来确定利用现在的特征是否可以很好地进行分类(即同类之间间隔小,异类之间间隔大)。如图 7.8 展示了可以通过两个特征(x 轴和 y 轴)构建一个模型(虚线)来很好地把正(圆点)负(圆圈)样本分开。

进一步,可以通过 3D 可视化的方式在 3 个特征维度上进行上面的过程。但是,在更高的特征维度上衡量数据的可区分性,为了能够可视化展现数据的特征,需要把特征变成两个、两个或者三个、三个组合,然后在每一个组合上去验证。

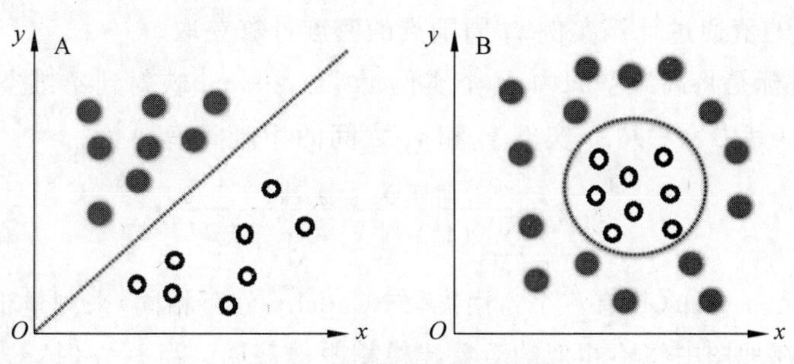

图 7.8　数据二分类可视化

这样就需要绘制非常多的图表才能搞懂特征对正负样本的可区分性,这不是一个优秀的算法工程师想要的最好的答案。一个比较清晰的更好的方式就是把高维数据通过降维算法变成二维或者三维,然后再进行可视化,这样就能够利用低维空间展现高维空间的数据分布情况。

相比 PCA(1933),t-SNE(2008)可以说是目前效果最好的数据降维与可视化方法,但是它的缺点也很明显,如内存占用过大,运行时间过长。但是,当要对高维数据进行分类,又不清楚这个数据集有没有很好的可分性,可以通过 t-SNE 投影到二维或者三维的空间中观察。如果在低维空间中具有可分性,则数据是可分的;如果在高维空间中不具有可分性,可能是数据不可分,也可能是因为不能投影到低维空间。

7.3.1　t-SNE 基本原理

t 分布式随机邻域嵌入(t-SNE)是由 Laurens van der Maaten 和 Geoffrey Hinton 开发的可视化机器学习算法。它是一种非线性降维技术,非常适合嵌入高维数据,以便在二维或三维的低维空间中进行可视化。具体地,它通过二维或三维点对每个高维对象进行建模,使得类似对象由附近点建模,并且不同对象由具有高概率的远点建模。

t-SNE 算法包括两个主要阶段:第一阶段,t-SNE 构造高维对象之间相似性的概率分布,使得类似对象具有高的相似概率,而不相似的点具有极小的相似概率。第二阶段,t-SNE 定义了低维地图中的点上的类似概率分布,并且它最小化了两个分布(原始高维空间对象相似性的概率分布,映射低维空间对象相似性的概率分布)之间的 K-L(Kullback-Leibler)散度。特别注意的是,虽然原始算法使用对象之间的欧几里得距离作为其相似性度量的基础,但实际使用中应根据具体需求进行更改。

7.3.2　t-SNE 推导过程

假设 $x_1, x_2, \cdots, x_N$(其中,$\boldsymbol{x}_i \in R^D$)为高维空间中 N 个实例,t-SNE 首先计算实例 $\boldsymbol{x}_i$ 和 $\boldsymbol{x}_j$ 之间的相似概率 p_{ij},即

$$p_{ij} = \frac{p_{i|j} + p_{j|i}}{2N}$$

式中,当 $i=j$ 时,$p_{ij}=0$。$p_{j|i}$ 为实例 $\boldsymbol{x}_j$ 是实例 $\boldsymbol{x}_i$ 的近邻的高斯分布 F 的概率密度,即

$$p_{j|i} = \frac{\exp(-\parallel \boldsymbol{x}_i - \boldsymbol{x}_j \parallel^2 / 2\sigma_i^2)}{\sum_{k \neq i} \exp(-\parallel \boldsymbol{x}_i - \boldsymbol{x}_k \parallel^2 / 2\sigma_i^2)}$$

式中，高斯核 σ_i 的值通过计算实例 $\boldsymbol{x}_i$ 周围点的密度计算获取。

t-SNE 的目标是将高维空间中 N 个实例 $x_1, x_2, \cdots, x_N$ 映射到 d 维空间中的 N 个实例 $y_1, y_2, \cdots, y_N$（其中 $\boldsymbol{y}_i \in R^d$），实例 $\boldsymbol{y}_i$ 和 $\boldsymbol{y}_j$ 之间的相似概率 q_{ij} 为

$$q_{ij} = \frac{(1 + \| \boldsymbol{y}_i - \boldsymbol{y}_j \|^2)^{-1}}{\sum\limits_{k \neq l} (1 + \| \boldsymbol{y}_k - \boldsymbol{y}_l \|^2)^{-1}}$$

这里使用 Student-t 分布（具有一个自由度，与 Cauchy 分布相同）来测量低维点之间的相似性，以便允许在地图中将不相似的对象建模相距得甚远。当 $i=j$ 时，$q_{ij}=0$。

通过最小化分布 Q 和分布 P 的（非对称）K-L 散度来确定映射中的点 $\boldsymbol{y}_i$ 的位置坐标，即

$$\mathrm{KL}(P \,||\, Q) = \sum_{i \neq j} p_{ij} \log \frac{p_{ij}}{q_{ij}}$$

使用梯度下降来计算 K-L 散度的最小化点 y_i 的位置坐标。t-SNE 优化的结果是一张能够很好地反映高维输入之间相似性的低维空间映射。

注意：由于高维空间的欧几里得距离 $\| \boldsymbol{x}_i - \boldsymbol{x}_j \|^2$，受到维数灾难的影响，即在高维数据中，欧几里得距离失去距离辨别能力（不同数据点之间的距离会收敛到一个常数），导致 p_{ij} 变得太相似。Erich Schubert 已经提出基于每个点的固有维度通过指数变换来调整距离度量，以减轻这种情况。因此，高维空间相似度采取高斯核的方式计算。

7.3.3 t-SNE 的实质

了解了 t-SNE 算法的数学描述及其工作原理之后，总结一下 t-SNE 的工作原理。

非线性降维算法 t-SNE 通过基于具有多个特征的数据点的相似性识别观察到的模式来找到数据中的规律。它不是一个聚类算法，而是一个降维算法。这是因为当它把高维数据映射到低维空间时，原数据中的特征值不复存在。所以不能仅基于 t-SNE 的输出进行任何推断。本质上它主要是一种数据探索和可视化技术。t-SNE 也可以用于分类器和聚类中，用它来生成其他分类算法的输入特征值。

在解释 t-SNE 的结果时需要注意以下 6 点。

(1) 为了使算法正确执行，高斯核 σ_i 应小于数据点数。此外，推荐的高斯核 σ_i 在(5～50)范围内。

(2) 具有相同参数的多次运行结果可能彼此不同。

(3) 任何 t-SNE 图中的簇大小不得用于标准偏差，色散或任何其他诸如此类的度量。这是因为 t-SNE 扩展更密集的集群，并且使分散的集群收缩到均匀的集群大小。这是它产生清晰的映射边界的原因之一。

(4) 簇之间的距离可以改变。在具有许多元素数量不等的簇的数据集中，同一个高斯核 σ_i 不能优化所有簇的距离。

(5) 在不同的高斯核 σ_i 可以观察到不同的簇形状。

(6) 拓扑不能基于单个 t-SNE 降维图来分析，在进行任何评估之前必须观察多个 t-SNE 降维图。

7.3.4　项目实践14：用Matplotlib和t-SNE可视化实验效果

1. 可视化AUC

在6.2.4节中介绍了AUC指标可以很好地用来衡量点击率预测模型的好坏，可以通过ROC曲线判断在一定的FPR(False Positive Rate)的情况下，可以达到多少的TPR(True Positive Rate)。如果可以通过可视化的方式，这个实验效果将更加直观，代码如下，结果如图7.9所示。

```
1.  from sklearn.metrics import roc_curve, auc
2.
3.  y_test=np.array([0, 1, 0, 1, 1, 1, 0, 1, 1, 1, 1, 1, 1, 0, 0, 0, 0, 0, 0, 0, 0,
    1,  0, 1, 0, 0, 0, 1, 1, 1])
4.
5.  y_score=np.array([ 0.17267435,  0.65502116, -0.54222913,  0.3548153,
    0.0043917,
6.          -0.20117165,  0.05791453,  0.00383045, -0.15164967,  0.25616448,
7.           0.39700001,  0.04521194,  0.33390031, -0.12555765,  0.23799148,
8.          -0.36378854, -0.08697789, -0.11682054, -0.25244267, -0.23321231,
9.          -0.18097178, -0.10763756, -0.32069159,  0.72074967, -0.29360569,
10.         -0.2213709, -0.32328807, -0.19504498, -0.24365451,  0.37595292])
11.
12. fpr,tpr,threshold=roc_curve(y_test, y_score)
13. roc_auc=auc(fpr,tpr)
14.
15. fig=plt.figure()
16. lw=2
17. ax=fig.add_subplot(111)
18.
19. ax.plot(fpr, tpr, color='darkorange',
20.          lw=lw, label='ROC curve (area=%0.2f)' %roc_auc)
21. ax.plot([0, 1], [0, 1], color='navy', lw=lw, linestyle='--')
22. ax.set_xlim([0.0, 1.0])
23. ax.set_ylim([0.0, 1.05])
24. ax.set_xlabel('False Positive Rate')
25. ax.set_ylabel('True Positive Rate')
26. ax.set_title('Receiver operating characteristic example')
27. ax.legend(loc="lower right")
28. plt.show()
```

2. 通过t-SNE可视化重新理解CTR预估

为了使读者能够更好理解模型可视化对于算法开发者的意义，以CTR预估特征数据集为读者展示数据集可视化之后的效果。具体的可视化代码如下：

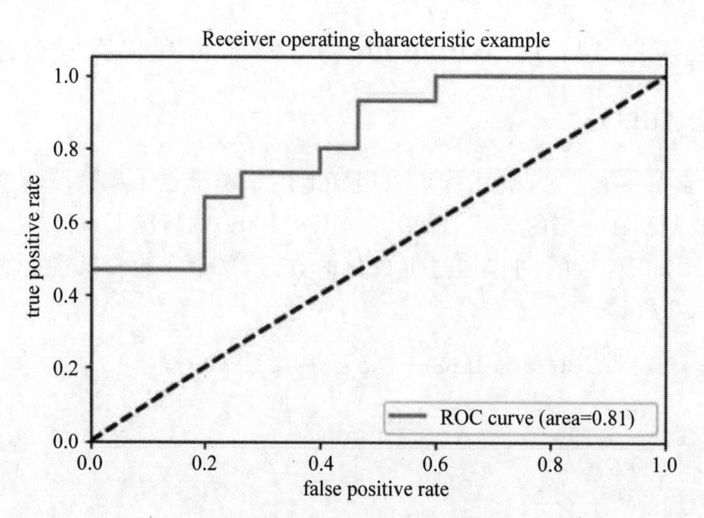

图 7.9 ROC 曲线和 AUC 指标

```
1.  #-*-coding:utf-8-*-
2.
3.  from time import time
4.  import numpy as np
5.  import matplotlib.pyplot as plt
6.  from sklearn import (manifold, datasets, decomposition)
7.  import os
8.
9.
10. def load(dir, name_file):
11.     X=[]
12.     Y=[]
13.     path=os.path.join(dir, name_file)
14.     file_data=open(path, 'r')
15.     for line in file_data:
16.         x=[]
17.         for xi in line.strip().split(',')[:-2]:
18.             x.append(int(xi))
19.         x.append(1.0)
20.         X.append(x)
21.         Y.append(int(line.strip().split(',')[-1]))
22.     return np.array(X), np.array(Y)
23.
24.
25. ##Function to Scale and visualize the embedding vectors
26. def plot_embedding(X, y, title=None):
27.     x_min, x_max=np.min(X, 0), np.max(X, 0)
28.     X=(X -x_min) / (x_max -x_min)
```

```
29.     plt.figure()
30.     for i in range(X.shape[0]):
31.         plt.text(X[i, 0], X[i, 1], str(y[i]),
32.                  color=plt.cm.Set1(int(y[i] * 10)),
33.                  fontdict={'weight': 'bold', 'size': 9})
34.     plt.xticks([]), plt.yticks([])
35.     if title is not None:
36.         plt.title(title)
37.
38. if __name__=='__main__':
39.     X, y=load('', 'data')
40.     n_samples, n_features=X.shape
41.     n_neighbors=30
42.     ##Computing PCA
43.     print("Computing PCA projection")
44.     t0=time()
45.     X_pca=decomposition.TruncatedSVD(n_components=2).fit_transform(X)
46.     plot_embedding(X_pca, y,
47.                    "Principal Components projection of the digits (time %.2fs)" %
48.                    (time() -t0))
49.     ##Computing t-SNE
50.     print("Computing t-SNE embedding")
51.     tsne=manifold.TSNE(n_components=2, init='pca', random_state=0)
52.     t0=time()
53.     X_tsne=tsne.fit_transform(X)
54.     plot_embedding(X_tsne, y,
55.                    "t-SNE embedding of the digits (time %.2fs)" %
56.                    (time() -t0))
57.     plt.show()
```

习 题 7

1. 使用Matplotlib分别绘制一个折线图、柱状图和散点图。
2. 简述tsne与pca的优缺点。

图书资源支持

感谢您一直以来对清华版图书的支持和爱护。为了配合本书的使用，本书提供配套的资源，有需求的读者请扫描下方的“书圈”微信公众号二维码，在图书专区下载，也可以拨打电话或发送电子邮件咨询。

如果您在使用本书的过程中遇到了什么问题，或者有相关图书出版计划，也请您发邮件告诉我们，以便我们更好地为您服务。

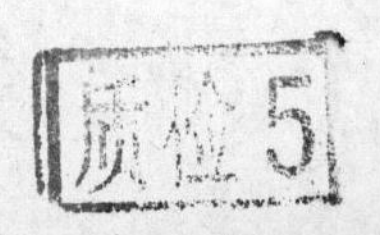
质检5